高职高专"十二五"规划教材

21 世纪高职高专能力本位型系列规划教材·工商管理系列

# 连锁门店开发与设计

主  编  马凤棋

副主编  张文贤  胡品琦  柳  娜

北京大学出版社

PEKING UNIVERSITY PRESS

# 内 容 简 介

本书按照行业领域工作过程的逻辑确定了四大模块,十个项目:模块一为连锁门店开发与设计基础,包括连锁门店开发与设计总览;模块二为连锁门店开发,包括连锁门店商圈的选择、连锁门店选址策略、连锁门店开业筹划;模块三为连锁门店环境氛围设计,包括连锁门店 CIS 设计、连锁门店店面设计、连锁门店内部设计、连锁门店氛围设计;模块四为连锁门店陈列设计,包括连锁门店商品的陈列设计、连锁门店不同类型商品的陈列设计。

本书深入浅出地阐述了连锁门店开发与设计的理论和实务,力求做到内容丰富、结构清晰,可操作性强。本书适用性较广,可作为高职高专连锁经营专业的教材,也可供连锁企业管理人员及"万村千乡市场工程"农家店店长培训使用。

图书在版编目(CIP)数据

连锁门店开发与设计/马凤棋主编. —北京:北京大学出版社,2014.3

(21 世纪高职高专能力本位型系列规划教材·工商管理系列)

ISBN 978-7-301-23770-0

Ⅰ. ①连…  Ⅱ. ①马…  Ⅲ. ①连锁店—商业经营—高等职业教育—教材②连锁店—室内装饰设计—高等职业教育—教材  Ⅳ. ①F717.6②TU247.2

中国版本图书馆 CIP 数据核字(2014)第 013824 号

| | |
|---|---|
| 书　　　　名: | 连锁门店开发与设计 |
| 著作责任者: | 马凤棋　主编 |
| 策 划 编 辑: | 刘健军 |
| 责 任 编 辑: | 刘健军 |
| 标 准 书 号: | ISBN 978-7-301-23770-0/F·3838 |
| 出 版 发 行: | 北京大学出版社 |
| 地　　　　址: | 北京市海淀区成府路 205 号　100871 |
| 网　　　　址: | http://www.pup.cn　新浪官方微博:@北京大学出版社 |
| 电 子 信 箱: | pup_6@163.com |
| 电　　　　话: | 邮购部 62752015　发行部 62750672　编辑部 62750667　出版部 62754962 |
| 印 刷 者: | 北京虎彩文化传播有限公司 |
| 经 销 者: | 新华书店 |

787 毫米×1092 毫米　16 开本　17 印张　395 千字

2014 年 3 月第 1 版　2019 年 1 月第 3 次印刷

定　　　　价:34.00 元

# 前　　言

随着连锁企业竞争的加剧，门店开发与设计对于连锁企业的经营来说越来越重要，连锁企业对于门店开发与设计人才的需求越来越大。基于连锁企业快速发展与连锁经营专业建设的需求，编者编写了本书。

本书的主要特色如下：

（1）采用模块式结构，有利于学生获得系统的应用知识。

本书按照行业领域工作过程的逻辑确定四大模块：连锁门店开发与设计基础、连锁门店开发、连锁门店环境氛围设计、连锁门店陈列设计。合理的教材结构，有利于学生了解和适应工作岗位和工作岗位群，培养职业能力。

（2）以项目教学为主线，使教、学、做一体化。

根据课程内容的需要，编者将全书为十个项目，再根据对项目完成过程的分析，将每个项目分成若干个任务。项目或任务的设置，由简单到复杂，由浅入深，循序渐进，知识和技能螺旋式地融于项目或任务中，通过任务驱动、项目导向的实施来培养学生的实际技能。

（3）案例典型适用，适合高职学生阅读。

本书案例短小精悍，能佐证知识内容；案例内容新颖，可表达当前信息；案例以企业的典型事实为主，适合高职学生阅读。

（4）突显校企合作，打造行业特色教材。

本书的编写队伍的成员来自高校老师和行业专家、企业家。行业专家、企业家的参与，丰富了实践一线的鲜活案例，并以厚重的实践经验保证了案例分析的针对性和可行性，促使本书融理论、实践于一体，具有较强的可操作性。

（5）突显两岸合作，打造两岸合作的优秀教材。

本书由海峡两岸高校教师共同编写，内容和案例力求反映两岸"校企"合作的最新成果，从而提高学生的理论水平和实践能力。

本书的主编为马凤棋（福建农业职业技术学院副教授），副主编为张文贤（台湾侨光科技大学副教授）、胡品琦（福建天润商业管理公司总经理）、柳娜（黑龙江职业学院讲师）。具体编写分工如下：马凤棋编写项目一、二、三、四、六、八、九；张文贤编写项目七，胡品琦编写项目十；柳娜编写项目五。全书由马凤棋负责拟定编写大纲，并做最后的总纂、修改和定稿工作。永辉超市副总裁陈建文和福建连锁经营协会常务副会长兼秘书长杨建英对本书提出宝贵意见，在此表示感谢。

由于编者水平与时间有限，书中难免有疏漏之处，敬请读者提示宝贵意见。

编　者

2013 年 11 月

# 目　　录

# 模块一　连锁门店开发与设计基础

# 项目一

## 连锁门店开发与设计总览

LIANSUO MENDIAN KAIFA YU SHEJI ZONGLAN

【学习目标】

了解连锁经营的概念、特征和模式；了解连锁经营的业态和业种；掌握连锁企业的扩张方向、扩张方式、扩张速度和扩张密度；掌握连锁门店设计的层次性、灵活变通性、经济性。

【案例引导】

### 优衣库选址及店面设计经验谈

优衣库（UNIQLO）是日本著名的休闲品牌，是排名全球服饰零售业前列的日本迅销集团旗下的实力核心品牌，目前其在中国的发展可以说是越来越顺畅。优衣库的创始人柳井正在谈到这几年优衣库的发展时表示，从开设第一家"优衣库"专卖店开始，他就用心要把店铺打造成一个"让顾客可以自由选择的环境"，如图 1-1 所示。

**图 1-1　店面设计环境**

优衣库店面设计及选址方面的确有它的独到之处，下面我们就来看一看这其中的精华。

1. 根据自身实力智慧选址

零售业的成功与否取决于商铺的地段。路边商铺地段好，是因为商店门前有人流和车流，交通便捷，而且店面宽，认知度相对会比较高，但是缺点是费用较高。

优衣库的新店选址，通常是寻找那些主干道旁边的支马路，或是后马路，总之是一些有缺陷的地块，这样租金就会很便宜。

"优衣库在日本静冈县开的第一家店就是位于干线道路旁边的横马路上，当时它的周围还有农田。"柳井正回忆到当初的决定时还有些害怕，"如果勉强地选择在好的地段开店的话，租金自然高，如果卖得好的话还可以，卖得不好，这么好的地段就成为了一种浪费。所以，我认为与企业自己的实力和能力相匹配的地段，才是真正的好地段。"

所以说，在小的城市里开个服装店，最有效的方法是开一个比所有竞争对手面积都要大、形象都要好的店，这样在第一时间让消费者对你产生一种高品质的印象，也就是所谓的"小市开大店"。

很多经销商开店的时候很小气，觉得自己经营的品牌能不能赚钱还不清楚，先投点钱试试吧，于是就找一个位置很偏、面积很小、租金很低的店，招一些条件很差的人来经营。其实这种做法无疑是给自己寻死路。一个新开的店、新来的品牌对当地消费者来说是一个新面孔，越是新面孔越需要好的呵护才有活下来的机会。

相反，在大城市要开小店。北京、上海这种寸土寸金的地方，假如资金不够、实力有限，怎么在这种大城市开店呢？很简单，在所有商场里都开一家分店，虽然面积不大，但客人在所有的商场都能看到你的品牌，见得多了也就记住了，门店的生意也就好做了。

2. 让店铺变身"旺铺"

优衣库的成功除了选址有自己的看法以外，它的店铺设计也很有特点，如天顶尽量不吊顶，露出水泥框架也无所谓，就是要让天顶看上去高朗更有空间感。

在"软件"方面，对于店员的要求也很有讲究。该品牌要求店员必须保持环境一尘不染，不管在什么时候，商品都得叠放得整整齐齐，并且要做到及时补货。

 任务一　连锁经营简述

# 一、连锁经营的概念和特征

## （一）连锁经营的概念

所谓连锁经营，简单地说就是组织发展连锁店（chain store）。其基本含义是，在核心企业或总公司（母公司）的统一领导、组织下，采用规范化经营，经营同类商品和服务，实行共同的经营方针、一致的营销行动，实行集中采购和分散销售的有机结合，实现规模化效益的联合体组织形式。

## （二）连锁经营的特征

1. 标准化

标准化（standardization）即将一切工作都按规定的标准去做。连锁经营的标准化，表现在两个方面。

（1）企业整体形象标准化。商店的开发、设计、设备购置、商品的陈列、广告设计、技术管理等都集中在总部，总部提供连锁店选址、开办前的培训、经营过程中的监督指导和交流等服务，从而保证了各连锁店整体形象的一致性。

（2）作业标准化。总部、分店及配送中心对商品的订货、采购、配送、销售等各司其职，并且制定规范化规章制度，整个程序严格按照总公司所拟定的流程来完成。

2．专业化

专业化（specialization）即将一切工作都尽可能地细分专业。 这种专业化既表现在总部与各成员店及配送中心的专业分工，也表现在各个环节、岗位、人员的专业分工，使得采购、销售、送货、仓储、商品陈列、橱窗装潢、财务、促销、公共关系、经营决策、物料及工程修缮等各个领域都有专人负责。

3．简单化

简单化（simplization）即将作业流程"化繁为简"，减少经验因素对经营的影响。连锁经营扩张讲究的是全盘复制，不能因为门店数量的增加而出现紊乱。连锁系统整体庞大而复杂，必须将店面运营、财务、供应链及物流、信息系统管理等各个子系统简明化，去掉不必要的环节和内容，以提高效率，实现"人人会做，人人能做"的目的。为此，要制定出简明扼要的操作手册，职工按手册操作，各司其职，各尽其责。

4．独特化

零售业经营结构趋同是其低水平过度竞争的重要原因之一。面对此种情况，当连锁企业以统一化、标准化的模式在特定地区目标市场开店而遇到强大的竞争压力时，应以营销创新为主导，在市场细分的基础之上采取有别于竞争对手的独特化或错位经营的策略，避免与竞争对手的正面交锋，通过独特化经营创造新的消费需求空间，提高连锁企业的经营质量，塑造和扩大连锁企业的竞争优势，改变零售业打折降价的促销与竞争手法，控制商品经营相对成本的上升。连锁企业还可以在服务功能、商品档次、促销重点等各方面形成较为明显的经营特色，使消费者产生鲜明强烈的对比区别感，并由此诱发其特殊性的需求，满足其特殊性的需求，从而给商家带来新的销售机遇和利益。

简而言之，独特化（speciality）就是要求连锁经营企业要根据企业的发展来设置独特的东西。一些成功的案例，如沃尔玛的"天天平价"，湾仔水饺为了使做出来的饺子大小一样，招聘包饺子员工时必须量手指大小和长度等都体现了自身的独特化。

## 二、连锁经营的基本模式

### （一）直营连锁

所谓直营连锁（regular chain，RC）又称正规连锁，是连锁经营的基本形态。直营连锁是指连锁公司的店铺均由公司总部全资或控股开设，在总部的直接领导下统一经营。总部对各店铺实施人、财、物及商流、物流、信息流等方面的统一经营。

直营连锁主要适用于零售业，特别是大型超市、大型百货商店和大型专业店。其主要原因是这类商业企业都需要巨额的投资和复杂的管理，如果采用特许连锁的方式来发展，管理难度就较大。

### （二）特许连锁

特许连锁（franchise chain，FC）又称合同连锁、加盟连锁、契约连锁、特许经营，是总部与加盟店之间依靠契约结合起来的一种形式。特许经营是指特许者将自己所拥有的商标、商号、产品、专利和专有技术、经营模式等以特许经营合同的形式授予被特许者使用，被特许者按合同规定，在特许者统一的业务模式下从事经营活动，并向特许者支付相应的费用。

### （三）自愿连锁

自愿连锁（voluntary chain，VC），也称自由连锁，通常是指一些中小零售企业，在某一龙头企业或标识集团的统率下，通过自愿联合的方式组成的经营联合体。其在组织上主要表现为商品采购的联购分销和业务经营的互利合作。自愿连锁群体的各成员企业，仍保持自己的资产所有权并进行独立财务核算。和特许经营不同的是，成员企业在经营上自主权更大。同时，部分成员企业还是自愿连锁组织和品牌的共同拥有者。

## 三、连锁门店功能定位的选择

连锁企业在建立自己的店铺网络的时候，都希望下面的店铺赢利，但是连锁企业的若干店铺，由于所处的地理位置、竞争手段等不同，它们的销售和赢利结果是不一样的。那么是不是销售不好就应该关门呢？此处首先需要来了解店铺的功能定位，在开设之前就要明确每家店铺在整个连锁体系中的功能，才能在开发中有所侧重。

### （一）样板店

样板店，顾名思义，是指在一个连锁经营体系中，严格执行 3S 原则（即标准化、简单化、专业化）管理和 CIS（corporate identity system，企业识别系统）设计要求、有良好的市场形象和经营绩效、有条件承担体系内新员工现场培训任务、稳定经营在一年以上的模范店铺。它为连锁体系中的其他店铺树立了一个样板。

### （二）形象店

店铺的第一大功能是广告宣传功能，如经常看到的旗舰店（形象店），承担的主要是这种功能。

旗舰（flagship）一词指载有舰队或海军中队指挥官并悬有指挥官旗帜的船只。旗舰店一词来自欧美大城市的品牌中心店的名称，其实就是城市中心店或地区中心店，一般是某商家或某品牌在某地区繁华地段、规模最大、同类产品最全、装修最豪华的商店，通常只经营一类比较成熟系列的产品或某一品牌的产品。比较常见的有化妆品品牌旗舰店、服装品牌旗舰店、眼镜旗舰店、家具品牌旗舰店等，最近经营 IT 通信产品的旗舰店也有所增多。旗舰店已经越来越流行，如美特斯·邦威旗舰店。

### （三）销售店

在建立销售店之后，企业就得考虑建立形象功能的店铺。这里的销售店指的是主力销售店，可能面积未必很大，形象未必很好，但销售额很高。

### （四）促销店

这类店铺往往不以销售正常商品为主（当然不是指过期过季商品）。促销店的主要工作内容，就是接主力销售店的库存，而这批商品往往还在季内，只是由于没有大量的商品去供应主力销售店，去保证它的完整性，出现了缺码断号的情况，如李宁的零码折扣店。

### （五）网络店

在连锁体系中还有一种店铺，不是主力销售店，不是旗舰店，也不是促销店，这种店排名为第五类，叫网络店。这种店赢利空间很小，但是没有还不行，原因是这种店的目的是抢占市场份额。

（六）培训店

培训店既不为赢利，也不为做形象，它是公司里面的一个培训基地。当这个店成熟以后，可以源源不断地向其他店铺输送经过严格培训的合格的店长、主管等。无论其他店铺缺乏何种人才，都可以直接从培训店中抽调，因为这边已经培训好了。

## 四、连锁经营业态

### （一）连锁经营业态的类型

从广义角度分析，连锁经营业态包括零售连锁经营业态、餐饮连锁经营业态和服务连锁经营业态。

1. 零售连锁经营业态

零售连锁经营业态从总体上可以分为有店铺零售（store-based retailing）和无店铺零售（non-store selling）两类。

（1）有店铺零售是指有固定的进行商品陈列和销售所需要的场所和空间，并且消费者的购买行为主要在这一场所内完成的零售业态。有店铺零售业态包括食杂店、便利店、折扣店、超市、大型超市、仓储会员店、百货店、专业店、专卖店、家居建材商店、购物中心、厂家直销中心共 12 种零售业态。

（2）无店铺零售是指不通过店铺销售，由厂家或商家直接将商品递送给消费者的零售业态。无店铺零售包括电视购物、邮购、网上商店、自动售货亭、电话购物、直销共 6 种零售业态。

2. 餐饮连锁经营业态

目前，我国餐饮业分类主要是基于传统的饮食行业分类方法。例如，按消费内容大致分为中餐、西餐、日本料理、快餐店及异国风味餐厅；按消费方式分为豪华餐厅、家庭式餐厅、自助餐厅等；按服务方式，则有餐桌服务、柜台服务等；按经营方向分为餐馆、小吃店和饮料店。根据餐饮连锁经营业态形成因素分析和不同的经营行为和营销手段，结合我国目前餐饮连锁经营现状，我国餐饮连锁经营业态可分为 8 种主要类型，包括快卖连锁店、快餐连锁店、小吃连锁店、专卖连锁店、休闲连锁店、连锁餐厅、连锁酒楼、美食广场。

（1）快卖连锁店。以柜台式销售为主，配以简单服务功能的餐饮零售店。这种连锁店的食品品种单一，操作简单，多见于早餐供应、盒饭或食品等。大部分快卖店提供外卖服务，目标顾客主要为蓝领阶层、学生和小区居民。价格低廉、经济实惠。店面营业面积在 $5\sim10m^2$，主要选址在学校附近、工业区、饮食街或大型居民小区内。在我国，此种业态初始于 20 世纪 90 年代后期，首先开始于盒饭业，后扩展到早餐、小吃等。

（2）快餐连锁店。以餐桌服务和柜台式销售相结合的餐饮零售店，主要供应午餐和晚餐，提供简单的服务，因快速供应而大受欢迎。其目标顾客群体广泛，包括蓝领、白领阶层、学生等，价格以低档为主、中档为辅。店面营业面积在 $10\sim100m^2$。中国快餐连锁店的发展受到国外快餐连锁店的影响，发展迅速。目前全国有上百个以经营中餐和西餐为主的快餐连锁店，如广东真功夫，上海永和豆浆，台湾德克士、蓝与白等。

（3）小吃连锁店。中国发展最早的餐饮业态，以餐桌服务和柜台式销售相结合的餐饮零售店，主要供应中国地方特色的小吃，如天津狗不理包子、重庆的赖汤圆、马兰拉面、江苏老妈米线、上海吉祥馄饨等现在均以连锁形式遍布于中国各省市。其目标顾客主要为国内外游客、逛街休闲市民，价格中低档均有，经济实惠。店面营业面积在 $5\sim50m^2$，主要选址在商业中心的饮食街。

（4）专卖连锁店。以柜台式销售为主的食品零售店，主要销售一个品牌或系列包装的特色食品。其目标顾客主要为国内外游客和当地市民。店面营业面积在 $10\sim50m^2$，选址在大型商业街内、饮食街或居民区。此种零售业态发展于 20 世纪 90 年代中期，受西方影响较大。最常见的专卖连锁店，如面包店，目前在国内大大小小的品牌面包连锁店上千余家，经营面包或点心，由于方便、新鲜、价格低廉被普通老百姓所接受。再如，广东以凉茶店开展连锁经营，所谓"茶"实际为传统药方熬制出的中药，与传统茶馆不同的是，凉茶店不提供休闲场所，为柜台式销售。著名的黄振龙凉茶连锁店目前已超过 1 000 家，并扩展至香港、台湾等地。

（5）休闲连锁店。此业态定位于"休闲"，因此，服务功能相对较多，包括环境、服务人员、食品清洁程度和食品质量。休闲连锁店主要供应饮料、咖啡、茶或小食品等休闲食品，目标顾客主要为年轻人、白领阶层及商务人士。价格定位以中高档为主。店面营业面积在 $50\sim500m^2$。进入 21 世纪，我国经济的发展带动需求的迅速增长，休闲连锁店的发展空间也迅速扩大。比较知名的休闲连锁店，如上海绿野仙踪、上岛咖啡、广东伯乐居茶馆、北京老舍茶馆等。

（6）连锁餐厅。中国把餐厅分为西餐和中餐，这里不做近一步划分。餐厅以提供正餐为主，服务功能齐全，所有食品现场制作，品种丰富，讲究味、色及环境的融合。例如，我国比较出名的湘菜、粤菜、川菜、东北菜等都以连锁餐厅的形式在国内发展。其目标市场主要针对当地市民请客吃饭、家人朋友团聚等。店面营业面积在 $100\sim500m^2$。价格定位以中高档为主。比较出名的连锁品牌店有北京全聚德、东北黑天鹅、重庆秦妈火锅和德庄火锅、湖南毛家饭店、广州西餐厅绿茵阁、内蒙古小肥羊等。

（7）连锁酒楼。酒楼提供比餐厅更多的食品种类、更全的服务功能和更大的营业场所，集休闲与餐饮为一身，许多酒楼提供两个以上的菜系品种。酒楼的目标顾客除了针对一般市民外，商业往来人士及政府官员均是其重要服务对象。店面营业面积均在 $1\,000m^2$ 以上，价格定位以高档为主。由于资金投入及菜系标准化等经营难度大，以连锁形式出现的品牌酒楼相对较少。我国四川眉州东坡酒楼在全国开设了 21 家连锁店，营业面积从 $1\,000\sim6\,000m^2$，共二到三层，可同时容纳 1 500 人就餐，并拥有可举行演唱会的音响设备及上百个独立包间。酒楼外观设计豪华，服务功能齐全，设有棋牌室、桑拿室，每间厅房都设置了独立的 KTV 视听设备。

（8）美食广场。一种新兴餐饮零售业态，初见于 20 世纪末，提供综合性的餐饮服务。美食广场一般由多个独立的餐饮商铺组成，食品品种丰富，但服务功能简单，价格经济实惠，目标顾客为当地普通逛街休闲市民。选址一般在大型购物广场高层或著名的商业街内，单层设计。店面营业面积在 $500m^2$ 以上。我国各大城市商业重地均能找到美食广场的踪影，但目前很少以连锁形式出现，处于萌芽阶段。

3. 服务连锁经营业态

根据服务连锁经营业态形成因素分析，并结合我国目前服务连锁经营现状、经营行为和营销手段，服务连锁经营业态可以分为 6 种主要类型，包括专业服务连锁门店、租赁连锁店、咨询连锁机构、培训连锁机构、家居连锁服务公司、体验式服务机构。

（1）专业服务连锁门店。以实体门店的方式提供生活类专业服务的服务业态。该类服务业产品单一，主要提供生活服务产品，如美容美发连锁店、汽车美容连锁店、洗衣连锁店、冲印连锁店、家电维修中心等。其目标顾客为各类人群。店面营业面积在 $10\sim200m^2$，选址在学校附近、工业区、居民小区附近等。在我国，此种连锁业态发展较早，是目前规模最大、服务人群最广、发展速度最快的服务零售连锁业态。服务方式为服务产品在门店内传递，消费者必须到门店接受服务，并且服务产品质量在最后时刻才能得以体现，这是区别于其他业态的重要特征。

（2）租赁连锁店。以实体门店的方式提供租赁服务的服务业态。产品为各种租赁服务，区别于专业服务门店的是这种服务本身无形，但需要有形产品作为载体，如汽车租赁、音像制品租赁、图书租赁等。同时，服务主要过程本身不在门店内实现，需要消费者自身体验。店面营业面积一般在 30～100m$^2$，选址在学校附近、工业区、居民小区内等。在我国，此种服务连锁业态初始于 20 世纪 90 年代初期，发展速度较慢，原因源于此种业态产品附加值较低，规模效应不明显，市场需求较不稳定。

（3）咨询连锁机构。以实体门店的方式提供信息的中介、居间或代理服务的服务业态。产品为各种咨询服务，如房产中介、婚姻中介、职业介绍、法律咨询、个人理财等。传递和接受服务过程主要在服务机构内完成，服务产品提供以信息、经验、知识为主。服务质量很难在传递过程中体会，需要服务结束后一段时间得以完全体现。店面或公司营业面积在 30～100m$^2$，选址在商业区、工业区、居民区等。在我国，此种服务连锁业态初始于 20 世纪 90 年代初期，发展速度较快，特别是房产中介连锁企业近十年发展迅猛，几乎每一个成熟的居民小区附近均有它的身影。

（4）培训连锁机构。以实体门店的方式提供各种培训服务的服务业态。产品为各种培训服务，如舞蹈培训机构、语言培训机构及各种以营利为目的的职业技能培训机构等。传递和接受服务过程主要在服务机构内完成，服务产品以经验和知识为主。店面或公司营业面积在 50～500m$^2$，选址在商业办公区、居民区等。在我国，近五年培训连锁企业数量增长很快，主要培训连锁品牌的店铺增长率约 26%，连锁品牌集中在北京、上海、广州为核心的华北、华东和华南地区。这 3 个区域的培训教育机构（店铺数）占全国总数的 3/4 左右。

（5）家居连锁服务公司。以实体门店的方式提供家政中介、居间服务的服务业态。产品为各种家居服务，服务形式主要为上门服务，如搬家公司、房屋装修机构、快递服务公司、家政公司等。服务产品主要为劳动，服务产品质量在服务过程中就能得到体现。公司营业面积一般根据公司规模大小相差较大，选址在商业办公区、居民区等，店铺经营形式较少，主要通过户外广告和口碑进行推广。这种服务业态形成于 20 世纪 90 年代初，目前我国各大城市均有当地著名的家居连锁服务企业。

（6）体验式服务机构。以实体门店的方式提供各种需要消费者进行过程式体验的服务业态，以门店经营为主。产品主要为各种旅游娱乐和个人服务项目，服务形式强调消费者的过程体验，因此服务质量在传递过程中将得到充分体现，如连锁酒店、连锁旅行社、连锁电影院、连锁健身中心等。服务产品设计、传递相对复杂，因此定价相对较高。门店营业面积根据规模大小相差较大，少则几十平方米，多则几千平方米。选址主要在商业重地、重要旅游景点和娱乐场地附近。我国个人消费能力的提高是促使这一服务连锁业态迅速发展的主要原因。

（二）连锁经营新业态兴起的原因

1．需求面

各式业态（经营形态）的产生是为了满足消费者不同的需求。因此社会若有新的需求，自然会有新的业态出现。例如，随着国人生活习惯的改变与工作时间加长，24 小时营业便利商店兴起，其目的在于希望任何时候都能提供消费者所需。

2．供给面

技术的创新与经营理念的革新，往往也会促成新业态的兴起。例如，百货公司首创的"商品标价"和"不二价贩卖"就是一种经营理念的革新。科技的创新使得计算机、通信等设备使用普及，造成网络购物盛行，也促成了各种"无店铺贩卖"经营形态的产生。

### 3．机会面

若原有业态的市场已达饱和，其他从业者无法在同一业态中寻求生存的机会，许多新型的业态就会在原有业态下，试图以差异化的方式来吸引消费者。例如，玩具反斗城就是结合专卖店与量贩店两种不同业态而成的大型专卖店（category killer store）。

 **任务二　连锁门店开发与设计总览**

## 一、连锁门店的开发

连锁门店的开发是指连锁企业开设新店，拓展企业经营区域和服务范围，提升企业规模，从而扩大效益的经营行为。

### （一）连锁企业开发的两大要素及业务流程

不断开发出具有全新个性的分店，是连锁经营企业实现长期发展的关键。每年都有大量的新店铺开张，但是也有相当多不必要的店铺关门，这大多要归咎于新店开发时的不谨慎。由此可见，分店开发是一项很复杂的工作。分店开发业务至少应该包括两个主要方面：一是选址开发业务；二是店铺开发业务。

有关选址开发业务，就是从分店店址选定到制订开店计划这一过程。详细来说，就是根据企业的分店开发方针，对具体的分店开发选址候补地做选定、调查、分析等工作，并在确定好店址的基础上做好开发计划，还要准备好相关的物料设施。选址开发业务主要以店址选择为中心，其业务流程是，分店开发方针—位置选定—商圈调查—开店计划—物料保证。

有关店铺开发业务，就是根据上述分店开发计划及物料等情况做出具体的计划（包括店内布局、内外装修、收费设施和设备等），向工商行政部门申报设立，然后进行分店的基本建设施工，直到最后独具个性的分店建成开张。店铺开发业务侧重于店址选定后报批、施工等具体工作，其流程是，开店计划—店铺设计—申请报批—施工—开业。

连锁企业的分店开发包括很多烦琐、细致的工作，但基本上可归结为上述两个方面的业务，并且这两个方面在业务流程上相互连接。

### （二）连锁企业的扩张战略

连锁企业扩张战略就是网点空间布局战略。连锁企业扩张战略主要有 3 种模式：圈地模式、跳跃模式和国际化扩张模式。

### 1．圈地模式

（1）圈地模式的含义。圈地模式是指连锁企业在一个区域内集中资源开店，将可能开设的门店数量尽量开完，再寻找另外的开店区域，以便充分挖掘该区域的市场潜力，发挥资源整合优势，降低管理成本和后勤服务成本，增大宣传效果，以达到获取规模效益的目的。圈地模式的具体操作有两种方式。

一种是以城市为目标，集中资源在该城市迅速铺开网点，形成压倒式阵势，以吸引消费者注意。这种网点布局战略对消费者相对分散且区域性竞争不明显的便利店较为适用。另一种操作方式是连锁企业在考虑网点布局时，先确定物流配送中心的地址，然后以配送中心的辐射范围为半径逐步扩张。这种方式更注重配送中心的服务能力，以求充分发挥配送潜力。配送中心的辐射范围一般以配送车辆每小时 60～80km 的速度，在一个工作日内可以往返配送中心的距离测算。这种方式适用于标准超市。

（2）圈地模式的优势。可以降低连锁企业的广告费用；可以提高形象上的乘数效应；节省人力、财力、物力，提高管理效率；可以提高商品的配送效益；保证及时送货；可以充分发挥配送潜力，减少总部的投资压力。

（3）圈地模式的风险。采取这一扩张模式，必须等待在一个区域开完计划的门店数量才能进入另一个区域，则连锁企业要完成在全国的整体布点工作可能需要较长时间。

由于这一扩张模式是一个一个区域渐进开店，因此有可能其他一些当前值得进入的区域或城市在等待中丧失了最佳机会，让竞争对手抢占有利地址。

2．跳跃模式

（1）跳跃模式的含义。跳跃模式是指连锁企业在当前值得进入的地区或竞争程度相对较低的地区分别开设店铺，即看准一个地方开设一家，成熟一家开设一家，可以同时不断地跳跃式在各区开店。

采用这种方式的目的一是希望占领某个大区域市场，先不计成本，不考虑一城一池的得失，而先考虑整体网络的建设，对有较大发展前途的地区和位置，先入为主，抑制竞争对手。另一种是希望避开强大的竞争对手，先求生存，再求发展。

（2）跳跃式模式的优势。第一，可以抢占有较高价值的地点，取得先发优势。这实际上是对未来行为的一种提前，对这些地区，该连锁企业以后一定会进入，而由于各种竞争关系，未来的进入成本远远高于目前，尤其是某些连锁企业的经营模式对地点有特殊要求，那么尽早在主要市场锁定理想地点将使连锁企业扩张活动变得更为主动。第二，企业优先将门店开设在商业网点相对不足的地区，或竞争程度较低的地区，可以避开强大竞争对手，迅速站稳脚跟。对于刚刚起步的连锁企业尤为重要。偏远地区或城市郊区，往往被大型连锁企业所忽略，那里租金低廉，开店成本低，商业网点相对不足，不能满足当地居民的需要，企业在该地区设店能有效地避开与强大竞争对手的正面冲突，从而形成自己的优势，取得规模效益，以便后来居上。

（3）跳跃式模式的风险。①对于那些对物流配送要求较高的连锁企业而言，在缺乏可依赖的社会化配送中心的情况下，采取跳跃式的连锁企业需要充分考虑自己物流配送的能力。如果门店之间跨度太大，企业物流配送跟不上，就难以满足门店配送的需要。②由于不同地区的市场差异性太大，企业难以根据不同市场的要求选择适销对路的商品，无法满足消费者的需要，因而在发展初期难以整合企业资源，这些可能使连锁企业陷于战线过宽带来的陷阱。③如果连锁企业设店的区间跨度过大，必然要求更多的权力下放来适应不同市场的需要，而如果连锁企业没有相应的管理控制系统，容易出现一盘散沙的状况，不利于树立连锁企业的统一形象。④跳跃式模式对门店管理人员要求较高，在总部后勤服务不到位的地方设店，门店管理人员必须独立处理相关事务，必须具备较高的能力素质，否则会延长门店经营的摸索期或亏损期。

【相关链接】

### 一些知名连锁企业的区域扩张战略

渗透式扩张：坚持区域化发展战略，在单个区域（单个城市、省份）做大做强做密。代表企业：物美大卖场店。

跳跃式扩张：走全国重点市场广泛布局道路，不求单个区域市场的密度和强势，以外部增长带动内部增长。代表企业：华联综超。

结合式扩张：属大资金运作模式，在加强本区域布局的同时，在全国各地区以自行投资、合资控股、特许加盟的方式广泛建店以求最大的规模效益。代表企业：上海联华、上海华联。

3. 国际化扩张

（1）全球化战略：指零售商将母公司成功的经营模式移植到各国的分公司中，并让所有商店采取一致的市场态度。

（2）多国化战略：指零售商根据所在国的市场状况在分公司中建立行之有效的不同于母公司经营模式的战略。

（三）连锁企业的扩张方式

零售企业的战略扩张方式主要指零售企业进入市场的方式，通常包括自建、加盟、并购、联盟与自由连锁、合作等方式。

1. 自建

自建路径是指连锁企业借助自己筹集的资金，通过对当地市场进行详细的商圈分析，对备选地址逐一分析优选，确立店址并开设新的连锁门店，通过自身力量逐步拓展市场。

优势：新的连锁门店一开始就能按企业统一经营模式运行，迅速走上正轨；有利于企业的一体化管理，公司原有的经营理念和经营模式能不折不扣地贯彻实施；有助于树立良好的企业形象；由于选址时对当地商圈进行了周密的调查分析，前期的市场调查对新店开业后的经营策略调整有很大帮助。

风险：该方式前期投入需要大量资金，企业必须有雄厚的资金支持，且对内部资源应用要求较高；发展相对较慢，企业需要对新区域市场有一个了解、认识、把握的过程，当地消费者需要时间了解、接受新的进入者，因而初建的门店需要一个过渡期才能站稳市场。

2. 加盟

加盟一般被称为特许经营。特许经营是指拥有注册商标、企业标志、专利、专有技术等经营资源的企业（特许人），以合同形式将其拥有的经营资源许可其他经营者（被特许人）使用，被特许人按照合同约定在统一的经营模式下开展经营，并向特许人支付特许经营费用的经营活动。1997 年成立的上海联华快客便利有限公司，就是由联华超级市场发展有限公司全额投资并管理的特许加盟式连锁公司。该公司目前在上海地区加盟连锁店已发展到数百家，产生了明显的规模优势。

优势：可以节省大量资金投入和时间成本，迅速提高市场占有率；可以节省总部的人力资源和财力，风险小；充分利用加盟者在当地的人缘优势和经营积极性，可以提高成功率。

风险：加盟不能适合所有零售业态和服务行业，这使得该路径扩张范围受到限制；管理特许门店难度较大，加盟双方容易闹矛盾，总部不能随意更换店长和工作人员，不利于整体营销战略的实施和服务品质的整体划一；个别加盟店行为或经营失败会对总部品牌形象造成损害，不利于树立良好的企业形象。

3. 并购

零售企业通过资本运作方式来实现规模扩张，为了获得其他企业的控制权而进行的产权交易活动即为并购扩张。近年来零售业的并购事件越来越多，并购成为零售企业重要的扩张方式。2006 年国美和永乐的并购就采用了"资产收购＋股票收购"的方式。

优势：通过收购兼并，连锁企业可以共享市场资源、扩大顾客基础、提高讨价还价的实力；容易进入一个新市场，因为兼并过来的企业就是当地已经存在的企业，熟悉当地情况，了解本地市场，或者已经积累了一定的无形资产，被当地消费者所接受，并购能使总部迅速占领新的市场；可以利用被并购企业的人力资源，如果运作较好，投资成本可以相对减少，而扩张速度也会加快。

风险：兼并过来的企业本身的组织结构、管理制度，以及企业文化与母体企业相差较大，还需要对其按母体企业的标准进行改造，有一个磨合阵痛期，这同样需要成本；寻找合适的被并购企业需要机会，这可能会贻误进入一个新市场的时机；并购本身及整合被并购企业是一项复杂的工作，需要高超的管理技术和专业知识。

**4．联盟与自由连锁**

相同或相近的不同零售企业之间为了扩大经营规模，获得市场竞争优势，会共同结成某种形式的战略联盟，如采购联盟、价格联盟、服务联盟、促销联盟等，一般以采购联盟较为常见。联盟各方资产所有权不变，联盟内各企业之间内在的约束具有一定弹性，这种联盟又被称为自由联盟。如果加入联盟的企业是为了连锁扩张，则这种联盟就被称为自由连锁。

另外零售企业与其他企业通过资金或资产入股的方式来组建新的股份制式零售企业，最终实现经营规模扩张，也是联盟的一种表现。在新成立的股份制零售企业中，入股各方所占股份比例可经谈判或协商予以确定。

**5．合作**

合作是指连锁企业与有合作意向的伙伴进行多方面合作，包括引入战略投资伙伴共同开发新市场；与合作方结成联盟体采取复合连锁的方式进入新市场；向合作方输出管理、输出人力资源等方式，共同开发某地区市场。

优势：可以利用合作伙伴的人力、财力、物力等资源，减轻总部的投资压力；可以利用合作方的影响力占领市场，降低投资风险；双方可以互享顾客资源；相对加盟形式，合作形式更为灵活，店面招牌可以灵活处理，或打上连锁企业商号，或采用双商号；合作方式较加盟更容易被对方所接受，双方是在平等的位置上谋求双赢。

风险：合作伙伴有权利参与决策，不能独立决策，不利于统一管理；市场的开拓受到制约，不能按自己开店的一贯模式运作，时间和速度不能控制；合作方式不太稳定，由于其他事情变化，容易导致合作失败或合作终止。

 **【相关链接】**

### 国内连锁零售企业战略扩张方式的对比分析

一、专业店扩张方式对比：国美与苏宁

1．国美的扩张

国美在战略扩张方式上主要采取的是开设直营店和并购结合的方式，其中开设直营店又以租用式建店为主、完全自主建店为辅的方式。

这种方式对于国美的资金要求非常高，如果仅凭国美自有资金是无法实现国美高速扩张的，因此国美只能借助于外部资金，这也就是国美"类金融"模式的根源所在。通过占用供应商资金而实现低成本的资金来源是国美快速扩张的重要条件，这一模式也被国内众多零售企业所效仿。但类金融模式只能给国美带来短期流动资金，这种资金结构带来的风险也大。因此国美积极需求上市融资以获得长期资本，同时还投资地产以满足开设直营店的资金要求。

国美的另一种重要的扩张方式是并购。2006年11月国美电器以52.68亿港元的价格正式吞并永乐，永乐旗下的202家店铺及220亿元的销售额全部并入国美，成为中国家电连锁业迄今以来最大的一起并购案。

在这些资金支持及积极运作下，国美门店数量从 2002 年的 64 家增加到 2007 年的 1 020 家，销售额从 2002 年的 109 亿元增长为 2007 年的 1 023 亿元，成为中国连锁百强的第一位。

2．苏宁的扩张

苏宁的扩张方式与国美略有不同，苏宁一直以开直营店为主。虽然也曾与大中进行并购谈判，但最终没有签署法律文件。

苏宁在扩张的资金来源上与国美类似，也采用类金融模式、上市融资和投资房地产相结合的方式。但与国美不同的是，苏宁更主要依靠占用供应商的资金进行扩张，上市融资、房地产投资等资本运作行为并没有像国美一样在扩张中起到了决定性作用。

苏宁在扩张中更注重主业的发展，注重提高单店的销售业绩，而国美在黄光裕（国美电器前主席）被捕前更热衷于多元化。这从二者的单店销售额和净利润数据中可以看出：2007 年国美平均单店销售额为 1 亿元，而同期苏宁为 1.35 亿元；2007 年国美净利润为 11.27 亿元，苏宁净利润为 14.65 亿元。

二、综合性商业零售业集团扩张方式对比：百联与大商

1．百联的扩张方式

百联集团的扩张方式是以收购、直营为主，管理输出为补充。同时还注重与供应商结成联盟，建立良好的关系。

2004 年百联斥 7.2 亿元巨资，与大商组建了大连大商国际有限公司，成为大商的第二大股东。同年百联集团旗下的联华超市收购广西佳用，首次将其收购的触角伸进了华南地区。

百联在上海地区主要采取直营，如开设百联又一城、东方商厦五角场店、百联西郊购物中心等均是采取直营的方式，自主拥有物业。

百联同时也开展管理输出。东方商厦无锡店是百联集团的第一个管理输出项目，之后还向昆明、长沙等地进行购物中心的管理输出项目。

2005 年，百联百货事业部出台《供应链建设行动纲领》，其中提出首次启动与供应商战略结盟模式，年内将与 50 家供应商建立战略联盟关系，5 年内扩大到 300 家。

2．大商的扩张方式

大商集团扩张最鲜明的特点就是重点收购大量中等城市的条件较好的传统百货公司，这使大商集团实现了飞速的扩张。大商在并购的同时也积极建设其他业态的直营新店，开发超市、购物中心、专业店等新型业态。

大商集团是国内为数不多的实施有限度的纵向一体化的零售企业之一。大商集团旗下有大连衬衫厂、农产品生产基地等。

三、大型超市扩张方式对比：家乐福与沃尔玛

1．家乐福在中国的扩张方式

家乐福在中国的扩张方式主要采取开设直营店及合资的方式。

在 2004 年中国全面开放商业零售业市场、取消对外资的股权限制之前，中国政府对于外资零售企业一直规定必须采取合资的形式，并且在 1999 年之前规定中方必须控股 51%以上，直到 1999 年才放松至外资方可持股至 65%。因此这一时期家乐福原则上只能采取合资的形式在中国开店。

但家乐福却在这一段严格限制的时期在中国实现了快速扩张，1995—2001 年门店数达到了 24 家。其原因在于家乐福采取了一些变通的方法开店，主要方法如下。①利用地方政府与中央政府在对待外资的态度和利益上的矛盾，与地方政府合作先行违规开店。部分店铺在未得到中央政府批准的情况下先行开设，并且股权结构均不符合中方控股 51%的要求，甚至部分门店完全是外方独资，如 1998 年武汉、沈阳的家乐福均为100%外商独资。②借用管理咨询服务公司的名义逃避监管。截至 2001 年家乐福在中国的注册名称依然为"家乐福（中国）管理咨询服务有限公司"。也正因为如此，2001 年家乐福受到中央政府的整改。

从 2004 年开始，中国对外商投资零售企业的股权和地域限制取消，家乐福也就回到开设独资直营店的扩张方式上，一直位居外资在华零售企业的老大地位。

2．沃尔玛在中国的扩张方式

沃尔玛在中国的扩张方式则与家乐福有所不同，沃尔玛的扩张明显更为谨慎，主要依靠固定的合作伙伴在中国进行扩张。其合作伙伴主要有深国投、中信集团、昆明大观商业城、大连万达集团，沃尔玛在这些和

合作伙伴的帮助下进行选址、租赁店铺。沃尔玛同样以开设直营店为主要扩张方式。

沃尔玛在中国市场也积极寻求并购，2007年沃尔玛收购了好又多35%的股权，成为好又多的控股股东。

四、百货店扩张方式对比：百盛与王府井

1. 百盛的扩张方式

百盛最初进入中国时采用的是合资与管理输出方式，但数年后开始放弃管理输出的方式，转而开始采取以合资和直营为主的方式。

近年来，百盛在中国的业务取得了很大的成功，再加上中国零售市场的放开，因此百盛加大了收购的力度。在2005年百盛商业股份有限公司在香港上市后，百盛的收购速度明显加快，不仅收购了原有门店的股权，而且还收购了江西K&M百货店100%的所有权。其扩张速度也明显加快，2007年一年就新开了4家新店。

2. 王府井的扩张方式

王府井的主要扩张方式是开设直营店，同时兼用收购、合资等扩张方式。2006年王府井集团斥资收购双安集团50%的股权、认购北辰实业的股票，并合并了东安市场。2004年王府井集团和伊藤洋华堂合资成立了王府井洋华堂，开始发展超市，拓展新的利润来源。

（四）连锁企业的扩张速度

一般来说，扩张速度取决于3个方面：管理基础、资源条件和市场机会。

1. 管理基础

连锁企业复制成功店铺模式的时候，首先要明白这家样板店成功的经验究竟是什么，是否真正总结出了其复制的成功模式，这是对管理基础的第一个要求。

连锁企业的总部与店铺是分工的关系，总部对各个门店起管理支持作用。有人说：总部有多强大，店铺就能走多远。这是对管理基础的第二个要求。

2. 资源条件

连锁企业还要考虑扩张所需要的各种资源情况，也包括资金实力是否雄厚、人力资源是否足够、信息资源是否充足等，这些因素都会制约扩张的步伐乃至影响以后的经营业绩。

3. 市场机会

扩张速度还取决于机会本身，如果市场机会转瞬即逝，或错过了一个店址机会将损失巨大，连锁企业也许会贸然前行。因为对它而言，为了不丧失或许是千载难逢的机会，即使牺牲眼前的利益也是值得的。

 **【相关链接】**

### 家乐福冠军超市撤离中国

据了解，家乐福旗下的冠军超市定位于社区型的生鲜连锁超市。1999年冠军超市由家乐福并购，在全球9个国家拥有约2300家门店，在欧洲颇有业绩。2004年5月，冠军生鲜超市首次登陆中国，在北京劲松农光里开出首店，之后陆续开出了8家门店。从冠军超市在北京开出首店到匆匆离开仅仅两年时间。面对发展势头正猛的大门店和中国老百姓更为习惯的农贸市场，冠军超市还是倒在了夹缝中。中国人民大学教授黄国雄表示，冠军超市的生鲜食品价格还是过高，在中国目前的国情下，短时间内生鲜超市是不可能代替农贸市场的。

（五）连锁企业的扩张密度

连锁门店的扩张密度要合理。如果在同一区域内开设的门店过于密集，则会出现连锁店的不同分店之间竞争的局面。这既影响了各分店的经营业绩，也会使企业的投资得不到好的回报。而如果在同一区域开设的门店过少，短时间内可以达到门店经营业绩较佳的结果，但从长远来看很有可能给竞争企业以可乘之机，一旦竞争者进入此区域后，激烈的竞争也会使分店的业绩受到一定程度的影响。

一般而言，连锁门店最适宜的开设密度是两家店之间的距离边缘商圈相交到次级商圈相切的水平上。如果边缘商圈相距过远，对方进入的机会就会增大。如果各店之间使次级商圈相交，则会出现各家店铺争夺业务的局面。

## 二、连锁门店的设计

连锁门店的设计是指对门店的整体形象进行创意、设计创造活动，包括门店外部的形象设计和门店内部的门店布局的设计。连锁门店的设计具有层次性、灵活变通性、经济性。

### （一）门店设计的层次性

在传统计划经济时代，对商品定量定价，门店简单雷同。那时的门店设计从严格的意义上来讲，只是停留在二维平面设计上。但这是在那个特殊年代对门店设计的片面理解。门店作为一个为顾客提供商品和服务的立体空间，关于它的设计，不仅包括二维设计及在此基础上形成的三维设计，以人为服务对象还决定它的设计要容纳四维设计及意境设计。

#### 1．二维设计

二维平面设计是整个门店设计的基础。一旦有了二维平面设计图，门店的雏形或构架就展现出来了。二维设计运用各种空间分割方式来进行平面布置，包括各种商品或陈列器具的位置、面积及布局、通道的分布等。合理的二维设计是在对经营商品种类，数量，经营者的管理体系，顾客的消费心理、购买习惯，以及门店本身的形状大小等各种因素进行统筹考虑的基础上形成的量化平面图。例如，根据顾客的购物习惯及消费心理或格调品位来安排货位；根据人流物流的大小、方向、人体力学等来确定通道的走向和宽度；根据经营商品的品种、档次或关联性来划分销售区域等。

#### 2．三维设计

三维设计即三维立体空间设计，它是现代化门店设计的主要内容。三维设计中，需要针对不同的顾客及商品，运用粗重轻柔不一的材料、恰当合宜的色彩及造型各异的物质设施，对空间界面及柱面进行错落有致的划分组合，创造出一个使顾客从视觉与触觉都感到轻松舒适的销售空间。例如，男士城中的柱子采用带铜饰的黑色喷漆铁板装饰，以突出坚毅而豪华的气势，同时辅之以同样素材的展示架，构成一种稳重大方的氛围。而对于相同建筑结构的女士城，则宜采用喷白淡化装饰，圆柱设计立面软包的模特台，并辅之以小巧的弧型展架，以创造一种温馨的环境。

#### 3．四维设计

四维设计是对空性设计，它主要突出的是门店设计的时代性和流动性。零售企业并不是存在于真空环境中，它受到各种外在因素的影响和制约。因此，门店设计需要顺应时代的特点。随着人们生活水平、风俗习惯、社会状况及文化环境等因素变迁而不断标新立异，时刻走在时代的前沿，这便是门店设计应该具有的时代性。

门店设计的流动性，是指在门店中采用运动中的物体或形象，不断改变处于静止状态的空间，形成动感景象。流动性设计能打破门店内拘谨呆板的静态格局，增强门店的活力与情致，激发顾客的购买欲望及行为。

动态设计体现在多个方面，如自动电梯不间歇地运转、输送顾客；电子显示屏不停息地播送着各种广告及信息；顾客在门店中的流动；美妙的喷泉，尤其是音乐彩灯喷泉，随着韵律节奏的变动，制造出各种优美动人的造型及色彩。通过这种动态设计，门店能够充分满足消费者购物、娱乐、休闲等多种需求。

4．意境设计

意境设计是商店形象设计的具体表现形式。它是商店经营者根据自身的经营范围和品种、经营特色、建筑结构、环境条件、消费心理、管理意图等因素确定企业理念信条或经营主题，并以此为出发点进行相应的门店设计。例如，按企业形象策略中企业视觉识别系统的标识、字体、色彩而设计的图画、短语、广告等均属意境设计。意境设计是门店整体设计的核心及灵魂。

 【相关链接】

### 北京赛特购物中心和西单购物中心的门店设计

在赛特购物中心设计之初，就确定了以"人"为中心的设计思想，明确了门店明朗通透的风格。为确保这一风格，在寸土寸金的销售黄金区域购物中心，坚持通道的宽敞，主通道不低于2.3米，自选区设施间的距离亦在1.3米以上；为形成视野宽敞的商品展示，所有陈列设施高度在1.4米左右；柱面实施简单喷白处理，整个门店宽阔异常，具有强烈的通透感；赛特还采用多层次的立体照明，组合光线柔和及明亮，进一步确保了店堂明亮的格调。

在这种环境下，顾客能从门店内任一位置纵观门店整体布局。宽广的视野令顾客精神振奋愉悦，多了一份自信。顾客在某种理想精神状态的支配引导下，不知不觉就产生了购买行为。

而令广大顾客向往的北京另一家著名零售企业——西单购物中心，则以献"四心"，"把一颗热心、耐心、诚心、爱心奉献给您"作为商魂，贯穿整个中心的设计，起到了异曲同工的功效。

旭日东升，朝霞洒落大地的时候，两行着装整齐的值班经理齐刷刷地立于购物中心门前两侧，迎接第一批顾客的光临，广播里传来的是动听悦耳的音乐和迎宾词；当夜幕降临、繁星满天的时候，这两行微笑的使者再一次出现，在依依惜别的送客词中欢送最后一批顾客。

购物中心优美的环境无不使人倍感温馨：高矗的玻璃大厦，银白的不锈钢柱爽洁气派；厅内四季翠柏都郁葱葱，白色的泰山石铺就一份典雅，棕榈鲜花悦目可人，一片生机勃勃的自然景观；传出的轻松舒缓的轻音乐令人神清气爽，无比惬意；整个货位布局与艺术观赏性融为一体，美在其中。

为使顾客体会到融融的爱心，购物中心将一些宽敞的地区留给顾客，把部分有效的空间作为顾客休闲场所，并千方百计为顾客提供服务设施。例如，在寸土寸金的门店设置了边沿休息椅，在贵重金银首饰柜台放置了试金椅，并为顾客提供放大镜、鉴定仪，服务台还备有安康小药箱等。

### （二）门店设计的灵活变通性

在日常生活当中，我们应该有此体会：哪怕某事物开始有多新奇多有趣，但如果重复做这一事物，重复听这一事物，重复面对这一事物，都会令我们兴趣索然。缺乏变动，不仅会因熟视无睹而难以吸引注意力，而且会使人觉得枯燥、单调、乏味，甚至产生厌倦抵触的心理。相反，适当变动，不仅易引人注目，而且能调动人体内部活跃的因子，使人精神愉悦、饱满而振奋。

因此，一个好的门店不单要能有一个好的创意来留住顾客的脚步，重要的是能持续保持一种活力，即通过经常对门店某些方面，如对店面、陈列、色彩、商品结构等进行合宜的调整变更，达到顾客常往常新的效果。可见，正如人需要不停息地进行新陈代谢一样，门店亦需常常补充新鲜的成分。门店经营者应随着季节、节庆日及消费者偏好等更替变换，灵活变化门店的"装束"，使它更人性化、更蓬勃亲切。例如，在雨季，商店可重点加强雨具的陈列；设置一个清新雅致的空间，将五彩缤纷的雨衣、雨帽、雨伞、雨鞋等优美地搭配成组，合理布局，不仅能使店面充满生机，也能吸引顾客的注意力。又如，在冬季采用暖色调的背景，给人以温暖如春的感受；夏季则换用冷色调，给人以清爽、荫凉之感。

（三）门店设计的经济性

门店中装饰布置的最后目标是扩大销售量，增加利润。在激烈的市场竞争中，对门店的投资是很必要的，但这绝不意味着可以盲目地、无计划地进行。门店设计作为商店的一项投资，在投入时，必然应像其他投资一样，应慎重考虑是否值得投入、投入多少才合理、如何以最小的投入达到一定的设计水准等。用一句话概括就是，门店设计要讲究经济性。例如，为配合门店设计的灵活变通性，门店的设施应尽可能不采用牢固且不易拆换的设计，因为这样改造起来非常困难，势必浪费资金。而如果一开始就尽量选择能随时变化、可变性高的设计、材料、设施，就能在改造时避免许多不必要的浪费了。

吸引人的门店并不都意味着投入高的门店，如仅花几百元钱就可以塑造一个别具农家韵味的小吃店。相信有心人都可以在力所能及的范围内创造出既经济却又受欢迎的门店。

 习题

**一、名词解释**

连锁门店的开发、连锁门店的设计、连锁门店设计的层次性

**二、填空**

1. 从功能定位来说，连锁门店的类型包括（　　）、（　　）、（　　）、（　　）、（　　）和培训店。
2. 从广义角度分析，连锁经营业态包括（　　）、（　　）和（　　）。
3. 连锁企业扩张战略主要有 3 种模式：（　　）、（　　）和（　　）。
4. 连锁企业的扩张方式包括（　　）、（　　）、（　　）和（　　）等方式。
5. 一般来说，扩张速度取决于 3 个方面：（　　）、（　　）和（　　）。
6. 门店设计的层次性包括（　　）、（　　）、（　　）和（　　）等。

**三、简答**

1. 连锁经营的特征是什么？
2. 连锁经营的模式包括哪几种？
3. 连锁经营的业态包括哪些？
4. 简述连锁企业的扩张战略、扩张方式、扩张速度和扩张密度。
5. 连锁门店设计有哪些特点？

实训项目

项目名称：百货店的开发与设计调研

实训目的：通过调研和分析，让学生初步了解门店的开发与设计，初步培养学生的门店开发与设计能力，为学生学好"连锁门店开发与设计"课程打下基础。

实训组织：（1）分组。将全班学生分成若干小组，每小组 3～6 人，并进行合理的分工。（2）材料收集。学生通过实地考察、网络查寻等方式了解当地知名百货的开发与设计，收集相关材料。（3）讨论交流。学生对所收集到的材料进行交流和讨论。（4）撰写报告。每组完成调研报告的撰写。

实训成果：以小组的形式撰写一份《百货店的开发与设计调研报告》。

## 【案例分析】

### 宜家的卖场规划

宜家是一个家具卖场的品牌，同时也是家具的品牌。通过一系列运作，宜家的卖场在人们眼中已不单单是一个购买家居用品的场所，它代表了一种生活方式，这正是宜家的卖场规划与管理的成功之处。

卖场规划就是指卖场的整体布置和设计。卖场规划是否合理将直接影响销售。合理的卖场规划具有方便顾客购物、刺激销售、节约人力、充分利用空间、美化环境、降低成本等作用。卖场规划是宜家的一大特色。无论是卖场选址还是卖场布局，都体现了宜家独特的创意构思和超前的设计理念。

1．选址

在零售业最常听到的口头禅：Location, Location and Location（店址，店址，还是店址）。由此可见选址对于零售业的重要性。

与大部分零售业卖场积极占据城市繁华地段，以获得大量客流保证有所不同，宜家反其道而行之，遵循了一条"郊区包围城市"的道路，将自己的家具商店开到了郊外。宜家的"郊区开店"路线可谓占尽了天时地利。

在 20 世纪 60 年代，刚刚富裕起来的西方人兴起了汽车购物的浪潮。宜家不失时机地抓住了商机，做出了敏锐的反应。宜家将自己的第二家批发商场开到了瑞典城市斯德哥尔摩的郊区，并给商场配备了宽敞的汽车停车场和其他的便利设施。这项举措到了 20 世纪末又一次发挥了神奇的作用。随着工业的进一步发展，渴望回归自然的人们再也不愿意在污染严重的城区待下去，郊区成了他们居住休闲的最佳场所，而在郊区的商场中欣赏和购买一套典雅、浪漫、古色古香的或者是简洁的家具成为一件惬意的事情。此外，在宜家的商场中还有许多方便的服务设施。因此宜家建立在郊区的商场一直是欧洲同类商场中经营业绩最理想的布局。

2．卖场布局

卖场布局就是指卖场内部各区域的分布和陈列。卖场布局的优劣在很大程度上决定了能否唤起顾客的购买欲望。因此，卖场布局应由顾客的需求及市场环境的变化而定。

宜家的卖场布局每时每刻都在传递着一种现代世界生活的理念——自由、随意、家的感觉，在具体操作上也与很多家居商场有着根本的不同。宜家的卖场布局特色主要体现在如下几个方面。

1）开放式的展区

与传统的柜台式服务不同，宜家在卖场中一直坚持开放式的展示模式。展示区按照客厅、饭厅、工作室、卧室的顺序排列。这种顺序是从顾客习惯出发制定的，客厅最为重要，饭厅是人们处理日常事物的地方，工作室紧随其后，卧室是最后一个大型家具区。这些展示生动活泼，充满了家庭温馨的感觉。而且宜家经常变换摆设方式，和竞争者形成了显著差异，不易模仿。

　　宜家将展示区划分为一个一个分隔开来的小单元，如同家中的功能区划分，分别展示了在不同功能区中如何搭配不同家具的独特效果。这样的展示区并非固定不变的，每个宜家商场均有一批专业装修人员，他们负责经常对展示区进行调整。调整的基本要求是要符合普通百姓家居生活的状况。例如，背墙的高度根据普通住房的层高设定为2.9米，过高或过低都会给顾客造成错觉，做出错误的购买决定；背墙的颜色也必须是中性的，符合日常生活的习惯，不会使用一些特殊颜色来烘托家具的表现效果，以免让顾客有错误的感觉。每个展示单元都标注实际面积。所有这些都是从顾客的需要出发，顾客原封不动地把展示区的摆设方式搬回家去，也会得到与商场中一样的效果。

　　宜家的这种开放式的展区排除了柜台的隔阂，拉近了消费者与家居的距离，成为了家具零售业的一次革命。

　　2）样板间

　　样板间是宜家产品展示的另一种独特形式。为了让整个卖场显得更加生动，也为了使顾客获得更为深刻真实的购买体验，宜家将各种产品进行组合，设计了不同风格的样板间，以充分展现每件产品的现场效果。

　　家具本来就是要摆在一起，协调地组合成家，但以往的销售经验却是只看到商品，却看不到商品的真正作用，看不到商品能为消费者带来的最终利益。样板间的产生解决了这一问题。它是宜家对消费者洞察后思考的结果，它使得家具不再是冷冰冰的货物，而是加入了情感的因子，真正成为了家的一部分。

　　为了消除消费者购买家具时可能会有的种种顾虑，如害怕把不同的产品买到家后组合在一起不协调，宜家把各种配套产品进行家居组合，建立了不同风格的样板间，充分展示每种产品的现场效果，甚至连灯光都展示出来。这样顾客基本上就可以看出这些家居组合的感觉及体现出来的格调。

　　宜家以生动化的样板间展示给追求生活品质的人们传达了一种高尚的品位。宜家的每一个样板间都温馨而亲切，给人以"家"的感觉。样板间既体现了宜家卖场的设计风格和经营风格，又表达出了宜家的平民理念。

　　在重大节日将至的时候，宜家往往推出以不同色彩为基调的主题样板间。例如，在春节和情人节期间，宜家所推出的"红色恋情""橙色友情"和"蓝色亲情"的梦幻组合样板间，使整个卖场充满了人情味。这种主题样板间的优点在于利用主题制造顾客想象的衍生点，将顾客在春节期间对亲情、友情的珍爱和渴望，以及情人节对爱情的炽热情感巧妙地移植到宜家设计精巧的产品上，使顾客对其产品独特的内涵万分依恋。

　　此外，宜家商场里还设有儿童样板间，里面陈设着儿童专用的各个品牌系列的桌子、椅子和床，还有很多专为儿童设计的色彩鲜艳、可爱有趣的家居用品，包括毛茸茸的各种小动物玩具，尤其是那睁着大眼睛、充满稚气的北欧麋鹿，更是让大人小孩儿都爱不释手。

　　3）餐厅

　　餐厅与卖场似乎没有直接的联系，毕竟消费者是去购物而非享受美食，但英格瓦坎·普拉德（宜家的创始人）却不这样认为，他有句名言："饿着肚子不能促成好生意。"同样，饿着肚子也没心情买好东西，早期的宜家餐饮就是在这种逻辑下悄悄推导出来的。

　　这类似于"店中店"，每一个走进宜家的人一进大门就能看到餐饮部，顾客可以根据自己的需要随时在这里就餐或休息。如果累了，顾客可以在幽雅闲适的宜家餐厅，点一份正宗的欧式甜点，或者一杯咖啡，或只是小憩片刻，没有人会来打扰。宜家员工还会特别向每位顾客推荐瑞典肉丸、三文鱼及糕点等著名的瑞典食物。

　　除了在宜家餐厅里享受瑞典美食外，顾客们还可以在瑞典食品屋购买到传统的瑞典食品，让没有来过宜家的朋友和家人也能享受到独特的瑞典美味。

　　购买家具是全家人的事，就餐也一样，自然少不了孩子。宜家餐厅还专门为儿童准备了小份食物及儿童适宜的各种食品。

　　宜家餐厅在提供休闲场所之余，更重要的是开辟了一个能让顾客思考决策的空间。毕竟家具不同于一般的消费品，顾客对购买决策颇为慎重，他们需要比较，需要考虑，需要有一个说服自己的缓冲时间。宜家餐厅正是投其所好，供其所需。

　　与其他零售企业不同的是，宜家的餐厅都是宜家自己打理，不对外承租。宜家餐厅绝非一般的餐饮场所，餐厅在宜家的发展史中具有里程碑式的意义，并逐渐发展为宜家文化的一部分。"醉翁之意不在酒"，经营这些餐厅，宜家可不单单是为了赢利，为顾客营造一次难忘的购物经历，才是宜家的真正目的。据有关资料调查表明，相比于价格、服务等常见的促销手段，购物经历开始日益为顾客所看重，而宜家餐厅的意义正在于此。

　　这项人性化的创意在时代不断发展过程中显然得到了充分的认可。宜家的这些餐厅每年的全球营业总额高达 16 亿美元。

　　此外，宜家的卖场里还有儿童娱乐中心、宜家商场的规划图、信息亭、配色卡等设施。专门为儿童搭建的儿童娱乐中心也已经成为宜家的特色之一，一份宜家商场的规划图指引购物者事先为自己的购物计划设计出合理的行走路线，信息亭可以为消费者的家庭装修提供建议，配色卡可以为消费者提供丰富的产品面料选择。这些设施最大限度地为消费者提供了便利，也给宜家商场增色不少。

　　思考：

　　1. 宜家的卖场规划有什么特点？

　　2. 宜家的卖场规划对国内连锁企业有哪些可以借鉴？

# 模块二　连锁门店开发

# 项目二
## 连锁门店商圈的选择
LIANSUO MENDIAN SHANGQUAN DE XUANZE

【学习目标】

　　了解商圈的含义、构成和类型；了解商圈调查的定义和主要目的；掌握商圈调研的内容、主要方法和基本流程；掌握商圈调研报告的撰写；了解商圈的确定模式。

【案例引导】

**肯德基的商圈调研方法**

　　肯德基对快餐店选址是非常重视的，选址决策一般是两级审批制，通过两个委员会的同意，一个是地方公司，另一个是总部。其选址成功率几乎是 100%，是肯德基的核心竞争力之一。肯德基选址按以下几个步骤进行。

　　一、商圈的划分与选择

　　1. 划分商圈

　　肯德基计划进入某城市，就先通过有关部门或专业调查公司收集这个地区的资料。有些资料是免费的，有些资料需要花钱去买。把资料买齐了，就开始规划商圈。

　　商圈规划采取的是记分的方法。例如，这个地区有一个大型商场，商场营业额在 1 000 万元算 1 分，5 000万元算 5 分，有一条公交线路加多少分，有一条地铁线路加多少分。这些分值标准是多年平均下来的一个较准确的经验值。

通过打分把商圈分成好几大类，以北京为例，有市级商业型（西单、王府井等）、区级商业型、定点（目标）消费型、还有社区型、社商务两用型、旅游型等。

2. 选择商圈

选择商圈即确定目前重点在哪个商圈开店，主要目标是哪些。在商圈选择的标准上，一方面要考虑餐馆自身的市场定位，另一方面要考虑商圈的稳定度和成熟度。餐馆的市场定位不同，吸引的顾客群不一样，商圈的选择也就不同。

例如，马兰拉面和肯德基的市场定位不同，顾客群不一样，是两个"相交"的圆，有人吃肯德基也吃马兰拉面，有人可能从来不吃肯德基专吃马兰拉面，也有反之。马兰拉面的选址也当然与肯德基不同。

而肯德基与麦当劳市场定位相似，顾客群基本上重合，所以在商圈选择方面也是一样的。可以看到，有些地方同一条街的两边，一边是麦当劳另一边是肯德基。

商圈的成熟度和稳定度也非常重要。例如，规划局说某条路要开，在什么地方设立地址，将来这里有可能成为成熟商圈，但肯德基一定要等到商圈成熟稳定后才进入。又如，这家店3年以后效益会多好，对现今没有帮助，这3年难道要亏损？肯德基投入一家店要花费好几百万，当然不冒这种险，一定是采取比较稳健的原则，保证开一家成功一家。

二、聚客点的测算与选择

1. 要确定这个商圈内，最主要的聚客点在哪儿

例如，北京西单是很成熟的商圈，但不可能西单任何位置都是聚客点，肯定有最主要的聚集客人的位置。肯德基开店的原则是，努力争取在最聚客的地方和其附近开店。

过去古语说"一步差三市"。开店地址差一步就有可能差三成的买卖。这跟人流动线（人流活动的线路）有关，可能有人走到这，该拐弯，则这个地方就是客人到不了的地方，差不了一个小胡同，但生意差很多。这些在选址时都要考虑进去。

人流动线是怎么样的，在这个区域里，人从地铁出来后往哪个方向走等。这些都要派人去掐表，去测量，有一套完整的数据之后才能据此确定地址。

例如，对店门前人流量的测定，是在计划开店的地点掐表记录经过的人流，测算单位时间内多少人经过该位置。除了该位置所在人行道上的人流外，还要测马路中间的和马路对面的人流量。马路中间的只算骑自行车的，开车的不算。是否算马路对面的人流量要看马路宽度，路较窄就算，路宽超过一定标准，一般就是隔离带，顾客就不可能再过来消费，就不算对面的人流量。

肯德基选址人员将采集来的人流数据输入专用的计算机软件，就可以测算出，在此地投资额不能超过多少，超过多少这家店就不能开。

2. 选址时一定要考虑人流的主要动线会不会被竞争对手截住。

因为人们现在对品牌的忠诚度还没到特别坚定的程度。但人流是有一个主要动线的，如果竞争对手的聚客点比肯德基选址更好的情况下那就有影响。如果是两个一样，就无所谓。例如，北京北太平庄十字路口有一家肯德基店，如果往西100m，竞争业者再开一家西式快餐店就不妥当了，因为主要客流是从东边过来的，再在那边开，大量客流就被肯德基截住了，开店效益就不会好。

3. 聚客点选择影响商圈选择

聚客点的选择也影响到商圈的选择。因为一个商圈有没有主要聚客点是这个商圈成熟度的重要标志。例如，北京某新兴的居民小区，居民非常多，人口素质也很高，但据调查显示，找不到该小区哪里是主要聚客点，这时就可能先不去开店，当什么时候这个社区成熟了或比较成熟了，知道其中某个地方确实是主要聚客点时才开店。

为了规划好商圈，肯德基开发部门投入了巨大的努力。以北京肯德基公司而言，其开发部人员常年跑遍北京各个角落，对这个每年建筑和道路变化极大，当地人都易迷路的地方他们却了如指掌。经常发生这种情况，北京肯德基公司接到某顾客电话，建议肯德基在他所在的地方设点，开发人员一听地址就能随口说出当地的商业环境特征，是否适合开店。在北京，肯德基已经根据自己的调查划分出的商圈，成功开出了多家餐厅。

任务一　连锁门店商圈调查

## 一、商圈的含义和构成

### （一）商圈的含义

商圈（trade area），有广义和狭义之说。广义的商圈是商业街道内所有店铺集合形成的商圈，一般从商流动线的开始端到商流动线的末端。广义的商圈通常是指一个都市中各个繁荣商业带的分布。例如，北京的主要商圈为王府井商圈、西单商圈、前门商圈、燕莎商圈、公主坟商圈等。狭义的商圈通常是指一个零售店或商业中心的营运能力所覆盖的空间范围，或者说可能来店购物的顾客所分布的地理区域。一般可归纳为 3 点：第一，商圈是一个具体的区域空间，是一个大致可以界定的地理区域；第二，商圈是一个具体的销售空间，同时又是一个具体的购买空间，而且，这个地理区域空间很容易在地图上标示出；第三，商圈内各种销售辐射力和购买向心力构成了一个类似物理学中的"场"的"商业场"，商业活动就是在这个商业场中进行的。

### （二）商圈的构成

商圈是由以下三个部分构成的。

#### 1．核心商圈

核心商圈（primary trading area）约占 55%～70%的人流量。这是最靠近的区域，顾客在人口中占的密度最高，每个顾客平均购货额也最高。这里很少同其他商圈发生重叠。

#### 2．次级商圈

次级商圈（secondary trading area）约占 15%～25%的人流量。这是位于核心商圈外围的商圈，顾客较为分散。日用品商店对这一区域的顾客吸引力极小。

#### 3．边缘商圈

边缘商圈（fringe trading area 或 tertiary trading area ）约占 5%～10%的人流量。边缘商圈内包含其余部分的顾客，他们住得最分散，便利品商店吸引不了边缘区的顾客，只有选购品商店才能吸引他们。

商圈的构成如图 2.1 所示。

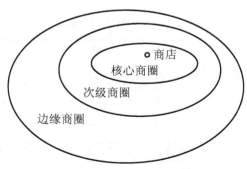

**图 2.1　商圈的构成**

## 二、商圈的类型

对商圈进行正确的分类，有助于经营者在开办门店时准确地选择门店的商圈，减少重复调查的时间及成本。按照不同的分类，商圈有不同的类型。

### （一）按商圈的功能定位

根据商圈的功能定位、规模体量、服务对象、辐射范围等因素的不同，大致可以将城市的零售商圈分为都市型商圈、区域型商圈、社区型商圈和特色商圈 4 个类型。

#### 1. 都市型商圈

都市型商圈一般是指商业高度集聚、经营服务功能完善、辐射范围超广域型的商业中心，是最高等级的城市商业"中心地"。都市型商圈辐射能力强，商业业态、业种丰富多样，在城市经济和社会中具有重要地位，是城市最为繁华的、最具活力的商业街区，服务范围和影响面一般涵盖整个城市和周边地区，甚至国内外更大的范围。一般都市型商圈的购买力有 50% 以上来自该区域以外的地区。都市型商圈的一般特征如表 2-1 所示。

表 2-1　都市型商圈的一般特征

| 类　型 | 内　容 |
| --- | --- |
| 区位特征 | 位于城市中心区、主要交通枢纽，商务区或旅游区，大多是历史悠久的商业集聚区 |
| 功能特征 | 业态、业种齐全，结构配置合理，市场细分度深，消费选择余地大。一般有大型百货店、都市型购物中心、专业店、专卖店和餐饮娱乐等，功能完备，形成购物、餐饮、旅游、休闲、娱乐、服务、商务和金融的有机集聚 |
| 需求类型特征 | 综合型 |
| 规模特征 | 商业网点密集，市场最具活力、最为繁华，大城市都市型商圈的营业面积为 30 万平方米左右 |
| 客流特征 | 客流量大，日客流量一般在 30 万人次及以上 |
| 辐射范围 | 超广域型，区域外、市外、海外客流量占 50% 以上 |

#### 2. 区域型商圈

区域型商圈一般是指商业中度集聚，经营服务功能比较完善，辐射范围较广的地区商业中心，一般分布在各区通达性较好的地段，主要满足区域内居民的购物、餐饮、休闲、娱乐和商务活动需要。随着商圈的不断发展和整个城市功能的调整，某些区位条件好，交通便利的区域型商圈将发展提升为都市型商圈。反之，有些区域型商圈也可能因交通、商务、旅游、居民及经营的变化在竞争中衰退为社区型商圈。区域型商圈的一般特征如表 2-2 所示。

表 2-2　区域型商圈的一般特征

| 类　型 | 内　容 |
| --- | --- |
| 区位特征 | 位于交通枢纽、商务集聚区、居民集聚区 |
| 功能特征 | 功能比较齐全，区域辐射优势比较明显。一般有主题型或中型百货店、购物中心、大型超市、专业店、专卖店和餐饮娱乐等，功能基本完备，能基本满足区域内居民或商务购物、餐饮、休闲、娱乐需要 |
| 需求类型特征 | 综合型 |
| 规模特征 | 网点比较密集，业态多样，结构合理，商业营业面积为 100 000m² 左右 |
| 客流特征 | 服务人口为 20 万左右 |
| 辐射范围 | 广域型，区域外客流量占 30% 左右 |

3．社区型商圈

社区型商圈一般是指商业一定程度集聚，主要配置居民日常生活必需的商业和生活服务业的商业集聚区，是比区域型商圈低一个等级的商业中心地，是最基本的商圈。通常认为，城市商圈规划发展距都市型商圈、区域型商圈1～2千米的居住区应有一个相应规模的社区型商圈，同其他商圈实现联动、错位发展。社区型商圈的一般特征如表2-3所示。

表2-3　社区型商圈的一般特征

| 类　型 | 内　容 |
| --- | --- |
| 区位特征 | 位于社区，居住相对集中 |
| 功能特征 | 满足本社区居民"开门七件事"，以社区型购物中心或大中型超市为主，有标准化菜场、医药店、便利店、餐饮、文化活动中心、社区服务中心、邮局、银行、美容美发、沐浴、修配、物资回收等各种服务设施 |
| 需求类型特征 | 日常生活必备 |
| 规模特征 | 营业面积为 25 000m² 左右 |
| 客流特征 | 服务人口一般在 5 万左右 |
| 辐射范围 | 属地型，一般本社区以外的购买力不到 10% |

4．特色商圈

特色商圈一般是在城市中心区，具有浓厚的文化氛围、城市风情特色，能够增强人气，吸引市外、海外游客和本市消费者的商业休闲功能集聚区。特色商圈一般休闲业态集中、文化内涵丰富、品牌效应突出，有时与会务、旅游、商务等相配套。作为一个城市的橱窗和名片，特色商圈对城市经济有着巨大的影响。特色商圈的一般特征如表2-4所示。

表2-4　特色商圈的一般特征

| 类　型 | 内　容 |
| --- | --- |
| 区位特征 | 位于城市主要交通枢纽、商务区、旅游区或历史悠久的商业街区 |
| 功能特征 | 业态较少，但同类业种集聚、扎堆，消费选择余地大。一般有特色专业店、专卖店和餐饮娱乐等 |
| 需求类型特征 | 休闲型、补充型。 |
| 规模特征 | 商业网点密集，营业面积为 100 000m² 左右 |
| 客流特征 | 客流量较大，日客流量一般在 20 万人次左右 |
| 辐射范围 | 超广域型，区域外、市外、海外客流量占 50% 以上 |

大多数城市的商圈设计一般都采取几个都市型商圈、几个或十几个区域型商圈加几十个社区型商圈的3级体系（城市不同，配置差异较大）。同时，不同的城市往往结合自身的文化、特色拥有几个特色商圈，如上海的新天地、衡山路、雁荡路等。

（二）按区域功能分类

1．商业区商圈

商业集中的地区，其特色为商圈大、流动人口多、各种商店林立、繁华热闹。其消费习性具有快速、流行、娱乐、冲动购买及消费金额比较高等特色。

## 2．住宅区商圈

住宅区住户数量至少在 1 000 户才能形成住宅区商圈。其消费习性为消费群稳定，讲究便利性、亲切感，家庭用品购买率高。

## 3．文教区商圈

文教区商圈附近有要一所或一所以上的学校，其中以私立学校和补习班集中区较为理想。该区消费群以学生居多，消费金额普遍不高，但果汁类饮品购买率高。

## 4．办公区商圈

办公区商圈指办公大楼林立的地区。其消费习性为便利性、在外就餐人口多、消费水平较高。

## 5．工业区商圈

工业区的消费者一般为打工一族，消费水平较低，但消费总量较大。

## 6．名胜区商圈

该区大量的游客成为商家的争抢对象。

## 7．混合区商圈

混合区商圈分为住商混合、住教混合、工商混合等。混合区商圈具备单一商圈形态的消费特色，一个商圈内往往含有多种商圈类型，属于多元化的消费习性。

### （三）按消费者稳定性来分类

#### 1．居住人口商圈

居住人口指居住在店铺商圈内的常住人口，具有稳定性，是商圈的基本顾客，是店铺基本销售额的保证。

#### 2．工作人口商圈

工作人口指居住地远离店铺，但工作地在店铺核心商圈的人口，他们通常是次级商圈的基本顾客。

#### 3．流动人口商圈

流动人口指在交通要道、繁华商业区、公共场所所过往的人口，是构成边缘商圈内顾客的基础。流动人口商圈是一种虚拟的商圈。

### （四）按商圈中商家的关系分类

#### 1．专业型商圈

专业型商圈处于一种竞争型的商业环境中，在此类商圈里，商家大多经营同一类型的商品，在价格、品牌、服务等方面展开竞争。

#### 2．互补型商圈

在互补型商圈内，商家经营的商品存在互补性。这种商圈建立在消费连锁反应的心理之上，即无论消费者进入商圈内的哪一个专业商店，均有可能去别的专业店，这是一种品种错位的现象。

#### 3．综合型商圈

综合型商圈一般根据日常所需设置各种类型的商店，圈内商家各行其道，相安无事。

### 三、商圈调查的重要性

广义的商圈调查是指对某一商圈范围的全部市场活动的调查。它是以明确如何提供更适合顾客需求的商品、服务为目的的调查。狭义的商圈调查是指为何在此设店，能够实现多少销售额及与之相匹配的必要店堂面积等。商圈调查的重要性体现在以下几个方面。

#### （一）商圈调查可以预估商店的基本顾客群

商圈调查可以预估商店坐落地点可能交易范围内的用户数、流动人口数等人口资料，并通过消费水准预估营业额等消费资料。对商圈的分析与调查，可以帮助经营者明确哪些是本店的基本顾客群，哪些是潜在顾客群，力求在保持基本顾客群的同时，着力吸引潜在顾客群。

#### （二）商圈调查是门店选址的前提

通过商圈调查可以帮助开店者了解预定门店坐落地点所在商圈的优缺点，从而决定是否为最适合开店的商圈。在选择店址时，应在明确商圈范围、了解商圈内人口分布状况及市场、非市场因素的有关资料的基础上进行经营效益的评估，衡量店址的使用价值。按照设计的基本原则，选定适宜的地点，使商圈、店址、经营条件协调融合，创造经营优势。

#### （三）良好的商圈调查是制定经营战略的依据

良好的商圈调查可以使经营者了解店铺位置的优劣及顾客的需求与偏好，作为调整卖方商品组合的依据；可以让经营者依照调查资料订立明确的业绩目标，掌握客流来源和客流类型，了解顾客的不同需求特点，采取竞争性的经营策略，投顾客所好，赢得顾客信赖，即赢得竞争优势。通过商圈分析，制定市场开拓战略，可以不断延伸触角，扩大商圈范围，提高市场占有率。

### 四、商圈调查的内容

#### （一）商圈人口及所得水准

"商圈人口统计"是开店商圈调查最基本的项目之一，主要是判断商圈总购买力的大小的依据。商圈人口调查因素包括人口数、成长率、住户数及人口密度等，通常人口越多经营潜力越大。所得水准是指单位住户每月收入总额，通常所得越高的商圈区域，消费形态会比较倾向于高级且个性化的商品，相对的卖场形象及商品结构应该越讲究。反之，所得越低的商圈区域，消费形态则较偏向便宜和大众化商品。

#### （二）顾客特性及生活形态

顾客特性及生活形态关系着顾客购物习性的变化，也直接影响卖场的经营。顾客特性包括家庭类型、居住形态、年龄结构、职业、消费支出和所得水准等项目。生活形态则涵盖地域性活动、学校生活、社区日常生活、节庆活动、运动休闲活动、教育及娱乐等。从生活形态的调查可了解商圈消费者的饮食习惯、家庭生活设备、衣着形态、运动习惯、阅读情况、休闲娱乐状况及参与活动等，此资讯可当成商品规划的重要参考指标。例如，当某一社区激增小家庭住户和职业妇女群时，则其对调理食品会有殷切的需求。

#### （三）消费支出与消费倾向

"消费支出调查"指每个家庭每月消费支出的比例，包括食品、衣服、医疗、交通、休闲娱乐及教育等项目，其中针对所属卖场的商品类别加以细分，更能掌握消费支出比例与商品构成比的关系。原则上，消费支出比例越高，商品构成比应越大；相反的，消费支出比例越低，商品构成比就越小。消费者对于收入的支配是建立在他们对经济预期的程度上的，所以此项调查应着重于现况家庭财务与前一年及未来一年相比较，更应调查未来 1～5 年的整体商业条件、就业市场和经济环境的发展与变动。当然，消费者现况的消费额度、未来 3 个月到一年的支出预估，都是短期营运策略的重要指数参考。

另一方面，"调查消费倾向"是包括消费者购物时所考虑的原因（如价格、品质）、消费者购物习惯（如定期定量购物或随机性）、消费者对商品的使用频率和选择条件、未来一年内购物的意愿等。如能正确掌握以上所调查的资料，就能迎合顾客的消费动态，提升卖场竞争优势。

### （四）交通条件及自用车普及率调查

交通条件包括卖场周围道路状况，如马路宽度、塞车及流量状况、交通标志设置情形、道路计划、各形大众运输路线网及车次等调查。通常交通条件越方便，来客数就会增加。另外，自用车普及率越高，除了购买量会增加之外，商圈范围也会扩大。所以，自用车普及率调查显得尤为重要，尤其是针对所诉求的顾客群，更应详加了解其使用的交通工具种类。

### （五）城市规划分析

分析城市建设的规划，既包括短期规划，也包括长期规划。有的地点从当前情况分析是最佳位置。但随着城市的改造和发展将会出现新的变化而不适合设店，反之，有些地点从当前情况来看不是理想的开设地点，但从规划前景看会成为有发展前途的新的商业中心区。因此，企业经营者必须从长远考虑，在了解地区内的交通、街道、市政、绿化、公共设施、住宅及其他建设或改造项目的规划的前提下，做出选择。

### （六）商业情况分析

#### 1．异业聚集

异业聚集状况是指不同行业店铺或不同功能的商业网点在同一个区域中聚集的程度。该项评估解决的是商业区域客流聚集能力和功能完备程度的问题。通常情况下，异业聚集程度越高则商业区域越偏向于综合化，其辐射能力和辐射范围就越大，吸引来的客流也就越多。吸引来的客流越多，店铺通行人流量就越大。异业聚集是在对整个商业区域的实地勘探中完成的，选址人员要根据整体印象进行定性分析。在分析过程中有下面几个问题需要特别关注。

（1）商业区域中有哪些业态分布，其中有代表性的店铺是哪些，这方面的测评仍然是要确定不同行业店铺聚集在一起能对客流产生多大的吸引力。通常来说，商业区域中聚集的行业越多则客流越大。代表性店铺规模越大，则表明该商业区域在整个市场商业格局中的地位越高。选址人员对这方面的信息进行分析，一方面可以进一步确定自己的竞争对手。另一方面则可以通过店铺的分布来看整个商业区域的聚客规模状况，从中评估存在的商机。

（2）商业区域中最大和最知名的几个布点的位置在哪里，最大的几个店铺对旁边的中小型店铺产生何种影响。选址人员还可以根据不同行业代表性店铺分布的地点来看整个商业区域的客流重心，从中考虑最佳的店址。

#### 2．同业聚集

商业区域中同行竞争是指那些在商品、服务种类上与欲设店铺有重叠或类似的店铺所带来的竞争。这些竞争的性质和强度都将直接对欲设店铺未来利润产生影响，需要选址人员在考评完成后进行综合评定，以分析未来店铺所处的竞争环境。在考评过程中，选址人员需要注意的是，这里的竞争仅仅是在商品、服务的种类和特色上进行的界定，而不是以店铺所属业态来区分的。这就意味着在市场上欲设店铺所面临的竞争来自各种各样的店铺，这些店铺可能在规模、经营理念、服务方式等各个方面存在很大差异，但只要在商品、服务种类上与本店存在重叠，就都应该作为考察对象纳入到观察范围中。

## 五、商圈调研的主要方法

不同行业有不同的问题，同一行业也有不同的问题，所以需要设计不同的商圈研究方案。商圈研究没有一个定式，需要具体问题具体对待。本着"服务客户"的原则，连锁企业应及时与客户沟通，让客户参与到方案的设计中来，深入、准确、有效地进行商圈分析研究。

### （一）商圈调查的主要方法

#### 1. 单纯划分法

单纯划分法是最简单的一种方法，也就是通过多种渠道，把收集到的顾客地址标注出来，绘制成简图，然后把简图最外围的点连接成一条封闭的曲线，该曲线以内的范围就是商圈所在。

简图需要标示出商圈东南西北方向的位置，以及在此区域内的竞争店、人员集中的地段、大型集合场所等，道路、街巷也应该标示出来。此外，人流的走向、公共汽车站等也不能忽视。这种方法一般仅适用于原有加盟店欲获取本身商圈资料时使用。它最大的缺陷是，设定出来的商圈是有界限的。

#### 2. 市场调查法

市场调查法不依赖于现有的数据，而是通过市场情况的实地调查确定商圈。市场调查法又分为抽样调查与询问调查两种形式。

抽样调查法是在该商圈内，设置几个抽样点作为对当地商圈的实地了解和评估。抽样的主要目的是了解主要人流的走向、人口和住户数、交通状况等。

询问调查法是一种由经营者以询问的方式向顾客了解情况、收集资料的调查方法。可以通过直接询问、电话询问、邮寄询问、留置问卷等方式进行。这是一种常用的方法，通过这种方法取得的数据比较准确。

#### 3. 类推法

类推法是指通过现有分店的商圈状况来类推拟开设分店的商圈范围。具体讲就是根据店铺特性、选址特性、购买习惯、各种统计分析及商圈特性等项目，推定诸条件接近现有分店的地区。也就是说，从现有分店的商圈状况来预测设定拟开分店的商圈。此方法虽说是在各种数据的基础上推出的结果，但是由于数据中缺少了竞争店铺的相关资料，只能适用于具有丰富开店经验的经营者。

#### 4. 地理信息系统法

地理信息系统（geographic information systems，GIS）是以地理空间为基础，采用地理模型分析方法，提供多种空间和动态的地理信息，是一种为地理研究和地理决策服务的计算机技术系统。其基本功能是将表格型数据（无论它来自数据库、电子表格文件或直接在程序中输入）转换为地理图形显示，然后对显示结果浏览、操作和分析。其显示范围可以从洲际地图到非常详细的街区地图，现实对象包括人口、销售情况、运输线路及其他内容。

商圈确定也可以利用此系统，将区域内的地理状况、人口结构、竞争店铺，以及附近公园、学校等公共设施的位置、道路情况、最近车站位置等数据输入，通过系统分析开设新店铺的商圈位置。这样，即使没有丰富开店经验的经营者也可以容易、迅速地进行商圈的判断。

（二）商圈研究的主要方法

定性研究方法：包括小组座谈会、专家意见法、深度访谈和现场观察法等。

定量研究方法：包括入户访问、定点访问及电话访问等。

数据分析技术：相关分析、判别分析、对应分析等。

机会分析技术：SWOT（strength，weakness，opportunity，threat）分析、竞争分析、业态成长模式分析等。

 【相关链接】

### 麦当劳的商圈调查

麦当劳市场目标的确定需要通过商圈调查。在考虑餐厅的选址前必须事先估计当地的市场潜能。

1. 确定商圈范围

麦当劳把在制定经营策略时确定商圈的方法称作绘制商圈地图。商圈地图的画法首先是确定商圈范围。

一般说来，商圈范围是以这个餐厅中心，以 1～2km 为半径，画一个圆，作为它的商圈。如果这个餐厅设有汽车走廊，则可以把半径延伸到 4km，然后把整个商圈分割为主商圈和副商圈。

商圈的范围一般不要越过公路、铁路、立交桥、地下通道、大水沟，因为顾客不会越过这些阻隔到不方便的地方购物。

商圈确定以后，麦当劳的市场分析专家便开始分析商圈的特征，以制定公司的地区分布战略，即规划在哪些地方开设多少餐厅为最适宜，从而达到通过消费导向去创造和满足消费者需求的目标。

因此，商圈特征的调查必须详细统计和分析商圈内的人口特征、住宅特点、集会场所、交通和人流状况、消费倾向、同类商店的分布，对商圈的优缺点进行评估，并预计开店后的收入和支出，对可能净利进行分析。

在商圈地图上，他们最少要注上下列数据：餐厅所在社区的总人口、家庭数；餐厅所在社区的学校数、事业单位数；构成交通流量的场所（包括百货商店、大型集会场所、娱乐场所、公共汽车站和其他交通工具的集中点等）；餐厅前的人流量（应区分平日和假日），人潮走向；有无大型公寓或新村；商圈内的竞争店和互补店的店面数、座位数和营业时间等；街道的名称。

2. 进行抽样统计

在分析商圈的特征时，还必须在商圈内设置几个抽样点，进行抽样统计。抽样统计的目的是取得基准数据，以确定顾客的准确数字。

抽样统计可将一周分为 3 段：周一至周五为一段，周六为一段，周日和节假日为一段。从每天的早晨 7 时开始至午夜 12 点，以每两个小时为单位，计算通过的人流数、汽车和自行车数。人流数还要进一步分类为男、女，青少年，上班和下班的人群，等等，然后换算为每 15 分钟的数据。

3. 实地调查

除了进行抽样统计外，还要对顾客进行实地调查，或称作商情调查。

实地调查可以分为两种。一种以车站为中心，另一种以商业区为中心。

同时还要提出一个问题：是否还有其他的人流中心。答案当然应当从获得的商情资料中去挖掘。以车站为中心的调查方法可以是到车站前记录车牌号码，或者乘公共汽车去了解交通路线，或从车站购票处取得购买月票者的地址。

以商业区为中心的调查需要调查当地商会的活动计划和活动状况，调查抛弃在路边的购物纸袋和商业印刷品，看看人们常去哪些商店或超级市场，从而准确地掌握当地的购物行动圈。

通过访问购物者，调查他们的地址，向他们发放问卷，了解他们的生日。

然后把调查得来的所有资料——载入最初画了圈的地图。这些调查得来的数据以不同颜色标明，最后就可以在地图上确定选址的商圈。

"应该说，正因为麦当劳的选址坚持通过对市场的全面资讯和对位置的评估标准的执行，才能够使开设的餐厅，无论是现在还是在将来，都能健康稳定地成长和发展。"麦当劳香港总部这样说。

## 六、商圈调研报告

商圈调查报告是连锁企业总部在企业店铺开发策略的指导下，对某一个预开店铺或已经开发的店铺的商圈进行调查所形成的，并为经营决策提供依据的书面报告。它是商圈调查结果的具体体现。商圈调查报告的具体内容包括以下几部分：

（1）商圈调查的背景。包括连锁企业的发展形势、连锁企业的扩张战略、连锁企业的开店策略、国家的政策背景、店铺所处行业的发展前景等。

（2）商圈调查的目的。主要有获得商圈范围、商圈性质、商圈结构、商圈经济水平的资料，为开店决策、经营操作提供依据。

（3）商圈调查的内容。商圈调查的主要内容包括商圈人口及所得水准、顾客特性及生活形态、消费支出与消费倾向、交通条件及自用车普及率调查、城市规划分析、商业情况分析等。

（4）商圈调查的方法与资料处理方法。调查方法主要有观察法、经验法、直接询问法、间接调查法、对手分析法、专家判断法、雷利法则等。数据处理包括资料的统计分组、频数分布与累计分布、绘制统计图的类型。

（5）报告的结果。篇幅较大，要按一定的逻辑顺序提出紧扣调研目的的一系列结果。其主要包括数据结果（消费水平）、现象结果（汽车的档次、住宅类型）、政策结果（导向问题）、趋势结果（威胁与前景）等。

（6）结论与建议。主要是肯定与否定的意见，以及针对意见提出的举措或思路。

（7）体现形式。包括封面、前言、摘要、目录、各种图表、报告正文、调查表、参考资料、被访问人员名单等。

 **任务二 连锁门店商圈确定模式**

## 一、零售引力法则

零售引力法则，又称里利法则，它是 1929 年由美国学者威廉·里利提出的。里利认为，确定商圈要考虑人口和距离两个变量，商圈规模由人口的多少和距离商店的远近而不同，商店的吸引力是由最邻近商圈的人口和里程距离共同发挥作用的。据此，里利提出下列公式：

$$D_y = \frac{d_{xy}}{1 + \sqrt{\dfrac{p_x}{p_y}}} \tag{2-1}$$

式中，$D_y$——y 地区商圈的限度；

$d_{xy}$——各自独立的 x、y 地区间的距离；

$p_x$——x 地区的人口；

$p_y$——y 地区的人口。

【例 2-1】如图 2.2 所示，各自独立的 A、B、C 和 D 地区的人口和距离，A 地区是最大的，拥有 30 万人口，围绕在它四周的是 3 个比较小的地区。B 地区有 3 万人，距离 A 地区 15km；C 地区有 5 万人，距离 A 地区 12km；D 地区有 6 万人，距离 A 地区 5km。根据里利法则，可以分别计算出 A 地区能够被吸引的、在较小的 B、C 和 D 地区方向居住人口的距离，即 A 地区在这些方向上的商圈限度。

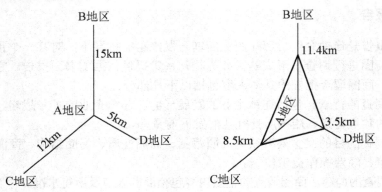

图 3-2　A 地区的大概商圈范围

$$D_A = \frac{d_{AB}}{1 + \sqrt{\dfrac{P_B}{P_A}}} = \frac{15}{1 + \sqrt{\dfrac{30\,000}{30\,000}}} \approx 11.4(\text{km})$$

这表明 A 地区在吸引 B 地区方向顾客时的商圈范围为 11.4km。

$$D_A = \frac{d_{AC}}{1 + \sqrt{\dfrac{P_C}{P_A}}} = \frac{12}{1 + \sqrt{\dfrac{50\,000}{30\,000}}} \approx 8.5(\text{km})$$

这表明 A 地区在吸引 C 地区方向顾客时的商圈范围为 8.5km。

$$D_A = \frac{d_{AD}}{1 + \sqrt{\dfrac{P_D}{P_A}}} = \frac{5}{1 + \sqrt{\dfrac{60\,000}{30\,000}}} \approx 3.5(\text{km})$$

这表明 A 地区在吸引 D 地区方向顾客时的商圈范围为 3.5km。

在图 2.2 中将以上确定的 3 个点连接起来，就可以得出 A 地区的大致商圈范围，在此范围内居住的顾客，通常都愿意去 A 地区购买所需的商品，获得所需的商业性服务。

从图 2.2 中还可以看出 A 地区能够吸引的 B、C 和 D 地区方向的顾客范围，比 B、C 和 D 地区吸引 A 地区的方向顾客范围要大得多。这主要是因为 A 地区人口数量多所发挥作用的结果，使得 A 地区有较大的"磁石般的吸引力"，把居住在偏僻地区的人们吸引过来。根据里利法则，从现象上看，A 地区有吸引力的是人口。但实际上，有吸引力的是 A 地区的大量的、各式各样的商品和商业性服务，这些往往是和大的人口中心协调一致的。随着所在地区人口的增长，当地商品供应的数量、花色品种，以及有关的商业性服务，也会相应地有较大的发展，必然吸引着更多的顾客去该地区购买商品，即该地区的商圈规模在扩大。

## 二、饱和理论

饱和理论是通过计算零售商业市场饱和系数，测定特定商圈内某类商品销售的饱和程度，用以帮助新设商店经营者了解某个地区内同行业是过多还是不足的理论。一般来说，位于饱和程度低的地区商店，其成功的概率必然高于高度饱和系数的地区。零售商业市场饱和系数的计算公式：

$$IRS = H \times RE/RF \tag{2-2}$$

式中，IRS——某地区某类商品零售饱和系数；

　　　　$H$——某地区购买某类商品的潜在顾客人数；

　　　　RE——某地区每一顾客用于购买某类商品的费用支出；

　　　　RF——某地区经营同类商品商店营业总面积。

【例 2-2】为一家新设果品商店测定零售商业市场饱和系数。根据资料分析得知，该地区购买果品的潜在顾客人数是 150 000 人，每人每周在果品商店平均购买 10 元，该地区现有果品商店 12 家，营业总面积为 18 500m²。据上述公式，则该地区零售商业中果品行业的市场饱和系数可计算为

$$IRS = 150\ 000 \times 10 \div 18\ 500 = 81$$

81 为该地区果品商店每周每平方米营业面积销售额的饱和系数。用这个数字与在其他地区测算的数字比较，IRS 越高，表明该市场尚未饱和，成功的可能性越大。

运用 IRS 还可以帮助经营者用行业已知的毛利与业务经营费用的比例，对商店利润进行预测，从而进行经营效益评估。

从式（2-2）中也可以看出饱和理论的不足之处，即用来计算 IRS 的准确资料不易获得，同时饱和理论也忽略了原有商店对经营同类商品的新设商店有哪些优势或劣势，所以新设商店为了正确的决策，既要进行定量分析，也要进行定性分析。

在定性分析过程中，应对影响商店商圈大小的各种内外环境因素进行分析，这些因素主要有以下几种。

（1）商店的经营特征。经营同类商品的两个商店即便同处一个地区的同一条街道，其对顾客的吸引力也会有所差异，相应地，商圈规模也不一致。那些经营灵活、商品齐全、服务周到、在顾客中树立了良好形象的商店，商圈规模相对地会较其他同行业商店大。

（2）商店的经营规模。随着商店经营规模的扩大，它的商圈也随之扩大。因为规模越大，供应的商品范围就越宽，花色品种也就越齐全，因此可以吸引顾客的空间范围也就越大。商圈范围虽因经营规模而增大，但并非成比例增加。

（3）商店的商品经营种类。经营传统商品、日用品的商店，商圈较经营技术性强的商品、特殊性（专业）商品的商店要小。

（4）竞争商店的位置。相互竞争的两店之间距离越大，它们各自的商圈也越大。如潜在顾客居于两家同行业商店之间，各自商店分别会吸引一部分潜在顾客，造成客流分散，商圈都会因此而缩小。但有些相互竞争的商店毗邻而设，顾客因有较多的比较选择机会而被吸引过来，则商圈反而会因竞争而扩大。

（5）顾客的流动性。随着顾客流动性的增长，光顾商店的顾客来源会更广泛，边际商圈因此而扩大，商店的整个商圈规模也就会扩大。

（6）交通地理状况。交通地理条件是影响商圈规模的一个主要因素。位于交通便利地区的商店，商圈规模会因此扩大，反之则限制了商圈范围的延伸。自然的和人为的地理障碍，如山脉、河流、铁路及高速公路，会无情地截断商圈的界限，成为商圈规模扩大的巨大阻碍。

（7）商店的促销手段。商店可以通过广告宣传，开展公关活动，以及广泛的人员推销与

营业推广活动不断扩大知名度、影响力，吸引更多的边际商圈顾客慕名光顾，随之商店的商圈规模会骤然扩张。

### 三、康维斯的"新零售引力法则"

第二次世界大战后，保罗·康维斯提出了"新零售引力法则"。它不像里利法则表示中间地带城市被吸引的比例，而是表示在相互间有明确的竞争关系的两个城市间，其商业经营的比例关系。对于不同种类的商品，顾客的购买行为会有所差异，如生鲜食品和可储存食品，里利法则并未考虑这一因素，而"新零售引力法则"对此有所考虑，其公式为

$$\frac{B_A}{B_B}=\frac{P_A}{H_B}\times\frac{4}{D} \tag{2-3}$$

式中，$B_A$——城市 B 的购买力被城市 A 吸引的比例；

$B_B$——城市 B 购买力的比例；

$P_A$——城市 A 的人口；

$H_B$——城市 B 的人口；

$D$——A、B 两城市间的距离；

4——惯性因素。

式（2-3）最大的关键在于确立了一个惯性因素值。里利和康维斯的"零售引力法则"在连锁店中的运用，较常见的方法是将式中两个城市的人口换成两个待考查店铺的面积。因为对零售店而言，其他条件相同时，店铺面积在多数情况下与商店的吸引力成正比。

### 四、哈夫的"概率模型"

#### （一）哈夫模型提出的背景及理论依据

在哈里斯的市场潜能模型的基础上，美国加利福尼亚大学的经济学者戴维·哈夫教授于1963 年提出了关于预测城市区域内商圈规模的模型——哈夫概率模型。

哈夫概率模型基本法则依然是引用万有引力原理。它提出了购物场所各种条件对消费者的引力和消费者去购物场所感觉到的各种阻力决定了商圈规模大小的规律。哈夫模型区别于其他模型的不同在于模型中考虑到了各种条件产生的概率情况。

哈夫认为，从事购物行为的消费者对商店的心理认同是影响商店商圈大小的根本原因，商店商圈的大小规模与消费者是否选择该商店进行购物有关。通常而言，消费者更愿意去具有消费吸引力的商店购物，这些有吸引力的商场通常门店面积大，商品可选择性强，商品品牌知名度高，促销活动具有更大的吸引力。而相反，如果前往该店的距离较远，交通系统不够通畅，消费者就会比较犹豫。根据这一认识，哈夫提出了其关于商店商圈规模大小的论点。

哈夫论点：商店商圈规模大小与购物场所对消费者的吸引力成正比，与消费者去消费场所感觉的时间距离阻力成反比。商店购物场所各种因素的吸引力越大，则该商店的商圈规模也就越大；消费者从出发地到该商业场所的时间越长，则该商店商圈的规模也就越小。

#### （二）哈夫模型的内容

哈夫从消费者的立场出发，认为消费者前往某一商业设施发生消费的概率，取决于该商业设施的营业面积、规模实力和时间 3 个主要因素。商业设施的营业面积大小反映了该商店商品的丰富性，商业设施的规模实力反映了该商店的品牌质量、促销活动和信誉等，从居住

地到该商业设施的时间长短反映了顾客到目的地的方便性。同时，哈夫模型中还考虑到不同地区商业设备、不同性质商品的利用概率，这个模型的公式表现如下

$$P_{IJ} = \frac{\dfrac{s_J^{\mu}}{T_{IJ}^{\mu}}}{\sum_{J=1}^{n} \dfrac{s_J^{\mu}}{T_{IJ}^{\lambda}}}\tag{2-4}$$

式中，$\mu$——门店魅力或商店规模对消费者选择影响的参变量；

$\lambda$——需要到门店的时间对消费者选择该商店影响的参变量，通常 $\mu = 1$，$\lambda = 2$；

$P_{IJ}$——I 地区消费者到 J 商店购物的概率；

$s_J$——J 商店的门店吸引力（门店面积、知名度、促销活动等）；

$T_{IJ}$——I 地区到 J 商店的距离阻力（交通时间、交通系统等）；

$\lambda$——以经验为基础估计的变数；

$n$——互相竞争的零售商业中心或商店数。

哈夫提出，一个零售商业中心 J（J = 1, 2, …, n）对消费者的吸引力可与这个商场的门店魅力（主要用门店面积代替）成正比，与消费者从出发地 I 到该商场 J 的阻力（主要用时间距离来代替）成反比。

由此可以推导出以下概率公式：

I 地区消费者光顾 J 商店的人数 = $P_{IJ}$ × I 地区消费者的数量

【例 2-3】一个消费者有机会在同一区域内 3 个超市中任何一个超市购物，已知这 3 个超市的规模和 3 个超市与该消费者居住点的时间距离如下表 2-5 所示。

表 2-5　规模和时间距离

| 商店 | 时间距离/min | 规模/m² |
|------|------------|---------|
| A | 40 | 50 000 |
| B | 60 | 70 000 |
| C | 30 | 40 000 |

如果 $\lambda = 1$，每个超市对这个消费者的吸引力为

A：50 000/40 = 1 250

B：70 000/60 ≈ 1 166.67

C：40 000/30 ≈ 1 333.33

该消费者到每个超市购物的概率分别为

A：1 250/（1 250 + 1 166.67 + 1 333.33）≈ 0.333

B：1 166.67/（1 250 + 1 166.67 + 1 333.33）≈ 0.311

C：1 333.33/（1 250 + 1 166.67 + 1 333.33）≈ 0.356

（三）哈夫模型的假设前提

（1）消费者光顾门店的概率会因零售店门店面积而变化，门店面积同时代表商品的齐全度及用途的多样化。

（2）消费者会因购物动机而走进零售店门店。

（3）消费者到某一零售店门店购物的概率受其他竞争店的影响。竞争店越多，概率越小。

（四）哈夫模型的贡献

哈夫模型是国外在对零售店商圈规模调查时经常使用的一种计算方法，主要依据门店引力和距离阻力这两个要素来进行分析。运用哈夫模型能求出从居住地去特定商业设施的出行概率，预测商业设施的销售额、商业集聚的集客能力及其表现，从而得知商圈结构及竞争关系会发生怎样的变化。在调查大型零售店对周边商业集聚的影响力时也经常使用这一模型。

哈夫概率法则的最大特点是更接近实际，哈夫将过去以都市为单位的商圈理论具体到以商店街、百货店、超级市场为单位，综合考虑人口、距离、零售面积规模等多种因素，将各个商圈地带间的引力强弱、购物比例发展成为概率模型的理论。

哈夫模型不仅是从经验推导出来的，而且表达了消费者空间行为理论的抽象化，考虑了所有潜在购物区域或期待的消费者数。这个模型考虑了营业网点的面积、顾客的购物时间、顾客对距离的敏感程度，经统计可得出消费者对不同距离到目标店购物的概率。各零售店可根据自身的情况不同，设立不同的概率标准，选择在一定概率下的距离来划定商圈范围。

哈夫模型的局限性。在哈夫模型中，通常用到门店的时间距离作为阻力因素，而用门店的面积来代替门店的吸引力，但如果仅用门店的面积来代替门店吸引力，那相同面积的百货店、超市、商业街就具有相同的魅力，这显然过于武断。

哈夫模型通常在商业面积修正值的运用上不仅必须要使用计算机，而且还必须通过市场调查计算出λ值，这得花费相当多的时间和费用。同时，哈夫的各个修正参数和具体情况不相适应，不同地区的商业情况和消费文化各有不同，这就使得各地区的参数差异较大，难以正确反映实际情况。

另外，对于各值的计算标准也将直接影响该模型的计算精度。

 习题

**一、名词解释**

商圈、同业聚集、异业聚集、零售引力法则、新零售引力法则、饱和理论

**二、填空**

1. 商圈是由以下三个部分组成：（　　）、（　　）、（　　）。
2. 根据商圈的功能定位，大致可以将城市的零售商圈分为（　　）、（　　）、（　　）和（　　）4 个类型。
3. 按商圈中商家的关系分类，商圈可分为（　　）、（　　）、（　　）。
4. 商圈调查的主要方法包括（　　）、（　　）、（　　）、（　　）。
5. 连锁门店商圈确定模式包括（　　）、（　　）、（　　）和（　　）。

**三、简答**

1. 什么是商圈？商圈的构成有哪些要素？
2. 商圈的类型有哪几种？
3. 简述商圈调查的内容和主要方法。
4. 商圈调查报告的具体内容包括哪几个部分？
5. 什么是零售引力法则、饱和理论、康维斯的"新零售引力法则"和哈夫的"概率模型"？

## 实训项目

项目名称：学生街商圈调查

实训目的：通过学生街商圈调查，了解学生街的商业结构，探讨学生街商圈的发展趋势，提高学生的商圈调查能力、表达能力和团队合作意识等。

实训组织：（1）分组。将全班学生分成若干小组，每小组 3～6 人，每位同学承担不同的任务。（2）商圈调查。学生通过观察法、直接询问法、间接调查法等方式收集学生街商圈材料，并对相关材料进行分析和加工。（3）成果展示。各小组撰写学生街商圈调研报告，并在课堂上以 PPT 的形式演示，专家和老师进行点评和打分。

实训成果：每小组撰写《学生街商圈调查实训报告》并在课堂上进行展示。

## 【案例分析】

### 宁波家世界超市商圈分析新方法

宁波大祥集团旗下的宁波家世界（镇海店）是于 1998 年开创成立的，是一家集生鲜、百货、家电和食品为一体的综合性大门店，在当时几乎垄断了 70%～80% 的零售客户，是该地区时尚的购物场所。并且，宁波家世界还保持着每年两位数的业绩增长。自 2003 年开始，随着零售业的逐步开放和竞争日趋激烈，镇海店也遭受了极大的冲击。为了巩固在该地区的领先地位，发挥品牌优势，提高市场占有率，镇海店结合顾客的实际需求，做了一系列改革创新的举动。尤其是针对营销策略的创新，使该店获得了周边商圈顾客的一致认可。

一、创新原因

随着中国零售业竞争的日益加剧，在大中型城市，每家门店的商圈也已经从过去的大半个城市，缩小到了 5km、3km，甚至范围更小。如何将有限的商圈做得更细致，牢牢地抓住顾客的心，提升市场占有率，方法有许许多多，如降低价格、建全服务功能、丰富商品等。但在做这些营销方案之前，最重要的是必须对商圈内的顾客有精确深入的了解。这样既能确保营销方案是为这个商圈的顾客所接受和喜爱的，同时又能变粗犷式的营销为精确营销，降低营销成本，更有效地凝聚商圈的顾客。

二、创新方式

1．规划商圈图

（1）精确海报投递数量及位置。依据各区块顾客的忠诚度进行调整，减少不必要的浪费。这样做有利于对海报投递质量的检查，海报入户率高。店内自制小海报，投递针对性较强，成功率高。

（2）有效设定免费班车开通线路及站点。错开公交线路及站点，提高免费班车的功效，帮助提高商圈攻占率；清晰掌握商圈人数，制定免费班车开行线路及时间；以免费班车线路为支架，增强对区域内顾客的掌控并配合营销工作的展开，使公司品牌的资产最大化。

（3）团购拜访计划、回访及团购人员的精确管理。通过对区域内企事业单位的性质、数量、地点的了解使团购工作精细；依商圈图制订拜访计划，团购日常工作量化，提升团购质量；团购工作任务明确，便于人员管理。

（4）会员卡拓展及会员有效性提升。有针对性地对所辖区块内进行会员卡发放、拓展，数据目标明确；可针对不同区块会员的不同特征，进行会员增值服务，提升会员的忠诚度；不同区块采取不同营销手段，提高营销效率，降低营销成本。

2．主题营销

根据各区块顾客的消费特点，制定不同的主题促销，解决来客数及顾客单价的问题。

营销活动依区块顾客特性进行较贴近大多数人实际需求的营销，费用能做到精确使用，且营销费用大幅降低。

3．竞争调查

可对区域内的竞争对手：便利店、农贸市场及百货店的数量、地点、竞争强度进行统计，有利于店内制定相应的竞争策略，有效打击对手，惠及顾客，抢占市场份额；有利于店内制定差异化的营销方案。

4. 问卷调查

问卷调查的优势如下。

(1) 样本数的取得更精准。

(2) 范围小，较易掌控，市调频率可提高，顾客习性改变能及时掌握。

(3) 数字更新后对比性更强。

(4) 可依不同区块的问卷结果，采取不同措施，针对性强。

5. 渗透率

不断分析来客数所在区域，找出低渗透的区块，并制订相应的行动计划，提升低渗透率地区的来客数量。明确主要客源来自哪里，并制订相应计划，维护好主要来客区域并提高主要来客区域顾客的忠诚度。

三、创新结果

有了对周边商圈顾客的充分认识和了解，根据他们的意念和需求，做出或设计出的营销方案，将是最能吸引他们，并激发起其冲动的购买欲望，形成良好的销售成长走势的方案。这个方案可以将有效顾客紧紧地凝聚在店的周围，降低竞争危机，成功地塑造品牌忠诚度和信任度。零售终端赖以生存发展的基本点就是顾客的信任与忠诚！

思考：

1. 宁波家世界超市为什么要确定商圈分析新方法？

2. 宁波家世界超市如何实行商圈分析新方法？

# 项目三

## 连锁门店选址策略

LIANSUO MENDIAN XUANZHI CELUE

 【学习目标】

了解商店位置的类型；了解选址的定义和分类；了解选址的重要性和的原则；掌握选址应考虑的因素；掌握选址的方法、技巧、策略和流程；了解门店的选址管理。

 【案例引导】

### 星巴克选址标准：消费人群是考量的唯一指标

星巴克自 1999 年登陆北京后，目前在中国的分店数量已超过 600 家，且有持续增长的势头。一个从美国西雅图发家的咖啡店利用不到 10 年的时间便在中国大部分一线城市开有门店，这样的开店速度让其他咖啡店难以匹敌。之所以能够如此，除了星巴克刻意宣传的企业理念和咖啡文化，正确的选址策略成为其迅速扩张的保障。

咖啡店的经营能否成功，很大程度上依赖于选址是否合理。在哪里开店，开什么样的店直接影响经营业绩。格林兰咖啡创始人王朝龙先生曾经为星巴克开创了咖啡连锁经营的传奇，带动了中国市场对咖啡事业的特别关注。从 2001 年接手星巴克到 2006 年离开，王朝龙在北京美大星巴克咖啡有限公司从首席财务官一直做到总裁，全面负责星巴克在北京、天津的拓展事宜。

在旅游景点、高档住宅小区、写字楼、大商场或饭店的一隅，目前大都能发现咖啡店的身影。为何咖啡店通常会选择在这些地方开设店铺？"有无喝咖啡的消费人群成为咖啡店在选址过程中的唯一指标，在遵循这个指标的基础之上才会衍生出选址的各种参考条件。类似高档写字楼、商场和旅游景点等地方，自然会有很多喝咖啡的人群。"王朝龙说道。从 2001 年进入咖啡行业以来，王朝龙每次在开设新的咖啡店时都有着这样的习惯思维。

消费人群是星巴克考量的唯一指标。当市场开发部门通过一系列考量列出备选的项目之后，实地考察各个项目周边有无喝咖啡的人群便是王朝龙着重需要做的事情。

显然，如何在人流中判断出喝咖啡人群的大致数量显得至关重要。通常而言，可以从项目地理位置和周边物业的档次来推算。基于有喝咖啡习惯的人们大多有一定经济实力，因而在高档写字楼集中的商务区域、休闲娱乐场、繁华的商业区等地方喝咖啡的人群一定会比城市其他地方数量多。

例如，星巴克选址首先考虑的是诸如商场、办公楼、高档住宅区等汇集人气、聚集人流的地方。因为咖啡店不像其他娱乐、休闲业态，人们不会只为喝一杯咖啡而跑得很远，一般都是就近就便。同时，对于有巨大发展潜力的地点，星巴克也会把它纳入自己的版图，即使在开店初期的经营状况很不理想。

此外，对于咖啡店而言，为准备开店所进行的市场调查是必不可少的工作。市场调查对象需要包括消费者情况、竞争者情况及商圈内的基本状况等一系列与开店密切相关的方面。市场调查通常可以分为两个阶段。第一阶段主要是针对开店的可能性进行范围广泛的调查，最终作为设店意向决定参考之用，重点在于设店预定营业额的推定及商店规模的概要决定，所以此阶段的内容应涵盖调查设店地区的市场特性，同时还要对该地区的大致情形有所了解。第二阶段主要是根据第一阶段的结果，对消费者生活方式做深入的研讨。作为决定咖啡店具体的营业方针的参考，重点在于咖啡店具体的商品构成、定价及促销策略的确定，所以此阶段应该提供深入分析消费生活方式及确定咖啡店格调等方面的基础资料。

由于咖啡店的承租能力相对于餐饮等业态而言较弱。因此在选址之初，投资者对于进驻物业的各种条件必须进行研究分析，以作为设店时营业额预测及决定店铺规模的参考，进而利用这些调查结果规划商铺整体的经营策略、经营收益计划、设备资金计划对店铺经营管理的各方面进行整体性比较分析与修正，从而使开办决策的失误降低到最小。

以格林兰咖啡北京建外 SOHO 店为例，王朝龙当初将店铺选址于此是在对周边环境进行调查的基础之上决定的。位于北京朝阳区建外 SOHO 6 号楼的格林兰咖啡店正处银泰中心柏悦酒店对面，周边有银泰中心、中环世贸等高档写字楼，再加上建外 SOHO 本身的人流支撑，可谓在咖啡目标客群上有很大优势。正是看到了未来大量的人流支撑，该店成为了格林兰咖啡品牌的旗舰店所在。

值得注意的是，咖啡店在选址过程中需要满足某些基本需求。例如，在面积和租金要求上，如果要烘托出咖啡店的氛围，通常店铺面积需要在 100m² 以上。而在选择开发商和租金方面，品牌咖啡店乐于进驻产权统一的商用物业，租金水平控制在 4.5～5.5 元/m²·天，且租房年限在 5 年以上。此外，在对所进驻物业的建筑要求上，咖啡店一般需要有 4 米以上的层高，要有适合装修的招牌位及广告悬挂点，排污、排烟管道铺设方便，且配备充足的停车位。

## 任务一　连锁门店店址的选择

古人说："凤栖梧桐。"其意思是说凤凰只有在梧桐树上才会栖息。店铺的选址问题就相当于能不能找到一棵"梧桐树"。如果位置选择不当，即使你是经营的高手，顾客依然不会来。我们说，开店成功的要素中地点占了 50% 的因素。尽管这种说法有点夸张，但选址的重要性由此可见一斑。

### 一、商店位置的类型

受商店所属行业差异和店铺具体形态的影响，适合商店生存和发展的地理区块有很多，这些能够开设商店的地理区块都统称为商店位置的类型。商店位置的类型包括独立商店、无规划的商业区和规划的购物中心。

（一）独立商店

独立商店（isolated store）与其他商店位置相分离，仅有一家商店，不毗连其他商店。独立店区在为周边居民提供商品和服务、满足顾客需求方面具有垄断经营优势，不与其他商店分享顾客。在独立店区开店，一般道路通畅、停车便捷、营业场地可选面积大且房地租金较低，具有较大的灵活性和自由性。但也存在一些缺点，商店只能凭自己的实力来吸引、保持顾客，同时其各项设施，如供电、供水设施，安装、维修方面的成本费用不能与其他商店分担。

由于独立的小型店铺既不能做到花色品种齐全（包括广度和深度），又无商品或价格上的鲜明特色，人们不愿意跑那么远闲逛或购物，所以独立的店铺要形成和保持一个目标市场较不容易。适合开设独立店铺的是大型的商业连锁机构（如沃尔玛）或以便利为导向的连锁商（如 7-11 便利店）。大型综合超市和仓储店铺等零售业态因为商品种类齐全、价格低，本身对顾客具有较大的吸引力，能满足顾客"一站式购物"的要求，不必设在繁华商业中心，可以独立设店，店铺可见度要高，交通方便，并配有很大的停车场以满足开车购物者。另外，许多加油站和便利店由于其业态特色，则只强调在独立位置经营。

（二）无规划的商业区

无规划商业区（unplanned business district）是指两家或两家以上的商店坐落在一起或非常接近，但区域的总体布局或商店的组合方式未经事先长期规划。这些商店的布局并非按一定的模式，而是随时间的推移（先开先来）、零售业的发展趋势及机遇而定的。

无规划商业区主要有 3 种类型：①中心商业区。它是城市的零售中心，也是一个城市的重要组成部分。中心商业区不仅店铺数量多，而且店铺类型即零售业态也多，可提供丰富的商品和多种服务。顾客到中心商业区购物，可以有更多的选择机会，并可得到多样化的服务，因此，中心商业区是一个地区最有零售吸引力的区位。但是，中心商业区的主要缺点是，停车地紧张、人群拥挤、货物运输不便、地价昂贵。中心商业区大多是历史形成的，因此，多在一个城市的火车站附近。②副中心商业区或辅助商业区。它是一个城市的二级商业区，其规模要小于中心商业区。一个城市一般有几个副中心商业区，每个区内至少有一家规模较大的百货店和数量较多的专业店。副中心商业区的店铺类型及所销售的商品大体上同商业中心区相同，只是店铺数量较少，经营商品的种类也较少。副中心商业区多以综合型为主，但也有专业型的副中心商业区，即在该区内的各家零售店都经营某一类商品。与中心商业区相比，副中心商业区的客流相对较少，地价不高。③商业小区。商业小区主要有两种形式：一种是集客地周边的商业小区，如车站、体育场、大学等附近的小型商业街，另一种是居民区附近的商业小区。两种商业小区的店铺类型及经营的商品也不大相同。集客地周边的商业小区主要以经营与集客地的活动相关联的商品，如体育场周边的商业小区主要经营体育用品，其店铺类型则主要以小型专业店为主，而居民区附近的商业小区则主要经营居民日常生活需要的便利品，其店铺类型则以中小型超市及便利店为主。一般来说，商业小区的店铺数量不多，每个店铺的规模也不大，但这些商业小区的环境比较安静，停车方便，地价也不高。

（三）规划的购物中心

规划的购物中心（planned shopping center）是一种经详细规划后形成的统一管理、相互协调的商业场所。购物中心是指多种零售店铺、服务设施集中在由企业有计划地开发、管理、运营的一个建筑物内或一个区域内，向消费者提供综合性服务的商业集合体。这种商业集合体内通常包含数十个甚至数百个服务场所，业态涵盖大型综合超市、专业店、专卖店、饮食店、杂品店及娱乐健身休闲等。

购物中心包括以下 3 种类型。①市区购物中心（regional shopping center）是在城市的商业中心建立的，面积在 10 万平方米以内的购物中心。商圈半径为 10～20km，有 40～100 个租赁店，包括百货店、大型综合超市、各种专业店、专卖店、饮食店、杂品店及娱乐服务设施等，停车位在 1 000 个以上，各个租赁店独立开展经营活动，使用各自的信息系统。②社区购物中心（community shopping center）是在城市的区域商业中心建立的，面积在 5 万平方米以内的购物中心。③城郊购物中心（super-regional shopping center）是在城市的郊区建立的，面积在 10 万平方米以上的购物中心。

购物中心以各类店铺的平衡配置为基础，作为一个整体规划，在周围设有停车场。购物中心能满足人们"一站式购物"的需要，各类店铺能分担公共费用，但局限性是经营活动受营业时间的约束。

## 二、选址的分类

按照不同的划分标准，选址可以有不同的类型。

（1）按照所要选择的地址的用途，选址可分为商业选址、工业选址、办公室选址、学校选址等，其所选择的地址将分别被用作商业、工业、办公室和学校等。本书所阐述的主要是商业选址，即零售终端或单店选址。

（2）按照选择时主要考虑的对象，选址可以分为建筑物选址、地理位置选址和综合性选址。建筑物选址的主要考虑对象是建筑物本身的结构、性能等方面，地理位置选址的主要考察对象是地址的地理位置，综合性选址的主要考虑对象则既包括建筑物，也包括地理位置。通常所指的选址是综合性选址。

（3）按照选址者的身份，选址可以分为自己选址和委托选址两种基本形式。前者指的是地址需求者或使用者自己亲自去选址。后者指的是地址需求者或使用者委托另外的人或组织来代自己选址，受委托者可以是专业的中介组织或个人，也可以是非专业的另外的组织或个人。

（4）按照所要选择的地址本身的意义，选址可以分为战略性选址和战术性选址两种。战略性选址指的是该处地址的选择对于选址者的整个经营运作有着重大的战略意义，而不纯粹是开设一家单店，例如，该店是该区域的样板店、旗舰店或进入某区域的桥头堡等，这样的店对于选址者而言并不一定是以赢利为最高目的的。战术性选址指的是一般意义上的选址，即该地址只是选址者的一家普通意义上的单店。通常，该店的目标或意义就是为选址者赚取利润或建设一个单店网点。

（5）按照选择的地址的数量，可分为单店选址、多店选址。前者只是针对一处单店进行选址，而后者则是同时为一组单店进行选址。

## 三、店址的特性

在现代商业中，人们之所以强调店址的重要性，这是因为店址具有如下特性。

### （一）位置的不可变性

在门店的各组成部分中，无形部分可以改变，有形部分中的产品、设备、布局，甚至建筑物等都可以改变，但地理位置却是不可改变的。而地理位置是店址的不可分割的一部分，所以，地理位置的不可变性就决定了企业必须慎重选址，否则损失是很难挽回的。同时，一旦选择了一处优秀的地理位置，那么门店获得相应的利益也是必然的。

（二）大投资性

店铺的租金或购买价占门店投资的相当大比例，有时甚至超过门店初期总投资的一半以上，所以无论是从节约投资上，还是从日后运营的成本控制上考虑，企业都必须重视店址的选择，以最大限度地保护好这个投资。

（三）对经营的基础决定性

古语云"天时，地利，人和"，说明人们在做一件事情时，成功的概率和成功的大小要取决于天、地、人3个方面的因素。对于门店而言，其中的"地利"说的就是地址的优势。一处好的店址对于经营的效果是事半功倍的，否则就是事倍功半。举例来说，如果门店的整个经营就像是在盖一座大厦的话，那么地址就好比是这个大厦的地基，显然，地基的好坏往往注定了大厦的高度和牢固度。同时，店址是门店确定经营目标和制定经营策略的重要依据，不同的地区有不同的社会环境、人口状况、地理环境、交通条件、市政规划等特点，它们分别制约着其所在地区的门店顾客来源及特点，以及门店对经营的商品、价格、促销等策略的选择。

（四）不可模仿复制性

在如今的市场经济时代，模仿和复制正变得越来越平常，如你今天刚开发出了一种新的服务模式或产品，明天就可能有竞争对手模仿出来。但地址却完全不同，两处完全相同的地址几乎是不可能存在的，不可模仿复制性决定了地址可以成为门店的核心竞争力之一。

（五）稀缺性

首先，店址本身的数量有限，这是因为店址的开发不是一朝一夕的事，要受到资金、城市或乡镇建设规划等的约束。其次，一处店址一旦租售出去，就会在很长一段时间内处于被某人或某机构唯一使用的状态，该地址资源不能供多个需求方同时使用。最后，就目前经济的整个大环境而言，具有合理商业价值的店址的总需求量一般都会远远大于总供应量。所以，门店地址，尤其是合适的门店选址现在已经成为一种稀缺资源。也正因为此，市场上才有专门做店铺投资的人群出现。

（六）排他性

排他性指的是某处地址只能归属一个门店来经营，只能由一个所有者或经营者独占，而不能共享。排他性决定了门店在选址时是充满竞争的。

## 四、店址选择的重要性

一家连锁店能否成功，店址的选择是最关键的因素，因此，选址对连锁店成功经营具有重要的意义。

（一）有助于降低投资风险

开店选址是一种长期投资，因此开店者在开店初期应谨慎选址。许多开店者凭感觉，随意选址设店，这样做的一个严重后果便是可能由于选址不当，增加了以后经营的困难和投资风险。所以，开店者在选择店址时应多一些更理性、更科学的分析，只有这样才能选好店址，减少投资风险。

### （二）有助于吸引目标消费者

连锁店处于目标顾客经常路过或光顾的地段，便可以更容易吸引这些目标顾客群的注意，在此基础上，他们才有可能进店消费。

### （三）有助于提高知名度

一个地理位置优越的店，特别是位于城市中心繁华商业街的连锁店，更容易在极短的时间内获取极高的知名度。如果店铺极有特色，再加上适当的广告宣传，就能在获取广泛知名度的基础上建立自己的品牌形象，品牌的建立又可以吸引更多的消费者，从而获取很好的经济收益。

### （四）有利于店铺制定经营目标和经营策略

不同的地区在社会地理环境、交通状况、市政规划等方面都有自己有别于其他地区的特征，它们分别制约着其所在地区店铺的顾客来源、特点和店铺对经营的商品、价格、促销活动的选择。所以，经营者在确定经营目标和制定经营策略时，必须要考虑店址所在地区的特点，使得目标与策略都制定得比较现实。

### （五）有利于店铺提高经济效益

店址选择是否得当，是影响店铺经济效益的一个重要因素。店址选择得当，就意味着其享有优越的"地利"优势。在同行业商店之中，在规模相当，商品构成、经营服务水平基本相同的情况下，则会有较大优势。

## 五、门店选址 5C 模型

5C 模型是选址的系统科学模型，其理论模型阐释了选址考察的系统要素。5C 评估模型包括 5 个方面，如图 3.1 所示。

1．城市市场评估

城市市场评估（city）包括评估城市经济总量、支柱产业及发展速度、城市居民人均可支配收入和支出、城市居民消费水平和消费习惯、城市居民消费情况。

2．核心区位分析

核心区位分析（core district）包括城市商圈和主要居住区分布、拟选店铺商圈在城市中的地位评估、拟选店铺商圈人口调查、商圈主要集客场所分析、商圈新开发用地分布。

3．店铺便利性

店铺便利性（convenience）包括道路交通及停车情况、营业时间限制、店铺的可视性及醒目程度、店铺客流情况。

4．竞争分析

竞争分析（competition）包括经营同类产品的竞争者的营业面积、竞争者的空间距离、竞争者的品牌强度，以及未来可能出现的威胁。

5．成本收入分析

成本收入分析（cost/revenue）包括投资概算和收入概算。

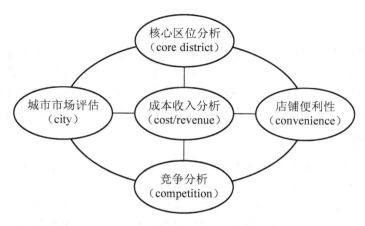

图 3.1　店铺选址 5C 模型

## 六、选址应考虑的因素

一个新设门店在做好区域位置选择以后，还要切实考虑多种影响和制约因素，做出具体地点的选择。

### （一）客流因素

客流量大小是一个店成功的关键因素，客流包括现有客流和潜在客流，通常店址总是力图选在潜在客流最多、最集中的地点，以便于多数人就近购买商品，但我们仍应从多个角度仔细考虑具体情况。

1.客流类型

一般店铺客流分为 3 种类型：自身客流、分享客流、派生客流。

（1）自身客流。是指那些专门为购买某种商品而来店购买的顾客形成的客流，是商店销售收入的主要来源。也就是说，顾客是冲着商品来的，就是到店铺里来购物的。许多大型百货商场、超市或者是经营比较特殊的商品或者是服务（如药店、某些品牌的客服中心等）的客流皆为此类。

（2）分享客流。是指一家商店从邻近商店形成的客流中获得的客流，这种客流往往产生于经营相互补充类商品的商店之间，或大商店与小商店之间。例如，经营某类商品的补充商品的商店，顾客在购买了主商品之后，就会附带到邻近补充商品的商店购买相应的补充商品，以实现完整的消费。又如，邻近大型商店的小商店，会吸引一部分专程到大商店购物的顾客，顺便到毗邻的小商店来。不少小商店依大店而设，就是利用这种分享客流。我们常见的大型超市出入口的专柜，即是此形式的典型代表。

（3）派生客流。是那些顺路进店购物的顾客形成的客流，这些顾客并非专门来店购物。在一些旅游点、交通枢纽、公共场所附近设立的商店主要利用的就是派生客流。我们常见的7-11便利店、快客，以及书刊亭、小卖店等正是这种客流的典型代表。

2.客流目的、速度和滞留时间

不同地区客流规模虽可能相同，但其目的、速度、滞留时间各不相同，要进行具体分析，再选择最佳地址。例如，在一些公共场所、车辆通行干道，其客流规模较大，虽然也会顺便或临时购买一些商品粮，但客流的主要目的不是为了购物，同时客流速度快，滞留时间短。

### 3．街道特点

选择店铺开设地点还要分析街道特点与客流规模的关系。十字路口客流集中，可见度高，是最佳开设地点。有些街道由于两端的交通条件不同或通向地区不同，客流主要来自街道的一端，表现为一端客流集中，纵深处逐渐减少的特征，这时候店址宜设在客流集中的一端。而有些街道中间地段客流规模较大，相应中间地段的店铺就更能招揽潜在顾客。

### （二）竞争因素

店铺周围的竞争情况对经营的成败会产生巨大影响，因此在对店铺开设地点进行选择时必须要分析竞争形势。一般来说，在开设地点附近如果竞争对手众多，商店经营独具特色，将会吸引大量的客流，促进销售增长，否则与竞争店毗邻而居，将无法打开销售局面。尽管如此，店铺的地点，还是应尽量选择在商店相对集中且有发展前景的地方，经营选购性商品的商店应特别关注这一点。而且当店址周围的商店类型协调并存，形成相关商店群时，往往会对经营产生积极影响，如经营相互补充类商品的商店相邻而设，在方便顾客的基础上，还会扩大各自的销售，从而提高营业额和利润。

### （三）交通因素

#### 1．店址附近的交通状况

在选择店址时需要考虑店址是否接近主要公路、商品运至商店是否方便、交货是否方便等情况。在一些城市里有许多大街（通常在白天）是禁止货运车往来的。

#### 2．交通的细节问题

设在边沿区商业中心的商店要分析与车站、码头的距离和方向。通常距离越近，客流越多。开设地点还要考虑客流来去方向而定，如选在面向车站的位置，以下车的客流为主；选在邻近公车站的位置，则以上车的客流为主。同时还要分析市场交通管理状况所引起的利弊，比单行线街道、禁止车辆通行街道及与人行横道距离较远等都会造成客流量的不足。

#### 3．店址的停车设施

确定一个规模合适的停车场，可根据以下各种因素来研究确定：商圈大小、商店、规模、其他停车设施、非购买者停车的多少和不同时间的停车量。

### （四）地形因素

分析地形因素就是要选择能见度高的地点开店。所谓能见度，是指一个店铺能被往来行人和乘车者所看到的程度。能见度越高，越容易吸引顾客来店，因此，商店应尽量临街而设，并尽可能选在两面或三面临街的路口，增强能见度。一般来说，一些大型公共场所的对面都是能见度较高的地段。

### （五）资金因素

开店者往往可以有几个地点供选择，因此开店者还应在充分考虑到各有关因素后，选择适当的地点。通常我们会考虑到租金与租约，对于开店者而言，房租往往是开店的一大负担。货品周转迅速、体积小、不占空间的商店，如精品店、服务店、餐厅等，可以设于高租金区；而家具店、旧货店等需要较大空间的店铺，最好设置在低租金区。租金有固定价格及百分比两种，前者租金固定不变，后者租金较低，但房东分享总收入的百分比，类似以店面来投资做股东。关于租约，对于初次开店者来说，最划算的方式是签定一年或两年租期，以备有更新的选择。

（六）店面因素

店面本身的一些因素是选址必须考虑到的，它主要包括以下几点。①店铺的形状。在租用店面时，店铺的形状是确定下来的，所以在选择时，更要特别注意。有两种店面，一种是不规则店面，另一种是规则店面。②店门。店门即为出入口。一家店一定要让顾客出入方便，这样才能有好的生意。③店面的走向。店面的走向关系到通风、日照等各方面，要特别注意。南北走向的店面不受日晒，白天也不会太热。在夏天，没有日晒，则比较凉快，顾客会比较喜欢光顾，同时也可以节约空调费。④店面的空间。空间包括了面积和高度。空间的感觉很重要，它是顾客进店的第一感觉，不能太拥挤了，也不能显得太空荡了。面积当然是越大越好了，但是面积的大小与租金直接挂钩，所以最好是量力而行。高度主要是以天花板的高度为参考。

上述的诸点，只是连锁门店选址时应当注意的要点，选址的好坏会影响门店日常经营的关键，同时也可以说："你有好的选址，成功的概率就已经拿到了一半！"

 【相关链接】

### 赛百味独有的"PAVE"方案

赛百味（SUBWAY）三明治连锁餐厅官网显示，目前其在全球 95 个国家和地区拥有 34 225 家餐厅，这个数字已经超过了快餐业巨头麦当劳。如果按门店计算的话，赛百味已经成为全球最大的连锁餐厅。

多多考虑，谨慎决定，但一旦投入则当坚定前行，这是王亚平对所有准备加盟赛百味的投资者说的真心话。"任何一种生意总会有风险，但加盟赛百味，你感到每天都有四五十个智囊团在后面为你出谋划策。"人所共知，越是大的品牌在国际商务交易中一般都能享受到较大的优惠，这种天然的信赖感不是其他小品牌可以达到的。

在选择店址上，赛百味独有的"PAVE"方案是它通行全球的一大保障。"P"就是人口，即必须要求附近具备一定数量的居民或是流动人口；"A"是容易接近性，即是不是容易到达，交通是否便利；"V"，可见性，是不是能够被路人一眼看到；"E"，顾客的有效消费能力。真正要开一家赛百味不是那么简单的事，店址的选择估计会让很多投资者大伤脑筋，因为美国总部要求任何一家店必须同时具备这 4 项标准才会得以批准。

## 七、不同店铺的选址要求

商铺位置是决定商家经营成败的关键因素，不同业态、不同档次的商铺选址要求大相径庭。但什么样的商铺才是最适合的，这正是大多数商家不得不面临的问题。下面介绍大卖场、餐饮类、书店、奢侈品、快时尚品牌、运动品牌六大类零售商的选址要求。

（一）大卖场

综合类大卖场：常见于一二线城市及发展迅速的三线城市。要求区域人流量较大，核心商圈 1.5km 内人口不少于 10 万人，周边商圈 3km 内居民人口数达 30 万人。例如，沃尔玛，大卖场的选址标准是 2km 内居民达 10～15 万人，核心商圈内不存在超过 5 000m$^2$ 的大型竞争对手；物美大卖场要求 3km 区域内有居民 30 万人。同时，大卖场需要临近交通主动线，以方便车流、人流进出，如家乐福大卖场选址在两条道路交叉口且其中一条为主干道。

综合类大卖场对于建筑物本身也有一定要求。结合行业普遍标准来看，选址在一层最佳，一般不超过两层。单层面积 5 000～7 000m²，总建筑面积基本都超过 10 000m²。层高 6 米以上，净高不低于 4 米，柱距 8 米以上。要求卖场方正，临街面不低于 70 米，进深 50 米以上，如家乐福要求卖场长宽比为 10∶7 或 10∶6，新一佳则把这一标准定为 7∶4，易初莲花的临街面标准是 80 米以上。

综合类大卖场选址的附属要求还包括停车位、租期等因素。要求大卖场配备充足的停车位，超过 200～300 个。如乐购要求大卖场配备 400 个停车位，易初莲花的标准是一线城市的停车位在 400～600 个、其他城市 150～300 个。并且卖场门前最好附带一定面积的广场。大卖场长期租赁居多，租期长达 15～20 年以上，如沃尔玛要求租期不低于 15 年且提供一定的免租期。

建材专业大卖场：商品专业性较高，以家居用品、建材、灯具等品类为主。专业卖场强调商圈集聚效应，更容易集聚多家同类商户扎堆经营。而对于地段的成熟度要求相对较低，在快速交通干线沿线或大型新兴社区边缘的合适位置均可。由于地处相对偏远，对停车位的要求较高，每万平方米应配备车位大约 200～400 个。例如，百安居要求停车位不少于 300 个。建材大卖场占地面积较大，大部分在 10 000m² 以上。楼层分布以首层为主、2～5 层均可。为满足商品高、大等特殊物理特征，卖场需要更广阔的内部空间。建筑层高 8m 以上，最低不小于 6m，柱间距 9m 以上。另外，租期相对较长，一般在 10 年以上。

（二）餐饮类

商务类餐厅：主要面向中高档商务酬宾及白领工作用餐，如俏江南等。此类餐厅在选址时主要考虑人口密度大、有稳定的消费群等因素，应集中分布在中高档商务区或繁华商业中心，也可选址在规模较大的写字楼、购物中心内部。中高档商务类餐饮店铺面积较大，通常在 1 000m² 左右，而丹桂轩等大型商务酒楼单店可达 2 000～5 000m²。

大众类餐厅：以家庭、个人消费为主，如全聚德、九头鸟等。此类餐厅选址范围较广泛，可在商业区、繁华街道、机关附近，也可临近大中型社区或高校。面积分布广泛，在 80～100m² 不等，层高一般要求 4.5m 以上。例如，全聚德主要进驻人口超过 100 万的城市，选址在商务区或繁华的商业区域，单店面积超过 1 500m²。

金汉斯以省会城市及发达地级城市为主要目标，要求 1.5km 半径内有大型社区、高等院校或区域商业中心，单店面积 1 500～3 000m²，楼层为一层或两层(商业中心内可考虑三四层)。此类餐厅租期相对较长，通常不少于 10 年。

连锁快餐店：对客流量要求高，因此选择在繁华商业区、交通节点、大型社区出入口等地，临近交通主干道。中式快餐通常在 150～250m²，如永和大王单店面积 150～200m²，马兰拉面单店面积 150～250m²。而西式快餐，如麦当劳、肯德基的单店面积在 400～500m²。一层或二层均可，对层高无特殊要求。

休闲类餐饮：包括咖啡馆、茶坊等，适宜在高档住宅及商务区附近，环境清静、优雅。单店面积视具体经营情况而定，在 50～400m²，租赁时间较短，一般为 3～5 年。例如，星巴克将客群定位于富有小资情调的城市白领，在繁华路段创造优雅环境，单店面积 100～500m²，要求租赁期限 3 年以上。中式品牌茶座选址标准也与上述条件较为相似。

需要注意的是，餐饮类商铺要符合国家有关部门对于餐饮业的规章制度。例如，餐厅必须离开污染源 10 米以上。水电、消防、空调、排风、燃气等设施要求齐全，如有充足的自来水供应、油烟气排放通道、污水排放及生化处理装置等。

（三）书店

大型书店的面积通常在 2 000m² 以上，选址在成熟的商业中心区或文化氛围浓厚的学园区。例如，北京图书大厦、中关村图书大厦、各大新华书店等。

中型书店的面积通常在 500～1 000m²，依托高素质人群，对区域的人文氛围要求较高。选址在高校、出版社、文化场馆附近，如国林风、三联韬奋等。

小型书店的面积一般在 200m² 以下，主要分布于学校和大型社区周边，如光合作用、雕刻时光等。其中，社区内的书店可以选择在社区底商（住宅的一二层），主要以生活、社科经管、时尚休闲类书籍为主。

（四）奢侈品

奢侈品牌目前大多集中于经济发达的一线城市及部分二线城市。由于其高端性，要求商业环境能够门当户对。通常来说，奢侈品所选商圈档次较高，要求商业氛围成熟、人流量大，并且有一批相近档次的高端产品甚至专卖店聚集。首选现代化商业物业，如大型综合体、时尚购物中心、繁华商业街等。

国际奢侈品牌大多选在一层的黄金位置。单店面积相对较大，以提供充足的空间，营造品牌体验。例如，阿玛尼、Gucci 的单店面积都在 500m² 以上。其租期通常在 5 年左右，部分品牌要求租期长达 10 年，如迪奥租期 5～10 年，单店面积 50～200m²；LV 租期 5 年以上，单店面积 100～1 000m²；普拉达租期 3～5 年，单店面积 100～500m²。

（五）快时尚品牌

GAP、ZARA、H&M、优衣库等快时尚品牌正呈现迅猛扩张之势，在继续渗透一线城市的基础上，加速向二线城市拓展。这些品牌的选址集中在时尚氛围浓郁且人流量大的繁华商圈，特别是年轻消费人群集聚的时尚购物中心等位置。

例如，ZARA 进驻北京时选择 CBD（China Basketball Association，中国篮球协会）中心的体验式购物中心世贸天阶。店铺常与奢侈品为邻，周边不乏顶级品牌，同类竞争对手聚集程度较高，就像麦当劳与肯德基如影随形一般，这也说明了同类品牌选址标准的相似度较高。快时尚品牌的单店面积较大，如 ZARA 专卖店一般都在 1 000m² 以上。

（六）运动品牌

相对于奢侈品与快时尚品牌而言，国内运动品牌显得没那么娇气，其可选择的商铺范围较大，常见于繁华商业区，毗邻综合商场、商业街等繁华地段。例如，李宁专卖店要求在城市繁华商业街或体育品牌专卖街的黄金地段。而普通品牌在一般商业街或有一定商业氛围的区域即可。户外用品专卖店主要针对年轻消费者聚集的成熟商业地段、商务区、或者体育场馆、高校附近。

运动品牌普遍租期较短，大概一年以上。单店面积也相对较小，为 40～100m² 不等。例如，安踏对于加盟店的要求是面积不小于 70m²，临街面 7m 以上；李宁求单店面积不小于 100m²，临街面 10m 以上。

从茫茫商铺中找寻适合的位置是一项复杂性高的系统工程。除参考上述选址标准外，选址时还应综合考虑租金、竞争、商业、物业管理等因素。并非要选择最繁华的地段，但一定要选择最适合的位置，最合适的才是最好的。

**任务二　连锁门店选址的方法、技巧、策略和流程**

## 一、选址的方法

门店选址的方法非常多，企业可根据自己的实际情况采取一种或几种。实践证明，因为每一种方法都有自己的利弊和适用条件，所以不同方法的结合使用常常会产生更好的效果。

### （一）自己扫街

简言之，"自己扫街"就是自己亲自或派人实地考察，现场发现可用店址的机会。

（1）确定重点扫街区域。在扫街前须制定一个详细、科学的路线图，以免重复或遗漏。

（2）准备好扫街工具。包括纸，笔、照相机、房屋基本情况表等记录工具，带上移动电话、当地地图和自己制定的路线图。对于较大区域的扫街可用机动车。否则，最好用自行车甚至步行。

（3）扫街人员现场考察。对于公开的店址租售信息，一旦发现要立即联系，了解其基本情况，并记录在房屋基本情况表中，最好能现场看房或约定看房时间。如果该址符合基本条件，还要拍摄店内外的各种照片，以便其他人也能获得感性认识。对于非公开的符合选址标准的店址信息，则应主动询问。询问时，一定要讲礼貌和技巧，最好直接询问该店一把手。同时，不要太张扬，以免给出租人带来不适。

（4）每天扫街结束后，一定要做个完整的记录并进行总结，尤其要认真整理房屋基本情况表，以便将来审核、评估店址。如果有几批人分头扫街，则每天还应碰头，互相交流信息。

（5）对所有的备选店址分别评估、谈判，直至最终签约。由于好的店址通常有许多竞争者在抢，因此你可以同时看房和谈判，保证第一时间得到好店址。

### （二）求助中介

房地产中介一般都掌握着丰富的关系网和资源，但良莠不齐，要善于借助其资源，也要谨慎辨别，以免受骗。

（1）查找并确定尽可能多的主攻商铺的中介。

（2）核实中介的实力与资信，确定准备合作的几家。虽然有些从事中介业务的个人和非正规组织可能会有些独特的信息且价格便宜，但相关权益一旦受损将得不到保证。正规公司除了经营合法之外，还会提供许多独特的服务，如帮助贷款、提供第三方担保、协助办理租售事宜，甚至协助顾客分析市场与商圈、规划装潢店面等。

（3）与选定的中介洽谈，告知其详细的选址要求。如果选址是秘密进行的，那么一定要与对方签署保密协议，以免选址信息被泄露。

（4）专人负责每天与中介沟通，跟踪其选址信息和进度。

（5）评估并确定中介推荐的店址。

### （三）发布广告

（1）确定发布媒介。一般来讲，店址信息的广告多见于报纸、互联网、海报等几种媒介。所选媒介只要能覆盖选址的区域即可，但要让目标受众能频繁、深度地接触。这意味着不能只看价格，更要关注性价比。

（2）编制寻租或寻售广告文件。文件的形式、格式、措辞和设计既要考虑到保密性和其他特殊要求，还必须与媒介特质相匹配。

（3）时刻保持联系方式畅通，详细记录每个反馈信息。在首次接到信息时，不要忙于作出判断，要经过详细的反馈调查后再做出取舍。

（4）整理广告反馈信息，逐个研究、分析并初步确定可能的对象，然后回访，最终确认。

## （四）跟随竞争者

很简单，跟着竞争者，在其店址附近的一定区域内选址。

（1）确定跟随对象。进入某区域前，先调查该区域内的竞争者，从中选择那些在店址方面与你相近且成功的。跟随的对象可以是多家，因为任何一个竞争者的选址都是有限的，不可能覆盖所有合适的商圈。

（2）以竞争者店址为中心，向四周扩散式选址。扩散区域要控制好，不能无限制地缩小（如在同一幢楼里、隔壁或对面）或扩大（如超出了该店所处的商圈），应依据自身情况具体对待。

（3）确保一个原则——所选店址必须有足够的市场容量。深圳面点王董事长曾说："在深圳有 50 家麦当劳、45 家肯德基，面点王现在是 30 家，有 20 多家面点王与洋快餐相邻或对垒。哪里有肯德基、麦当劳，哪里就有面点王。"因为"与洋快餐相邻相对开店，并不仅仅是为了竞争。肯德基、麦当劳选址考察论证科学细致，周围环境、人口密度、人口结构、道路交通、建筑设施等都（会做）定量分析……跟着他们，准没错。"

## （五）跟随业态互补者

有些业态在经营、服务内容上是互补的，你可以把店开在它旁边，为顾客带来完整的"一条龙"服务。例如，在体育场内及旁边，前来运动的人们存在其他需求，你可以提供餐饮、运动服装零售、便利店或咖啡茶饮等。又如，在旅游景点旁边，你可以开设餐饮、照相馆、照片冲洗店、便利店、手机充电服务、纪念品零售店等。

## （六）搭车式选址

如果你有很强的交际能力或有一定的人脉关系，可以与和你业务有密切联系的公司结成战略合作伙伴关系，不仅选址成本更小，店址还有保障。例如，国内某 SPA 和某知名连锁酒店合作，双方约定该连锁酒店每家都以较低价格出租一定的面积用来开设 SPA。如此，不仅方便了酒店的客人，也给 SPA 带来了极大的便利，一方面一劳永逸地解决了选址问题，另一方面大大降低了成本。

## （七）利用供应商资源

门店的供应商也能为选址服务。这些供应商包括设备、商品供应商，人员、信息、资金、技术、装修等服务供应商。他们可能同时为多个竞争者提供商品或服务，掌握同类型店的很多店址，熟悉每个店址的经营状况，能帮助你做出更准确的判断。

（1）根据经营内审，选定能给你带来最有效选址信息的供应商。通常，门店的主营商品、主营设备或行业特定供应品供应商是最佳对象。例如，你要开美容院，那么美容设备、美容品的供应商就是最佳选择。一般而言，要选择规模大、业内名声好的供应商。你也可以去对手店内实地访查，搜集供应商信息，选择供应范围广、客户多的供应商。

（2）选定供应商之后，主动和供应商联系。如果你向他进货，通常他会非常乐意向你提供店址和竞争者的信息。当然，出于职业道德，有些供应商可能不会向你提供相关信息，甚至会提供一些虚假信息，所以要有所分析和筛选。

（3）根据供应商提供的信息，采取对应的选址方法。例如，供应商说某店经营每况愈下，不妨去调查此店是否有转让或出售的意图；供应商说某店经营状况非常好，订货量一直较大甚至持续增加，不妨调查该区域的同类市场是否饱和。若严重不饱和，开店成功率会大很多。论证店址时可以征求供应商的意见，这些意见通常有很重要的参考价值。有的供应商为了扩大业务范围，会刻意去研究自己的商品或服务的市场，所以他们可能有大量备选地址信息。

### （八）开发关系网络

把要选址的信息告诉你的"关系户"，让他们提供信息给你。"关系户"可以是你的亲朋好友、旧熟新识。

（1）简单整理选址信息，形成一个关于选址要求的文字材料，不必特别详细但一定要准确，保证信息真实、有效地传递。

（2）确定信息传递的第一批"关系户"。他们有没有店址信息不重要，重要的是他们能将消息传递给有店址信息的"关系户"。你把选址信息透露给你的"关系户"时，他们再透露给各自的"关系户"，依次类推，选址信息会以几何级数迅速扩散。

（3）组织专人整理与分析选址信息的传递及反馈信息。

### （九）与房产开发商合作

房产开发商对商业选址有着深刻的研究（住宅开发商也会涉及底层商铺开发的问题），同时也掌握着大量的可选地址，和他们合作很不错。但是，一定要区分 3 种不同的房产开发商，并分别采取相应的措施。

### （十）搜寻免费地址源信息

在信息爆炸的今天，各种媒介都有可能提供关于店址的信息，所以你一定要善于发现并利用这些信息，尤其是那些免费或以极低的成本就可轻松获得的店址信息。

（1）互联网。你可以在专业搜索网站输入关键词搜索，也可以在专业中介网站、分类信息网站、地区性网站、各种论坛、聊天室里查询或发布信息。热点新闻的评论、个人的网站、博客也是不错的选择。

（2）店外张贴。那些意欲出让自己店面的人经常会在店外及附近张贴海报，你可以留意所要进入区域的这些海报。

（3）广告。通常，城市日报或晚报上会有大量的这种广告，只要留心，一定会发现不少店址信息。

## 二、选址的技巧

以前连锁企业更愿意依赖他们的经验或是知觉，所以门店选址在很大程度上说是一门艺术。到了 20 世纪 90 年代，越来越多的零售商逐渐意识到应该采用更加理性的分析方法来进行选址。而且随着计算机技术的广泛应用，零售商完全有条件将这些技巧在实践中有效地加以应用。门店选址技巧主要分成六大类，分别是经验/直觉法、因素表法/类推法/比例法、多元回归判别分析法、聚合分析/因子分析法、零售引力模型和专家系统/中枢网络。这六大类技巧在应用时的主观性、花费的成本、使用的参数和数据的选取等方面有所不同，如表 3-1 所示。

表 3-1　六大类零售选址技巧的区别

| 技巧名称 | 主观性 | 成本 | 技术要求 | 计算机和数据要求 |
|---|---|---|---|---|
| 经验/直觉法 | 4 | 1 | 1 | 1 |
| 因素表法/类推法/比例法 | 2 | 1 | 1 | 1 |
| 多元回归判别分析法 | 1 | 2 | 3 | 2 |
| 聚合分析/因子分析法 | 1 | 2 | 3 | 1 |
| 零售引力模型 | 1 | 3 | 4 | 3 |
| 专家系统/中枢网络 | 1 | 4 | 4 | 4 |

（1）经验/直觉法。它是主观程度最高的，主要通过直觉和积累的经验加以判断。这也是我们所说的零售选址的"艺术性"所在。很多零售商对于店铺的购买和选址方面的判断都是依赖多年经验为主。虽然近年来对分析技术的应用大大增加，但是经验/直觉仍然是最基本和应用最广的一种方法。不过值得注意的是，现在很多零售商已经将经验/直觉法结合其他方法一起来应用。

（2）因素表法/类推法/比例法。因素表法是指应用因素表对众多的可选地点择优选择，而因素表是由零售商主观选出的对店铺的经营有影响的因素的列表。零售商通常会对不同的因素给予不同的权重。这种方法目前是我国较多采用的一类方法。对于影响选址的因素，有地理与环境分析，综合自然地理特别是人文地理的各方面因素。主要包括人口统计分析、宏观经济条件分析、购买力和需求分析、饱和指数、竞争态势分析、文化背景分析和基础设施状况等。通过对不同店址的诸多因素的比较，就可以得出最理想的店址。类推法是用把未来可能选定的店址同现有的店铺进行比较。比例法是用店铺的各种基本经营指标进行分析，如顾客交易量等。这类方法对数据和计算机的要求较低，所以成本相对较低。如果零售商要在经营区域内众多的地点中选出两个来新建店铺，那么就可以用这类方法对众多的可选地点进行评估，最终选出分值最高的两个地点。

（3）多元回归判别分析法。它对数据有较高的要求，如商店的营业额、商店面积和周边地区的特点。这类方法对计算机方面的技能要求更高，而主观性相对来说较低。这类方法可以应用在对现有的和待建店铺进行销售额预测等方面的分析上。

（4）聚合分析/因子分析法。它的目的是把各类数据和变量分类，可以对所有的商店通过聚合分析而分成相似的小组或者通过因子分析找出能影响店铺收益率的因素。例如，可以根据不同的地理或者经营变量把现有的店铺分类。这类技巧尤其适用于细分和发展新的店铺模式等方面。但是这类方法对数据的要求较高，而且也需要相当高的数据方面的技能。

（5）零售引力模型。这个模型最初是由美国的威廉姆·雷利提出的。雷利法则证明，两个城市对第三个城市的贸易吸引力和两个城市的人口成正比，和两个城市到第三个城市的距离的平方成反比。在雷利法则之后，零售引力模型又有一定的发展和补充。但这种方法的目的都是要量化顾客流动和周围的零售中心的吸引力之间的关系（假设条件是吸引力随着距离的增加而减弱）。现今的引力模型多用于在对店铺规模、形象、距离、人口分布和密度等因素分析的基础上预测商店可能的发展情况。而且这种方法的趋势是对可能情况的预期分析，如对竞争对手在某一地点开店的影响的评估，或者是通过对店铺选址和产品类别之间的关系研究来为某一店铺选定合适的商品品种。这一模型涉及大量的数据和计算机应用，而且成本和时间的耗费也相对较大。

（6）专家系统/中枢网络。它是随着计算机技术的发展而发展起来的一种最新的方法，因此它的基础是强大的计算机能力，技术和成本方面的要求最高。其主要是在总体战略和次级战略的制定方面发挥作用。对大型零售商来说，他们可以应用专家系统/中枢网络来对大量的新的待选店址进行分析。专家系统/中枢网络可以显示待选地址的将来发展趋势。

## 三、选址的策略

选择商场最佳位置时，既要进行定性分析，又要进行定量测算，是一件复杂而又耗费精力的事情，要做好选址工作需要制定多种有效策略。

### （一）地理位置细分策略

地理位置细分的策略是指对气候、地势、用地形式及道路关联程度等地理条件进行细微分析后，对商场位置做出选择的策略。主要可从以下几方面进行细分。

1. 商场选址与路面、地势的关系

一般情况下，商场选址都要考虑所选位置的道路及路面地势情况，因为这直接影响着商店的建筑结构和客流量。通常，商店地面应与道路处在一个水平面上，这样有利于顾客出入店堂，是比较理想的选择。但在实际选址过程中，路面地势较好的地段地价都很高，商家在选择位置时竞争也很激烈，所以在有些情况下，商家不得不将商场位置选择在坡路上或路面与商店地面的高度相差很多的地段上。这种情况，最重要的就是必须考虑商场的入口、门面、阶梯、招牌的设计等，一定要方便顾客，并引人注目。

如果商店位置不得不设在二三层楼上，则应使入口处的楼梯设计位置尽量在建筑物的表面，而不能在店内，应对楼梯加以装潢，如以电动滚梯代替楼梯、用外罩玻璃罩等，外观既要美观又要醒目，具有吸引力。

2. 商场选址与地形的关系

地形、地貌对商店位置选择的主要影响表现在以下 3 个方面。

（1）方位情况。方位是指商场坐落的方向位置，以正门的朝向为标志。方位的选择与商场所处地区的气候条件直接相关，如风向、日照均对店面的朝向有很大影响。以我国北方城市为例，通常以北为上，所以一般商业建筑物坐北朝南是最理想的地理方位。

（2）走向情况。走向是指在商场所选位置顾客流动的方向。例如，我国的交通管理制度规定人流、车流均靠右行驶，所以人们普遍养成右行习惯，商场在选择地理位置进口时应以右为上。如果商场所在地的道路是东西走向的街道，而客流又主要从东边来时，则以东北路口为最佳方位；如果道路是南北走向，客流主要是从南向北流动时，则以东南路口为最佳位置。

（3）交叉路口情况。交叉路口一般是指十字路口和三岔路口。一般来说在这种交接地，商场建筑的能见度大，但在选择十字路口的哪一侧时，则要认真考察道路两侧。通常要对每侧的交通流向及流量进行较准确的调查，应选择流量最大的街面作为商场的最佳位置和店面的朝向。如果是三岔路口，最好将商场设在三岔路口的正面，这样店面最显眼，但如果是丁字路口，则将商场设在路口的"转角"处，效果更佳。

### （二）潜在商业价值评估策略

潜在商业价值评估是指对拟选开业的商场位置的未来商业发展潜力的分析与评价。评价商场位置的优劣时，既要分析现的情况，又要对未来的商业价值进行评估。这是因为一些现在看好的商场位置，随着城市建设的发展可能会由热变冷，而一些以往不引人注目的地段，也可能在不久的将来会变成繁华闹市。例如，我国的北京市在旧城区改造过程中，在城区的四周建起了现代化的居民小区，许多居民乔迁新居，致使原来僻静的城外街道现在车水马龙，十分热闹，构成生意旺盛的新商业街，而昔日远近闻名的传统商业街，比如前门大栅栏，虽然位于市中心区，也随形势的变化逐渐失去了光彩。因此，新商场在选址时，应更重视潜在商业价值的评估，具体主要应从以下几方面评价。

（1）拟选的商场地址在城区规划中的位置及其商业价值。

（2）是否靠近大型机关、单位、厂矿企业。

（3）未来人口增加的速度、规模及其购买力提高度。

（4）是否有"集约效应"，即商场建设如果选在商业中心区，虽然使企业面对多个竞争对手，但因众多商家云集在一条街上，可以满足消费者多方面的需求，因而能够吸引更多的顾客前来购物，从而产生商业集约效应。所以"成行成市"的商业街，也是企业选择位置需重点考虑的目标。

（三）出奇制胜策略

商场选址时既需要科学考察分析，同时又应该将它看成一种艺术。经营者要有敏锐的洞察力，善于捕捉市场缝隙，用出奇制胜的策略、与众不同的眼光来选择商场位置，常常会得到意想不到的收获。例如，全美洲最大的零售企业"沃尔玛"联合商场的总经理山姆·沃尔顿就是采用"人弃我取"的反向操作策略，把大型折价商场迁到不被一般商家重视的乡村和小城镇去。因为那里的市场尚未被开发，有很大潜力，同时又可回避城区商业日益激烈的竞争。再如，新加坡著名华商董俊竞创建"诗家董"百货集团，在商场选址问题上，他力排众议，选择了一块人们普遍认为风水不好又面对坟场的乌节路地段作为店址。后来这块地方很快成为商家云集之地和世界上租金最昂贵的地段之一，"诗家董"的生意也越做越红火。董俊竞之所以不信风水选这块地作店址，主要是注意到每天都有不少外国人通过乌节路到城里去，乌节路有可能发展为交通要道。

（四）专家咨询策略

对于较大型商业的投资来说，商场位置的选择是重要战略决策。为避免重大损失，经营者应聘请有关专家进行咨询，对所选择的商场位置进行调查研究和系统分析，如对交通流量、人口与消费状况、竞争对手等情况逐一摸底分析，综合评价优劣，再做出选择，使商场地址的选择具有科学性。

## 四、选址的流程

正所谓，酒香也怕巷子深，由此可见，开店选址是一件必须得慎重的事情。只有选好了店址，客流和销售量才能够提升。否则，再好的营运技巧也没有什么效果。可是，怎样才能找一块有实力的"风水宝地"呢？

（一）了解顾客

了解附近的顾客。首先，顾客特征中最关键的因素是购买力，它决定了一切。其次是年龄，少年儿童、中青年和中老年的消费习惯有很大差别。消费偏好也很重要。已开店铺的品牌可以直接从自己的顾客那里得到结论，尚未开店的新创品牌就要研究产品和定位相同或相似的品牌以得出结论。

## （二）了解竞争对手

竞争对手不仅是敌对关系，是店址的竞争者，也是选址时的参照物。通过竞争对手可以了解重点在哪些区域开店，选址策略是什么，他们在选址中有何成功与失败之处。看看竞争对手的生意，你就可以从中考虑自己的生意，作为自己开店选址的参考和依据。

## （三）熟悉主要商圈

零售店选址主要是研究重点城市的主要商圈的特征，了解商圈是以商业为主还是以商务为主，是市级商圈还是区域或社区商圈，商圈内的主要商业形态是什么，商圈辐射能力如何，餐饮竞争情况，客流的数量和特征等。结合自身的市场定位，明确市场布局，明确哪些地方可以开店，哪些地方不能开店，尤其要确定应优先选址的重点区域。

## （四）广泛寻找店址信息

好店址难找，相信很多人都会对此有同感。必须掌握足够数量的优质备选店址，才有可能进行优中选优。如果手头只有别人挑剩下的不良店址，最后只能"矮子里拔大个儿"，不可能选到什么好店址。寻找店址信息最好是多管齐下，调动一切力量寻找优质店址。

## （五）店址调查

当找到一个看似不错的店址，但没办法确定是否真正可行时，就需要进行选址调查。重点调查内容包括确定店铺可能的辐射范围，辐射区内的人口数量与特征、竞争情况，商圈环境等内容。此外还要调查了解店址前的客流量、店址的可见度、便利性、拦截与互补性等。

## （六）可行性分析

选址开店是一项风险很大的投资，可行性分析可以重点从收益和风险两方面进行。收益分析是依据店址所能带来的客源的质量和数量在当前的产品价格与服务速度之下预测能实现多少营业额，然后根据成本费用情况对赢利进行估算，根据投资总额测算投资回收期和回报率。风险分析主要是了解商圈发展、道路改造、人口数量与结构的变迁、竞争变化等因素可能对店铺未来经营产生的影响，评估实现预期收益的可能性。

## （七）做出正确的决策

明确了店址未来的预期收益及实现收益的可能性与风险，就能对一个店址是否可行做出判断。但选址决策时还要参照开店目的、资金情况、发展战略等因素。如果是为了迅速获取利润，就要求店址的各方面条件都很好，投资回收期很短；如果是为了推广品牌，要求店址可见度高，客流量大，对回收期要求不高；如果是抢为了占市场，只要店址所处的商圈和位置较好，成熟度不高也没关系，这要求企业有充实的资金支持。有了充分的选址调查和分析，做出正确的选址决策并非难事。

 **任务三　连锁门店选址管理**

## 一、选址的团队及人力资源管理

一般大的超市、商场等零售机构和连锁店企业都有自己专门的选址员或选址部门。小型的店面零售机构或非连锁的单店在选址时，虽然没有长期的专门选址员，但在开店前的选址时，也一定会有人专门负责这一方面的工作。

随着选址工作的被重视及选择合适地址的难度逐渐增加，选址员正慢慢地成为一个专门的技术性职业和岗位。

企业在实际的选址工作中，其选址团队可以只有一个人，也可以有一组人。如果条件允许的话，最好是组成一个选址团队，这样的选址效率和效果都要好一些，可以避免很多问题。例如，人员孤独、选址受个人主观意志影响过大、个人能力有限、过度劳累、责任压力大、财务腐败等。

但不管如何，因为选址本身是一项技术性和经验性都很强的工作，如果企业的计划是将来要开设另外的店或连锁店，那么企业应在选址时着意培养未来的选址专业技术人员。同时，如果企业要编制选址手册的话，那么其选址人员队伍中一定要有对文本写作与整理比较熟练的人。他的任务就是按照选址手册的要求，把众多选址人员在选址工作中的经验、心得等技术或知识进行记录与整理，并结合选址理论，编制成企业自己的选址手册。

## 二、选址的费用管理

因为选址会有不同的方法，每种方法的花费各不相同，有的费用小或甚至没有，而有的则费用巨大，所以对选址的费用进行科学的管理就成为了必要。

选址费用管理的基本原则其实很简单，就是花最少的钱，选择最合适的地址。所以选址的费用管理应坚持如下做法。首先，对选址做一个详细的整体规划，做出费用预算。要结合自己的资金实力和实际需要，仔细、慎重地确定几种待选的选址办法，然后对每种选址办法在费用上进行一个合理分配，这样就可以在最大限度地节省费用的前提下，完成既定的选址任务。

一般而言，选址的费用包括如下几项，每项费用的管理方式也各不相同。

### （一）选址员的工资

如果是专职的选址员，那工资数额是既定的。如果是临时聘请的兼职选址员，则工资数额可能会相差很大，所以要严格控制此项费用。例如，如果采用的是扫街式选址，那么可以采用专职选址员和兼职选址员相结合的方式。即在选择兼职选址员时，没有必要选择那些水平很高、资历很深的人，而只需要选择那些能够在街上现场搜集资料的人，哪怕是那些没有选址经验而只需稍微培训即可按要求上街搜集地址信息的人也可，如在校学生中会有大量的学生希望有这样的机会。他们的费用要求并不高，因为选址本身也是对他们自己的一种锻炼和实习机会，所以选址者可以与大学生们合作。专业的选址者只需做好对兼职选址人员的培训、管理，并指导他们如何正确选址即可，如此就可以把选址人员的工资这项费用减至最低。

### （二）选址员的差旅费用

如果是选址员到异地去选址，那么差旅费可能就不是一个小的数目。为此，在差旅费上就要严格管理，坚持实报实销的原则，以最大限度地堵住漏洞。

### （三）交通费用

交通费用指的是选址人员使用交通工具在选址区域进行现场查看时的费用。一般而言，选址人员的交通工具无非就是双腿（指的是步行法选址）、自行车和机动车3种。具体采用哪种方式，要根据具体情况来区别对待。既不能为了节省费用而一直采用双腿，因为采取这种方式时间长、速度慢、人员容易过度疲劳、工作效率低；也不能不加分析地就使用机动车，因为机动车的成本高、容易遗漏细微信息、车辆管理麻烦等。

### （四）通信费用

选址中的通信费用主要包括两大类，一是选址员向总部或上级决策者汇报地址信息时的通信费，一是选址员和地址的房东或转租者等联系时发生的通信费用。事实显示，后一类费用可能会较大。为了节约费用，选址者可以采用许多办法来节省通信费，如尽量采用固定电话、使用可以优惠话费的电话卡或特定号码等。

### （五）中介费用

当选址委托给中介公司时会不可避免地发生中介费用。一般而言，中介公司或个人商铺上的中介费用为该处房屋的一个月租金，最多不超过两个月，如果是购买房屋的产权，那么一般不超过房屋总值的2%。当然，不同的地区、不同的中介公司或个人会有不同的数值，选址者应努力与中介公司谈判，为自己争取一个最低的中介费用。

### （六）广告费用

当选址需要做广告时，广告费用则是一个不小的数值。为了节省这一项费用，选址者应谨慎选择广告媒介，因为选址往往是一次性的，并不需要长期地使广告发生效果，所以不要盲目地求大。

### （七）公关费用

选址中会发生一些公关费用，尤其是在利用"关系户"选址、利用供应商资源、挖铺时就更是如此，选址人员应本着节约和量力而行的原则，最大限度地节约公关费用。

### （八）其余费用

选址中会发生一些其余费用，如上网费、去相关部门查找资料费、购买杂志和报纸等媒介费，选址人员要严格地控制这些费用，使支出最小化。

## 三、选址的信息管理

广义上的选址的信息管理包括选址前、选址中和选址后的所有与选址有关的信息管理，但我们主要研究的是狭义上的选址的信息管理，即主要指的是选址过程中的信息管理。因为在选址的过程中，选址人员会遇到许多候选地址，每个地址都有各自的大量信息，选址人员为了最后确定究竟哪一处地址最合适，就需要对每处地址的信息进行详细的分析和研究，所以，地址的信息管理就成为记录地址信息、分析地址状况及筛选地址的必备工作。

选址中的信息管理工作的重点是信息的搜集、记录和处理、编制选址手册，下面重点谈谈几个在信息的搜集、记录和处理、编制选址手册方面应注意的问题。

### （一）信息的搜集

关于地址的信息的搜集是个复杂的过程，简单的信息搜集不需要太多的资源，可能只是打个电话即可，但进一步的详细信息的搜集却需要企业一定的资源和相当的技术。

1. 信息搜集的内容

关于一处地址的内容最少应包括地址的名称、位置、联系方式、面积、价钱等最基本信息。

要注意的是，地址的详细信息条目会因不同的企业而不同。例如，餐饮店选址者和服装店的选址者对地址的需求信息内容就是不同的，即使同是餐饮店，火锅和快餐的地址需求信息内容也是不同的。所以每个选址的企业或个人都应根据自己的实际需要，列出一个自己的地址搜集的信息条目来。

2．信息搜集的来源

地址的信息来源主要两个：一是该处地址的房东或转租者，二是选址者自己去调查。需要注意的是，来自房东或转租者的信息是需要选址者去验证的，因为对有些信息而言，房东或转租者为了促使地址交易完成，可能故意扭曲部分信息内容。

3．信息搜集的方法

信息搜集的方法有很多，常见的主要有以下几个。

第一，调查咨询。可以通过打电话、当面交谈、设计问卷、访问等方式进行。

第二，现场获得。可以通过观察、拍照、测量等方式进行。

第三，查阅资料，如查找工商局资料、街道办事处资料、税务局资料、城市规划局资料、互联网等。

4．信息搜集的顺序

一定要坚持循序渐进搜集的习惯。为了最大限度地节省成本、加快速度、提高效率和避免无效劳动，对于地址的信息不必一次性搜集得特别全面，因为每个信息的获得都需要付出一定的资源，包括时间、资金、人力等，而应循序渐进地搜集。循序渐进地搜集的意思指的是应使用排除法以使需要详细调查并详细搜集的地址数量减至最少。为此，选址人员可事先确定一些关于地址的可以一票否决的必要条件，如价钱的范围（上限和下限）、面积的大小（上限和下限）、地理位置、租用期限（上限和下限）、楼层高度（上限和下限）、门脸宽度（上限和下限）等。如此，对于一些地址，选址人员可以迅速地凭借可一票否决的必要条件，把它们从需要进一步调查的地址名单中删除，这样，选址的速度就会大大提高，而成本也会降低，效率得到提高。

（二）信息的记录和处理

在信息的记录和处理中，应特别注意以下几个问题。

（1）尽可能详细地记录每处地址的相关信息。在选址过程中，若条件允许，对于所遇到的每一个可能的候选地址，都要尽可能详细地记录关于该地址的信息。

（2）保存所有信息。无论某地址是否被排除在候选名单之外，关于其地址的信息记录都不应被删除，而应妥善地保存起来以备万一，因为企业在选址的过程中，当实在找不到原先最初的理想地址时，有可能降低或改变地址的条件，这时，曾被删除在候选名单之外的地址就可能在新的地址条件下成为候选地址。同时，企业在选址过程中得到的大量地址源信息是非常宝贵的资源，企业可以将之有偿或无偿地推荐给另外的地址需求者。

（3）边记录边处理，同步进行。因为每天都可能收到大量关于不同地址的不同信息，如果积累了一定数量后再集中处理，至少会有两个弊端：一是有些合适地址的选择被耽搁，从而使该地址被竞争者选走；二是处理信息量大，容易出错。所以，选址人员应坚持边记录边处理的做法，这样可以最有效地抓住有利机会，同时减少出错概率。

### （三）编制选址手册

如果企业计划在未来开设另外的店或连锁店，那么在选址的过程中应该运用知识管理的方法把整个选址工作中运用的技术或知识编制成手册。这样的好处至少包括以下几个。

（1）把选址实际工作中的的经验、技巧、知识等信息以条理清楚、逻辑性强的形式记录下来，并结合理论知识对其进行校正、升华与规范，那么这样的手册就会是企业的宝贵财富，以后再选址时就可作为选址人员的参考或培训资料。如此，经过一代代选址人员的努力和持续性增减、改善，手册也会随之不断完善，长时间下来，积累、沉淀了众多选址人员经验、心得和融现代选址理论为一体的选址手册就为企业以后的选址成功奠定了坚实的基础。

（2）可以有效预防部分或全部选址人员离开职位后的尴尬状况。因为企业可以迅速地用选址手册作为参考或培训资料来使新上任的选址人员合格地进入选址工作，这就使企业摆脱了依赖个别人或受制于个别人的不利境地。

（3）手册是个人资源公司化的有效手段。通过把不同个人的知识融合、积淀成手册的形式，企业有效地把个人资源转化成公司资源，从而最大限度地实现了个人资源的有效开发。

（4）选址手册是企业日后可能特许经营模式的必备手册之一。平时的、事先的积累的效果和质量要比一时性的、日后的专门编制此手册的效果和质量好得多。

（5）边工作边记录，有利于手册内容的丰富、实战和全面。很多企业总是在许多年之后，即开始或准备实施特许经营工程、连锁工程的时候才想起来要编制一本选址手册，于是组织了一班人马专门进行选址手册的编制，但这时的编制手册的内容多是需要总结性的"回忆"的，而许多选址人员的离职、资料的遗失、记忆的忘却等却使"回忆"常常遗漏很多重要内容。如果在一开始选址时就有意识地去记录、整理和编制选址手册，遗漏的可能性就大大减少，所以编制的手册也就更为丰富、实战和全面。

 习题

#### 一、名词解释

独立商店、商业区、购物中心、自身客流、分享客流、派生客流、门店选址 5C 模型、地理位置细分策略、潜在商业价值评估策略

#### 二、填空

1. 商店位置的类型包括（    ）、（    ）和（    ）。
2. 店址的特性包括（    ）、（    ）、（    ）、（    ）、（    ）、（    ）。
3. 门店选址 5C 模型包括（    ）、（    ）、（    ）、（    ）、（    ）。
4. 一般店铺客流分为 3 种类型：（    ）、（    ）和（    ）。
5. 选址的策略包括（    ）、（    ）、（    ）和（    ）。
6. 选址应考虑的因素包括（    ）、（    ）、（    ）、（    ）和（    ）。
7. 连锁门店选址管理包括（    ）、（    ）和（    ）。

#### 三、简答

1. 商店位置的类型包括哪些？

2．选址有哪些类型？

3．选址应考虑哪些因素？

4．简述选址的方法、策略和流程。

5．简述编制选址手册的好处。

 实训项目

项目名称：餐饮店选址分析

实训目的：通过餐饮店选址分析，让学生了解选址应考虑的因素，了解选址的方法、技巧、策略和流程，提高学生的实战能力。

实训组织：（1）分组。将全班学生分成若干小组，每小组 3～6 人，每位同学承担不同的任务。（2）选址分析。学生通过自己扫街、求助中介、发布广告等方法，获得选址的相关材料，并对这些材料进行分析。（3）成果展示。各小组撰写餐饮店选址分析报告，并在课堂上以 PPT 的形式演示，专家和老师进行点评。

实训成果：《餐饮店选址分析报告》的撰写和成果展示。

## 【案例分析】

### 史蒂法妮·威尔逊的精品店

史蒂法妮·威尔逊必须决定在哪里开设自己的成衣精品店，这间商店已经在她的脑海里构思了好几年了。大学毕业后，她一直在市政府工作，现在已经快 40 岁了。她在大学里学的是艺术专业，现在离异，带有两个孩子，一个 5 岁，一个 8 岁，她想开设自己的商店，这样就可以有更多的时间跟孩子们在一起了。

她喜爱时装，也认为自己有这方面的天赋，而且她还读过时装设计与零售管理的夜校课程。最近，她听到一个翻修拱廊建筑的计划，这座建筑就位于她所在的那座中西部城市的商业区中。这则消息使她的开店决心更坚定了。她考虑了以下 3 个开店位置。

1．商业区的拱廊市场

该市的中心商业区曾经是拱廊式的。这次建议翻修的拱廊建筑是整个翻修计划主体的一部分。同时，一家新百货商店和几栋办公楼已经开始使用了。完成整个主体计划需要再用 6 年时间。

自 1912 年来，这座拱廊建筑一直是商业区的贸易中心，但是近 15 年来一直空闲在那里。这次提议的翻修工程包括一座三层的购物大厦，并带有停车场、低价修车厂及传统的商业中心综合大楼。第一层计划开设 40 家商店，第二层再多设 28 家，第三层是一组餐馆。

史蒂法妮所考虑的位置约有 30 平方英尺，位于一楼的大门附近。租金是每平方英尺 20 美元，按此计算每年总计要 18 000 美元。如果销售额超过 2 250 000 美元，租金将占销售额的 8%。她不得不签订 3 年的租约。

2．柔狮山庄

在史蒂法妮所在的城市中，翻修的城区部分被人戏称为柔狮山庄，因为那里有耸人听闻的过去。然而，在今天，那里有整洁而且保护完好的棕色石头、舒适的周围环境，就像一个幽僻的世外桃源一样。许多当地人已经自己动手进行了翻修，并且以此为荣。

现在，在传统的商业中心综合大楼附近的山庄里，大约有 20 家小零售商店。这之中多数是餐馆，也有 3 家女装商店。

在山庄的主要街道旁有一所旧房子，史蒂法妮可以使用它的一层，面积有 900 平方英尺。租金每年为 15 000 美元，没有超额条款。房主认识史蒂法妮，并且要求签订为期两年的租约。

### 3. 苹果树大厦

苹果树大厦已经开业两年了，是一家成功的地区商业中心。在州际公路旁边，它有 3 家小的商店，距离商业区大约有 100 英里。大厦内的几家女装零售店中，有 3 家的价位远远高于史蒂法妮的设想。

苹果树大厦掌握着西南部市区 1/4 的零售业。尽管那个区的零售业增长额一直在不断下降，但是，大厦的销售额仍比去年高 12%。史蒂法妮了解到该区有计划要在小镇的东部再开发一座购物中心，其面积和特点与苹果大厦一样。但是离破土动工还有 18 个月，而且也没有招租机构开始出租摊位。

在苹果树大厦中，地方百货连锁店也开了一家过季商品店，距离史蒂法妮的商店位置仅有两家店面之隔。这座商店有 1 200 平方英尺，比另外两个地方稍大一点，但是它是窄长形——前部有 24 英尺宽、5 英尺长。租金是每平方英尺 24 美元（每年 28 800 美元）。此外，如果按销售额超过 411 500 美元计算，租金就占 7%。另外，还有占销售额 1%的附加费，主要用于大厦公共区域的维护和促销活动等。与大厦签订的 5 年期租约中有例外条款，如果两年后销售额不足 411 500 美元，该条款就生效。

思考：

1. 请说出每个位置的优缺点是什么？

2. 如果你是史蒂法妮，你会选择哪个位置？为什么？

# 项目四

## 连锁门店开业筹划

LIANSUO MENDIAN KAIYE CHOUHUA

【学习目标】

了解连锁门店开店实施计划；了解连锁门店开店筹备工作内容与实施；掌握开业典礼的形式和主要内容；掌握开业促销方案的具体内容和实施；掌握开业促销策略的内容。

【案例引导】

### 海南紫荆百货商场开业庆典活动策划方案

一、前言

鉴于本商场"引领时尚消费，倡导精致生活"的经营理念，所以，如何有针对性地吸引高端消费者，如何将活动形势和活动内容同商场的高端定位及高端消费人群的消费形态相契合，就成了本次活动的关键。

在策划过程中，我们着重考虑将开业庆典、促销活动和树立商场高端形象有机结合；活动主题尽可能艺术化，淡化促销的商业目的，使活动更接近于目标消费者，更能打动目标消费者。把举办第一届"紫荆"杯高尔夫友谊赛的开幕式作为本次活动的亮点及持续的新闻热点，力求创新，使活动具有震撼力和排他性。从前期的广告宣传到活动中的主题风格，我们都从特定的消费人群定位进行了全方位考虑。在活动过程中为尽量避免其他闲杂人等的滞留，所以庆典场面不宜盛大，时间不宜过长，隆重即可。

二、活动主题

（1）开业庆典。

（2）第一届"紫荆"杯高尔夫友谊赛开幕式。

三、活动风格

隆重、高雅

四、活动目的

(1) 面向社会各界展示紫荆百货高档品牌的形象，提高紫荆百货的知名度和影响力。

(2) 塑造海南第一高档精品商场的崭新形象；塑造紫荆百货精品氛围。

(3) 通过本次开业庆典活动和"紫荆"杯高尔夫友谊赛开幕仪式，开拓多种横向、纵向促销渠道，掀起"国庆黄金周"的促销高潮和持续的新闻热点和促销高潮，奠定良好的促销基础和社会基础。

五、广告宣传

1. 前期宣传

(1) 自开业前 10 天起，分别在海南日报、海口晚报及各高档写字楼的液晶电视传媒网等媒体展开宣传攻势；有效针对高端目标消费人群。

(2) 在周边各高档社区及高档写字楼内做电梯广告，有效地针对周边高端消费者，有效地传达紫荆百货开业及其相关信息。

(3) 以各高尔夫球场为定点单位给各高尔夫球场的会员及高尔夫球界名流、精英发放设计精美的邀请函，邀请其参加紫荆百货开业庆典暨第一届"紫荆"杯高尔夫友谊赛。

2. 后期广告

(1) 自开业后 5 日内，分别在海南日报、海口晚报及各高档写字楼的液晶电视传媒等媒体进一步展开宣传攻势，吸引目标消费者的眼球，激起目标消费者的购买欲。

(2) 进一步跟踪报导"紫荆"杯高尔夫友谊赛，掀起持续的新闻热点。

六、嘉宾邀请

嘉宾邀请是仪式活动工作中极其重要的一环，为了使仪式活动充分发挥其轰动及舆论的积极作用，在邀请嘉宾工作上必须精心选择对象，设计精美的请束，尽力邀请有知名度的人士出席，制造新闻效应，提前发出邀请函（重要嘉宾应派专人亲自上门邀请）。

嘉宾邀请范围：①政府领导；上级领导、主管部门负责人；②主办单位负责人、协办单位负责人；③业内权威机构、高尔夫球界权威或精英；④知名人士、记者；⑤赞助商家；⑥大型企业老总。

七、活动亮点

1. 以开业庆典为平台，举行第一届"紫荆"杯高尔夫友谊赛开幕式

以海南各高尔夫球场的会员为主要参赛对象，给每个会员发放邀请函，并附上参赛的相关事项。以商场内各商家为赞助商，还可邀请海口市内知名品牌的高尔夫用具商作为赞助商或协办单位；邀请海南各高尔夫球会为协办单位，凡参赛者均可在商场开业当天获得精美礼品，优胜者可按名次获得现金奖励及商场内各世界品牌提供的高档礼品。凡参赛选手在商场内购物即可获得相应优惠，在协办单位消费也可获得一定礼遇等（或到场嘉宾可当天加入紫荆 VIP 会员）。在良性的联合运作状态下，使主办方、协办方及赞助方三方在合作中获得共赢。

2. 千份 DM 杂志免费赠送

为了扩大商场的开业效应和品牌影响力，发行 DM（direct mail advertising，直邮广告）杂志（紫荆百货《精致生活指南》赠阅消费者。此 DM 杂志为大 16K，68P，四色铜版纸印刷，发行量为 1 500 册。主要发行渠道为在开业庆典上所有到场者的礼品和开业促销期间商场赠阅。本杂志的主要内容分为三个板块：①"引领时尚消费，倡导精致生活"——介绍紫荆百货的经营理念、购物环境及其他相关信息；②"品牌故事"——介绍紫荆百货内各品牌（内附各品牌代金券）；③"高尔夫享受"——介绍高尔夫的相关知识及协办单位的相关信息（内附各球会优惠券）。

3. 气氛渲染

在气氛渲染方面，以高雅的模特走秀和钢琴演奏代替庆典仪式中惯用的军乐队、锣鼓、醒狮队等，令每位来宾耳目一新，难以忘怀，且能有效地提高开业仪式的新闻亮点和宣传力度。在庆典活动中注入高雅文化，且与紫荆百货的高端定位及目标消费群的理想生活形态达到有机契合。

4．"明星"巧助阵

邀请高尔夫球界权威或精英，使圈内人士慕名而至；邀请某品牌代言人到场助兴表演一两个节目，掀起会场的第三个高潮，整个活动在高潮迭起中落幕，令人回味无穷。

八、活动程序

2006 年 9 月 25 日上午 9∶00 典礼正式开始（暂定）。

8∶30　播放迎宾曲，礼仪小姐迎宾，来宾签到，为来宾佩戴胸花、胸牌，派发礼品、并引导来宾入会场就座，将贵宾引入贵宾席。

8∶35　高雅的模特时装表演开始，展示国际著名服饰品牌魅力，在嘉宾印象中深化紫荆百货的高端定位，也可调动现场气氛，吸引来宾的目光。

9∶00　时装表演结束，五彩缤纷的彩带、彩纸从空中撒下，主持人上台宣布开业仪式正式开始，并介绍贵宾，宣读祝贺单位的贺电、贺信。

9∶05　紫荆高层领导致欢迎辞。

9∶10　政府领导致辞。

9∶15　协办单位（美视高尔夫）领导致辞。

9∶20　参赛选手代表讲话。

9∶25　体育部门领导致辞并宣布第一届"紫荆"杯高尔夫友谊赛开幕，鸣礼炮、放飞和平鸽和氢气球（会场达到第一个高潮）。

9∶30　钢琴演奏（曲目略）。

9∶35　宣布剪彩人员名单，礼仪小姐分别引导主礼嘉宾到主席台。

9∶40　宣布开业剪彩仪式开始，主礼嘉宾为开业仪式剪彩，嘉宾与业主举杯齐饮、礼炮、放飞小气球、彩屑缤纷、将典礼推向第二个高潮。主持人宣布正式营业，消费者可进场购物。

9∶45　活动进入表演及相关互动活动。（会场的第三个高潮）

10∶00　整个活动结束。

九、会场布置

与开业庆典的主题结合，力争做到"细心、精心、认真、全面"，将高雅文化进行到底。遮阳（雨）篷和 T 形台、背景板的设计能充分突出会场的高雅和隆重的风格。

 **任务一　连锁门店开店实施计划**

连锁企业通过严密的市场调查，确定门店具体的开店地址，并根据商圈分析进行销售额预测与投资损益分析，来选择开店业态和确定门店经营规模，接下来要进行的是开店前的筹备工作。首先必须制订具体的开店实施计划，对各方面的工作进行全面考虑，全盘部署，确保连锁店能如期开业。例如，以连锁超市为例，一个完整的开店实施计划应包括以下几个方面。

## 一、场地计划

### （一）场地选定

确定了开店的区域位置还不够，同一区域内可能会有几个开设地点可供企业选择，企业自建房产拓展新门店时，开店的具体位置的选定要考虑以下几个因素：

（1）可供开店的面积，应接近商圈分析推算出的经营所需面积。

（2）地形、交通情况，是否更方便商品运送及顾客进出门店等。

（3）用地取得的难度。

（4）用地费用。购买已开发店铺或租赁店铺时，除考虑开店面积、地形、交通情况之外，还需要考虑其他因素。例如，门店的平面设计是否合理，是否有利于商品的展示和门店动线的安排；停车场等设施是否完备等。在场地选定时往往出现找不到充分满意的场地的情况，因此在选择过程中最好将几个候选场地的条件分项进行评分，综合评价。

（二）场地确保与整备

开店场地确定之后要进行的工作是场地确保。企业一般通过购买与租赁两种方式获得场地的使用权。对于已建设完工的场地，接下来要进行的工作主要是场地的清理，如果连锁店的主建筑物由企业建造，那么在获得土地使用权之后应开始进行开工建设作业前的准备工作，包括对原有建筑物进行拆除、原有住户安置、店前道路的改善、电气、自来水等公共设施改造等。

## 二、建设计划

### （一）建筑计划

企业在进行新店的主体建筑作业前要对店铺进行总体规划，主要包括以下几个方面。

1. 总体平面设计

在室内设计前首先要进行实地测绘，画出建筑平面、立面、剖面的设计图，应综合考虑的几个要点如下。

（1）不少于两个面的出入口与城市道路相邻接，基地有不少于 1/4 的周边总长度和建筑物不少于两个出入口与一边城市道路相邻接。

（2）大中型门店建筑队的主要出入口前，应按规划及有关部门要求，设置相应的集散地及停车场。

（3）总平面布置应按使用功能组织，并和城市交通之间避免相互干扰。

2. 门店平面设计

店内的平面布局规划应考虑店铺的经营效率，对于出入口、加工房、仓库等位置的确定，以及门店的动线的安排等，都必须考虑使门店的面积得到有效运用，做出详细的规划。

3. 建筑物外装设计

对于新顾客而言，门店的外观常常会影响他们对门店的评判，因此，在外装时除充分考虑防风、防雨、防冻等功能外，还需要考虑门店外观的营销功能，在装修材料的选用、色彩设计等方面应结合门店的经营特色及人们的审美需求等因素进行，一般需考虑以下几个问题：①体现经营特色；②色彩得当，能吸引顾客眼球；③流行趋势与自身特色相结合。

### （二）设施计划

门店建筑配套设施有给排水设施、通风设施、消防设施等。与门店经营管理相关的门店设施一般可分为前方设施、中央设施及后方设施。前方设施有停车场、出入口等，中央设施有收银台、服务台、陈列架等，后方设施有仓库、加工作业场、员工休息室、员工食堂、办公室等。良好的设施为整个门店的运作提供了良好的保障，企业可根据筹备资金状况、门店规模等具体情况进行规划。

### （三）设备计划

超市门店的设备一般包括空调设备、电脑设备、通信设备、照明设备、监控设备、冷冻保鲜设备、运输设备、称重设备等。良好的设备能更好地展示、保存商品，为顾客提供安全、舒适的购物环境，提高员工工作效率，最终达到提升销售额的目的。

（四）店内装修计划

门店的内部装修在活跃空间气氛、丰富空间层次、提升整个门店的空间质量和档次方面都具有积极意义，对员工的工作情绪、工作效率有直接或间接的影响，也关系到顾客进店后对整个门店的印象。门店内部装修的内容一般包括以下几个方面。

（1）地面设计。超市的地面一般提倡无高差、无阻碍设计，采用的材料常有瓷砖、石材、水泥板等，配合总体的平面设计，根据需要选用。

（2）墙壁与天花板设计。大型门店的墙壁装潢总体要求坚固、廉价与美观，使用材质一般为灰泥，再涂上涂料或进行墙面喷塑；门店天花板力求简洁，高度可根据建筑物的层高及营业需要而定，如果太矮，顾客容易产生压抑感，合适的高度对门店环境营造非常重要。

（3）自动扶梯、电梯、步行梯的设计，是联系楼层之间的垂直交通枢纽，应根据门店动线安排具体设定，一般设在人群活动的中心位置。

（4）柱的设计柱的位置，决定了它在门店经营中的特殊功能，门店中的柱一般有三种功能：陈列、纯粹装饰、综合功能，根据功能的不同进行不同的设计。

（5）陈列柜、陈列架、陈列台的设计。柜架等商品陈列存放设备的装修设计是门店内环境设计的实用、精彩与否的关键之一。一般要求具有实用性、灵活性、美观性、安全性及经济性的特点。

（6）照明设计。门店内照明要根据不同区域的需求进行设计。通道及一般展示区等只需保持基本亮度，可采用荧光灯；重点陈列区等特殊区域要求光线更亮，在设计时可采用聚光灯、探照灯等。一些门店还设计有装饰性照明设备，如彩灯、霓虹灯等，以突出店内空间层次。

（五）物品计划

门店的物品计划与装修计划是一体的，在门店设计时必须加以考虑，在物品计划时要考虑以下几种功能。

（1）商品管理功能。除了做到商品的保管功能外，还应考虑其特性及诉求重点，以引起顾客的购买欲望。

（2）顾客动机引导功能。对于物品功能的组合，使顾客容易看见、容易接触商品且在选购上方便。还必须强调商品展示功能，表现出商品能在门店上发挥引导作用，使顾客能够容易看见、容易接触商品且在选购上方便。

（3）门店环境塑造功能。利用物品的配合，表现出门店的气氛与格调，给顾客提供满意的购物环境。

## 三、资金计划

资金计划大致可分为以下两个部分。

（一）资金收支计划

1．收入预算

营业额预算：开店第一年的营业额依照市场信息调查结果、门店面积、门店构成，以及本店的产地条件、经营能力与同业的比较加以估算；第二年度以后则根据国民收入与消费支出增长状况，配合已开门店的年度增长予以估算，当中若再有扩建计划时，对于营业额的预估也要予以计入。其他收入预算，如租金收入、特殊陈列费、利息收入等可依据实际情况进行估算。

2．费用支出

预算费用支出可分成变动费用与固定费用。变动费用是依据营业额的变化而变化的，如包装费、广告促销费等。固定费用包括建筑费、开办费、水电费、员工薪资、固定租金、开店贷款利息、设备修理保养费等。当然，固定费用并非一成不变，而是相对变动费用而言较为固定，能较为准确地进行估算。

（二）利益分配计划

公司的利益分配方面，除了缴纳各项税款外，可依据公司营运的需要提取公积金，或是作为股东、员工的红利分配之用。

## 四、人员计划

无论是门店开业前的准备还是开业后的各项经营运作，都离不开一支优秀的团队。为了门店开业及经营的正常运作，连锁企业在确定开店意向后，便要着手拟订新门店岗位人员定编计划及人员招聘、培训计划。

### （一）岗位定编计划

连锁店岗位设置。例如，以连锁超市为例，组织结构一般包括营运、非营运与防损 3 个系统。其中营运部包括前台部、食品部、非食品部、收货部四大部门，而每一个部门又分若干小部门，负责某一方面的具体业务；非营运部包括总经理（店长）办公室、人力资源部、财务部、行政部（或总务部）；防损部主要包括便衣部与制服部，一般情况下由总部领导管理，人员编制属于门店，由门店总经理（或店长）代理管理。为提高门店运作效率，以上 3 个系统的组织架构中的某些部门可以不设，要根据门店的实际管理需要进行设置。

岗位定编是连锁企业重要的一项人力资源管理，门店岗位人数设置是否合理，直接影响到企业正常的经营运作，如果人员编制过紧，会造成门店人手不足的状况，影响门店的销售业绩；反之，人员编制过松，则会造成工作量不足、人浮于事的情况，大大增加了连锁企业的人力成本。由于门店的人员编制涉及企业的成本控制问题，所以，企业在制订岗位编制计划时，应充分考虑门店的规模、门店现代化生产手段的运用程度等因素。

### （二）人员招聘计划

在制订人员招聘计划时，应根据岗位定编的情况，做出总的人员需求统计，针对招聘时间、招聘人数、招聘要求、招聘方式等问题进行具体的安排，做出总的招聘计划，及时发布招聘信息。同时，要针对不同的岗位制订具体的招聘计划，这点非常重要，因为企业对不同岗位人员素质的要求不同，应聘人数不同，所以采取的招聘方式也可能不相同，不同岗位的人员到岗时间要求也有不同。一般门店的最高行政管理人员需最先招聘，其次才是一般管理人员及普通员工的招聘，这要视招聘的具体情况而定。

### （三）人员培训计划

连锁企业要进行规范化经营管理，必须有一支认同企业经营理念、岗位技能过硬的高素质员工队伍。因此，在新门店开店前应制订门店新招聘人员的培训计划，对新成员进行系统的培训。

### 1. 培训环节与培训内容

培训环节一般包括理论学习与实践操作两大环节。理论学习的内容主要有企业文化、岗位技能等理论知识，借以提高员工对企业的认知程度及岗位技能水平；实践操作环节主要是针对具体岗位进行的，让新进员工在同类门店的岗位上进行实际操作，以便于新员工能将理论联系实际，尽快进入工作角色。有条件的连锁企业还会组织军训等形式的体能训练，培养员工吃苦耐劳的精神及团结协作的团队意识。

### 2. 人员培训计划的要求

（1）应尽可能全面、具体。包括培训时间、培训地点、培训人员、培训内容安排等，分岗位一一进行考虑，如果计划不全面，可能会影响培训的总体进度，给企业造成不良的影响。

（2）切实可行。大型的培训活动牵涉场地的租借、授课人员的聘请等诸多问题，直接关系到企业的成本控制，应具体考虑到每一环节可能存在的难度，进行灵活处理，保证计划能按质按量完成。

 ## 任务二　连锁门店开店筹备工作内容与实施

连锁店的开店是一个系统化、程序化的工作，连锁企业首家门店开店的许多工作需要请专业人才或委托顾问公司来做，当连锁企业发展到一定规模，通常是拥有七八家门店时，就会逐渐成立一个公司总部，下设采购、营运、财务、行政、人力资源等部门，统一各店的后勤工作，达到简单化、标准化、专业化、集中化的原则。一些发展成熟的直营连锁企业总部还设有工程、设备等部门，这些部门在新门店开店中起主力军作用。下面以连锁超市多店拓展为例，具体来介绍一下开店筹备工作的内容与实施。

## 一、成立开店筹备组

连锁企业进行门店拓展，离不开一支专业的队伍，所以，在有了开店意向之后，需要组织一批经验丰富的专业人员，成立开店筹备组。筹备组通常由市场开发组、工程组、设备组、招商组、营运组、企划组、人事组、行政组、财务组、信息组等组成，各组成员的人数根据实际情况而定，以便全面开展各项工作。

### （一）人员组成

1. 门店开发人员

开设门店前的主要工作有场地寻找、商圈调查、店铺规划及装修设计，这方面的工作也可聘用专人来负责。

2. 采购人员

对于一个新开设的超市，最基本的人员是采购人员，因为超市的商品种类多，各种商品的特性和出售方法不同，必须有精通商品采购的专业人员来完成此项工作。

3. 管理人员

超市开店前必须有一批经验丰富的管理人员，进行新门店人员招聘、培训、考核、管理及商品入库、陈列指导。同时，筹备工作期间开店人员的食宿、低值易耗品管理。例如，各种证照、保险办理等工作需要一批有经验的行政人员，资金收支计划、管理需要专业的财务管理人员。

4．工程、设备技术人员

对于直营连锁企业来说，开设新门店的店铺获取方式有自置房产和租用两种。自置房产可由连锁企业自己建造或购买，即使是购买，门店各项建筑工程进度、工程质量等问题都需要考虑。租用店面经营通常情况下也需要进行改造、装修。所以，一些规模较大、发展成熟的连锁超市在新店筹备时往往配备工程技术人员，这些工程技术人员可以由企业总部下设的工程部人员担任也可以外聘。大型超市开业所需的空调、电梯、音响、电子秤、冷柜等设备需要有专业的设备技术人员进行安装调试。

门店开店筹备人员的配置如图 4.1 所示。

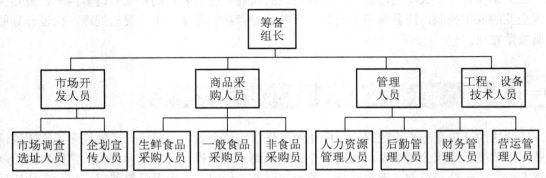

图 4.1　开店筹备人员的配置

## （二）人员组成方式

1．总部相应各部门抽调

对于一家成熟的连锁企业，公司总部下设的各部门集中了各方面的专门人才，新门店拓展时，总部相应各部门的精英成为各筹备组成员的重要组成部分，在筹备工作中起协助、指导作用。某些特殊筹备组，如市场开发组、工程组通常由从企业总部相应的开发部、工程部抽调人员组成。

2．已开门店借调

连锁企业已开业门店中的管理人员及技术人员在长期的门店运营、管理中积累了丰富的实践经验，他们中的一批优秀人员以借调的方式成为新门店开店营运组、人事组、行政组、设备组、企划组等筹备组的重要组成部分，在开店筹备工作中起重要作用。

3．总部招聘

随着连锁企业的拓展，企业总部各职能部门及新开业门店都需要大批的管理人员、技术人员。新门店立项开始，总部人力资源部就要制订出人员招聘计划，对部分岗位人员进行提前聘用，让新招聘人员特别是拟进入新门店工作的管理人员、技术人员加入筹备工作组，有利于新招聘人员的成长与提高。

## 二、制定开店工作进度表

超市的开店工作从立项之日起开始筹备，直到开业当日为最终期限。在此过程中要完成人员、商品、资金、营运等各方面的准备，就需要有一个合理的工作流程来加以计划与安排，进行整体部署与控制，才能确保门店开业的顺利进行。制定合理的工作流程最常见的方法是列出超市的开店工作的总进度表，各部门再对部门工作进行细分，制定部门工作的进度分表，以保证各项工作的如期完成。开店工作进度的设计如表 4-1 所示。

表 4-1　开店工作进度

| 项目名称 | 执行部门 | 负责人 | 完成时间 | 标准及要求 |
| --- | --- | --- | --- | --- |
|  |  |  |  |  |
|  |  |  |  |  |

## 三、开店各筹备组具体工作内容安排

（一）市场开发组

（1）开店前的市场调查。包括市场环境调查、消费者需求调查、竞争对手调查、商品供给调查等。

（2）开店可能性分析。对各项调查资料进行整理、分析，对门店的开业的各种条件进行整体评估，对能否开店及如何开店提出方向性的指导意见。

（二）工程组

（1）施工现场管理。建立完善的施工规范和惩罚制度，保证施工现场有序的工作，采取严格的安全措施，保持施工环境的整洁。

（2）施工质量管理。对施工过程进行监督，工程结束后对工程的结构安全、电气照明、防水排水等方面的工程质量进行验收。

（3）工程结算管理。根据合同的规定进行工程款结算，超过工期按照合同规定扣款。

（三）设备组

（1）设备的需求确认。

（2）确定价格和签订设备采购合同。

（3）设备的验收。对到货的设备进行初验（严格根据合同规定对型号、数量、外观、配件、备件、文件等进行验收）。

（4）设备的安装与调试。安装过程中检验是否缺少配件，产品是否合格。

（5）设备建档。

（四）招商组

（1）采购前期市场调查。包括商品调查和供应商（新供应商）调查、采购时机调查。

（2）商品采购洽谈、签订采购合同。采购谈判内容包括采购商品数量、花色、品种、规格要求、质量标准、包装，商品价格和结算方式、交货方式、交货期限、地点。

（3）供应商资料建档管理。包括供应商的分类、编号、名称、联系电话、商品品名、进价、售价等。

（4）确定商家的到位情况检查，协助商家的装修人员及设备进场。

（5）首次定货。制订合理的首批要货计划，确保合理库存，保证收货及商品的陈列计划得以实施，保证门店开业的销售需求。

（6）开业促销商品确定和进价谈判。

（五）营运组

（1）门店布局规划。确定门店的动线和商品的板位配置情况。

（2）指导商品的陈列及调整。制订商品的陈列计划，按照商品的分类原则进行商品陈列，制作小类的陈列平面图。充分利用墙和柱的展示效果，依照促销清单及销售预估进行特殊陈列。

（3）进行商品的标价签管理。信息部制作标价签，商品标价签应在门店开业前 3 天制作完成，由收银部完成过机，核实是否有到货商品未做陈列，督促信息部对变价的商品及时完成标价签的制作和更换。

（4）商品测试。自开业前一周开始，营运部门应协助店长进行商品测试，门店收银部门为主要实施部门，对开业促销商品进行重点测试。

（5）商品促销。依照采购部列出的促销清单，对开业促销商品制订出陈列计划并实施，根据销售预估进行特殊陈列。

（六）企划组

（1）门店的市场推广计划。

（2）企业进驻的新闻发布。

（3）开业前的招商信息的发布和宣传。

（4）开业前的广告及开业促销活动的宣传，包括媒体宣传和 DM 单的制作等。

（5）开业庆典的策划。

（七）人事组

（1）组织架构与人员的定编。

（2）做好所有的人员需求和岗位责任的划分。

（3）将促销人员的需求报招商组，由采购人员与相关供应商协商是否配置促销人员及配置要求，在商品组织时给予确认。

（4）员工的招聘及培训。

（5）人事管理制度的制定。包括人员考勤、升迁、奖惩、核薪等各项规定，以便人事管理具有标准化与一致性。

（八）行政组

（1）经营场地使用权的获取。包括场地购买或租赁相关事宜的谈判及合同的签订。

（2）工程发包。包括对有关门店主体建筑、内部装潢及设施设备安装工程进行发包。

（3）公司注册及各类证照的办理。一般包括营业执照、税务、卫生许可证、食品流通许可证、食品加工、进口商品、特种许可、烟草、酒类、消防许可等。

（4）财产购置。对公共设施、安全设备、办公设备等进行采购；部门所需的办公用品、包装材料、标价用品的采购，报表单据印刷，员工制服、工作证的定制等。

（5）办理经营场地需要的水、电、煤气、通信宽带等。

（6）关系协调。包括连锁店所在地区各行政职能部门，如城管、工商、税务、派出所、防保、消防、防疫疾控、社区居委会等。

（7）其他后勤工作，如员工住宿、食堂安排等。

（九）财务组

（1）资金运用规划。包括配合整个开业筹备工作，对各项资金的运用确实掌握，对开办费、内装费、设施费、商品采购费等进行规划。

（2）会计财务管理。包括会计制度的拟定、发票的使用与管理、账务处理作业、固定资产的分类及会计账务整理等。

（3）现金出纳管理。包括供应商入场费、赞助费、促销员管理费的收取，以及各项采购、装修费用的支付管理等。

（十）信息组

（1）负责系统安装与管理。

（2）对供应商、商品的信息进行录入和核对。

（3）配合下订单、商品入库。

（4）数据传输与更新。在开业前将商品价格信息下发到每一台 POS（point of sale，销售终端）机，门店开业前一天通常不做大范围的价格调整。

（5）标价签和条码的打印。

（6）配合门店理货、收银部对不能过机的商品进行处理。

 **任务三　连锁门店的开业策划**

## 一、连锁门店开业的含义、特点和原则

（一）连锁门店开业的含义

连锁门店开业是连锁体系里的一个分店正式开门营业的第一天所进行的营销活动，是在连锁总部的指导下，对连锁体系开发终端（分店）成果的最终确认和肯定。

从经营管理的角度看，连锁门店开业是店铺正式开业迎客的"处女作"，应开个好头，造声势，吸引更多的顾客，形成开门红。

从营销的角度看，连锁门店开业实际是一种公关和促销行为。从活动本身来看，它往往牵扯到政府、媒体、同行、合作伙伴、消费者、行业协会、渠道成员等，对店铺来说是一次盛会；要求给有关公众留下美好的印象，同时对消费者产生震撼的购买刺激。

（二）连锁门店开业的特点

1. 首发性

在连锁门店开业之前虽然有试营业，但那只是检验准备的情况如何；发现过去操作的不足，为正式营业积累经验，同时也对顾客的情况和商圈确定、店铺选址的情况进行检验，为正式营业做出新的安排。正式开业才是门店正式营运的开始，应避免出现人气不足的情况。

2. 轰动性

连锁门店开业仪式务必使商圈内的人士知道店铺的开业的消息，使周围商圈的人士经常谈论商圈内新店铺的消息，而且一定要在消费者心目中确立店铺的特点和初步形象，并且使其成为家庭重要的谈话内容。

### 3. 新奇性

连锁门店开业仪式必须在围绕主题的前提下，追求一鸣惊人的效果；必须和一般的店铺开业仪式有很大差异化的地方，给参加者留下第一次见到、新鲜、非同一般的印象。

### 4. 美誉性

美誉性是指开业仪式要获得绝大多数参加者和商圈内人士的好评，并且使良好的口碑得到不断的传扬。对个人来说，要受到充分的尊重，并得到极大的快乐；对社会来说，弘扬了正气，传播了美德、繁荣了经济、方便了群众，受到广大市民的极大欢迎。

### 5. 效益性

效益性指的是开业不能以赔本为代价，这样同开店的初衷相悖。其原则是保平争剩，以当天的较大的营业额冲抵当天较低的利润率，维持基本的收支平衡，但获得的是更有价值的无形资产。

### （三）连锁门店开业的原则

#### 1. 首战必胜原则

首战必胜原则是最根本的原则。"开门红、开门红，开门不红，难以赢"，如果当天不能形成积极的人气氛围，并导致有利的商气，那必然影响消费者对店铺的第一印象，同时也会影响到员工的心理和士气。

#### 2. 人气高涨原则

人气高涨原则也是一条基本原则，是首战必胜的前提。有人对开店定下不成文的规矩，即第一天挣钱是小，赚足人气是大，因为有了人气才会带来商气。

#### 3. 经济效益、社会效益兼顾原则

店铺是企业经营的常见形态，也是企业借以赢利的主要工具，这是店铺设立的根本目的。虽然在开业时比较强调人气和轰动效果，在开业后比较强调经济效益；但开业当天必须兼顾经济效益和社会效益统筹的原则。

#### 4. 主题明确原则

任何一个活动都必须有明确的主题，这样才可以达到既定的目标。开业仪式同样有主题，一般认为店铺开业的主题是"开业盛典，惠赠顾客"。其中包含几个分主题：通知消费者店铺开业了；宴请宾客，实行公关；向合作伙伴显示实力，扩大影响；特价商品，惠赠顾客；借机造势，聚集人气、商气；鼓舞员工士气，打击对手。

## 二、试营业

试营业是门店开业前的实战演练，超市在开业前通常都要进行一次试营业，特别是大型超市的开业，试营业非常有必要。试营业的时间一般选在正式开业前的几天，具体时间根据实际情况而定。

### （一）试营业的目的

通过对正式开业的模拟，以全面测试门店设备及营运程序和方法的可靠性，提前发现营业过程中可能出现的问题，及时加以改进和处理，为正式开业做好充足准备。

（二）试营业的时间

试营业的时间没有具体的规定，由于试营业的目的主要是为了发现并处理问题，为避免不必要的损失，所以时间不宜过长，一般为半天。

（三）试营业流程

试营业流程为信息发布—营业—总结、改进。某超市的试营业安排如表 4-2 所示。

表 4-2　某超市的试营业安排

| 时间 | 工作内容 | 负责部门/人 | 配合部门/人 |
| --- | --- | --- | --- |
| 7:40～7:55 | 门店例会 | 门店经理（店长） | 所有部门 |
| 7:55～8:00 | 防损、理货等各部门例会 | 部门主管 | 各部门人员 |
| 8:00～8:15 | 各就各位，准备营业 | 部门主管 | 各部门人员 |
| 8:15 | 试营业开始，顾客进店 | 门店经理（店长） | 各部门人员 |
| 12:20～12:45 | 结束试营业预告 | 服务部主管 | — |
| 12:30～13:00 | 结账、清理卖场 | 理货部、收银部、服务部 | 理货员、收银员、服务员 |
| 13:00～13:30 | 营业款上缴、安全检查 | 防损主管、收银主管 | 防损员、收银员 |
| 13:30 | 试营业结束 | — | — |

（四）试营业应注意的问题

（1）试营业是对正式营业的演练，之前要对各项设备，如电脑、电子秤等进行检查。

（2）认真组织试营业前的例会。要求每一名员工参加，门店经理亲自主持，强调其重要性，要求员工认真对待，同时，对各项工作进行布置，对试营业中可能出现的问题的处理方法进行强调。

（3）要对试营业中出现的问题特别是设备运行情况进行详细记录。

（4）试营业结束之后要召开总结会，对试营业中出现的问题进行分析讨论，制定出解决方案。

## 三、开业典礼

在商界，任何一个单位的创建、开业，或是本单位所经营的某个项目、工程的完工和落成，如公司建立、商店开张、分店开业、写字楼落成、新桥通车、新船下水等，都是一项来之不易、可喜可贺的工程，故此，它们一向备受有经验的商家的重视。按照成例，在这种情况之下，商家通常都要特意为此而专门举办一次开业典礼。

开业典礼是指在单位创建、开业，项目完工、落成，某一建筑物正式启用，或是某项工程正式开始之际，为了表示庆贺或纪念，而按照一定的程序所隆重举行的专门的仪式。有时，开业典礼亦称作开业仪式。

（一）开业典礼的作用

开业典礼在商界一直颇受人们的青睐。究其原因，并不仅仅是商家只为自己讨上一个吉利，而是通过它可以因势利导，对于商家自身事业的发展裨益良多。一般认为，举行开业典礼，至少可以起到下述五个方面的作用。

第一，它有助于塑造出本单位的良好形象，提高自己的知名度与美誉度。

第二，它有助于扩大本单位的社会影响，引起社会各界的重视与关心。

第三，它有助于将本单位的建立或成就"广而告之"，借以为自己招徕顾客。

第四，它有助于让支持过自己的社会各界精英与自己一同分享成功的喜悦，进而为日后的进一步合作奠定良好的基础。

第五，它有助于增强本单位全体员工的自豪感与责任心，从而为自己创造出一个良好的开端，或是开创一个新的起点。

### （二）开业典礼的形式

开业典礼的形式可分为一般开业典礼、实惠型开业典礼、公关型开业典礼、实惠＋公关型开业典礼。

**1．一般开业典礼**

一般开业典礼的活动内容有致辞和剪彩。优点是易于控制，操作费用少；缺点是公关作用较差，消费者不易参与。这种形式在连锁店开业时使用较少。

**2．实惠型开业典礼**

实惠型开业典礼无正式开幕式，可以用酬宾、特卖、抽奖等来代替，即利用开业期间对店内商品进行打折，以求聚集人气、薄利多销。这类开业典礼以销售为目标，视市场情况而定。优点是节省费用，消费者容易参与，较实惠；缺点是传播作用弱。

在确定促销方式和内容前，应做好海报和横幅、电视新闻报道、地方报纸、杂志、开业酬宾的准备。

**3．公关型开业典礼**

公关型开业典礼采用演出、消费者联欢、赞助等形式，易造成轰动效应，但不易控制和把握安全。隆重的开业典礼是较大型的公关活动，可以使公司品牌成为令人瞩目的焦点，能制造一定的宣传效果。公关型开业典礼应做好以下工作。

（1）明确公关的目的。开展连锁店公关活动的目的：使社会公众了解并关注连锁店的筹备活动，提高企业的知名度和影响力；协调公众与连锁店之间的关系，塑造企业的崭新形象；通过广泛的公关活动，开展多种纵向和横向的经济交流，为拓展经济渠道、开发市场奠定良好的基础。

（2）组建公关宣传的组织机构。

（3）确定公关对象。包括各级政府主管部门、职能管理机关、新闻媒介及广告传媒工具、企业同业和合作伙伴、社区公众等诸多公关对象。

（4）设计公共宣传的内容和手段。包括制作公共关系广告、撰写新闻稿件、开展社会赞助等公益活动、开展座谈会等。

（5）筹备开业典礼活动。主要包括邀请当地名流作为贵宾；邀请名人主持开业仪式；邀请主要媒体采访，并提供新闻背景材料；配合开业典礼在当地报纸刊登广告；安排茶点招待和节目助兴；安排赠品给来宾；为当天精彩画面安排摄影、录像。

**4．公关＋实惠型开业典礼**

公关＋实惠型开业典礼是公关型开业典礼和实惠型开业典礼的结合，具有较广泛的应用性。

### （三）开业典礼的指导原则

开业典礼在指导思想上要遵循"热烈""节俭""缜密"的原则。

**1．热烈原则**

所谓"热烈"，是指要想方设法在开业仪式的进行过程中营造出一种欢快、喜庆、隆重而令人激动的氛围，而不应令其过于沉闷、乏味。有一位曾在商界叱咤风云多年的人士说过："开业仪式理应删繁就简，但却不可以缺少热烈、隆重。与其平平淡淡、草草了事，或是偃旗息鼓、灰溜溜地走上一个过场，反倒不如索性将其略去不搞。"

2．节俭原则

所谓"节俭"，是要求主办单位勤俭持家，在举办开业典礼及为其进行筹备工作的整个过程中，在经费的支出方面量力而行，节制、俭省，反对铺张浪费、暴殄天物。

3．缜密原则

所谓"缜密"，则是指主办单位在筹备开业典礼之时，既要遵行礼仪惯例，又要具体情况具体分析，认真策划，注重细节，分工负责，一丝不苟。力求周密、细致，严防百密一疏，临场出错。

（四）开业典礼的准备工作

筹备开业仪式时，对于舆论宣传、来宾约请、场地布置、接待服务、礼品馈赠、程序拟定6个方面的工作，尤其需要事先做好安排。

1．要做好舆论宣传工作

既然举办开业典礼的主旨在于塑造本单位的良好形象，那么就要对其进行必不可少的舆论宣传，以吸引社会各界对自己的注意，争取社会公众对自己的认可或接受。为此要做的常规工作：一是选择有效的大众传播媒介，进行集中性的广告宣传，其内容多为开业仪式举行的日期、开业仪式举行的地点、开业之际对顾客的优惠、开业单位的经营特色等；二是邀请有关的大众传播界人士在开业典礼举行之时到场进行采访、报告，以便对本单位进行进一步的正面宣传。

2．要做好来宾约请工作

开业仪式影响的大小，实际上往往取决于来宾的身份的高低与其数量的多少。在力所能及的条件下，要力争多邀请一些来宾参加开业仪式。地方领导、上级主管部门与地方职能管理部门的领导、合作单位与同行单位的领导、社会团体的负责人、社会贤达、媒体人员，都是邀请时应予以优先考虑的重点。为慎重起见，用于邀请来宾的请柬应认真书写，并应装入精美的信封，由专人提前送达对方手中，以便对方早做安排。

3．要做好场地布置工作

开业典礼多在开业现场举行，其场地可以是正门之外的广场，也可以是正门之内的大厅。按惯例，举行开业典礼时宾主一律站立，故一般不布置主席台或座椅。为显示隆重与敬客，可在来宾尤其是贵宾站立之处铺设红色地毯，并在场地四周悬挂横幅、标语、气球、彩带、宫灯。此外，还应当在醒目之处摆放来宾赠送的花篮、牌匾。来宾的签到簿、本单位的宣传材料、待客的饮料等亦须提前备好。对于音响、照明设备，以及开业典礼举行之时所需使用的用具、设备，必须事先认真进行检查、调试，以防其在使用时出现差错。

4．要做好接待服务工作

在举行开业典礼的现场，一定要有专人负责来宾的接待服务工作。除了要教育本单位的全体员工在来宾的面前，人人都要以主人翁的身份热情待客，有求必应，主动相助之外，更重要的是分工负责，各尽其职。在接待贵宾时，需由本单位主要负责人亲自出面。在接待其他来宾时，则可由本单位的礼仪小姐负责此事。若来宾较多时，须为来宾准备好专用的停车场、休息室，并应为其安排饮食。

5. 要做好礼品馈赠工作

举行开业典礼时赠予来宾的礼品，一般属于宣传性传播媒介的范畴之内。若能选择得当，必定会产生良好的效果。根据常规，向来宾赠送的礼品应具有如下三大特征。其一，宣传性。可选用本单位的产品，也可在礼品及其包装上印有本单位的企业标志、广告用语、产品图案、开业日期等。其二，荣誉性。要使之具有一定的纪念意义，并且使拥有者对其珍惜、重视，并为之感到光荣和自豪。其三，独特性。它应当与众不同，具有本单位的鲜明特色，使人一目了然，并且可以令人过目不忘。

6. 要做好程序拟定工作

从总体上来看，开业典礼大都由开场、过程、结局三大基本程序所构成。开场，即奏乐，邀请来宾就位，宣布仪式正式开始，介绍主要来宾。过程是开业仪式的核心内容，它通常包括本单位负责人讲话、来宾代表致词、启动某项开业标志等。结局则包括开业典礼结束后，宾主一起进行现场参观、联欢、座谈等，它是开业典礼必不可少的尾声。为使开业典礼顺利进行，在筹备之时，必须要认真草拟个体的程序，并选定好称职的典礼主持人。

（五）开业典礼活动的主要内容

1. 活动目标的确立

活动目标是指通过举办本次活动所要实现的总体目的，具体表现为向社会各界宣布该组织的成立，取得广泛的认同，扩大知名度，提高美誉度，树立良好的企业形象，为今后的生存发展创造一个良好的外部环境。

2. 活动主题的确立

活动主题是指活动开展所围绕的中心思想，一般表现为几个并列的词语或句子。例如，"宾至如归，热情服务"，既要求短小有力，又要求形象鲜明，以便给人留下深刻的印象。具体表现为：①通过舆论宣传，扩大店铺的知名度；②向公众显示该店铺在商品、服务、价格等方面有良好的配套设施和服务功能；③通过邀请目标公众，争取确定良好的合作关系，取得项目的承办权，并签订意向书，为占领市场铺平道路，为今后的发展打下坚实的基础。

3. 开业典礼时间的确立

（1）关注天气预报，提前向气象部门咨询近期天气情况，选择阳光明媚的良辰吉日。天气晴好，更多的人才会走出家门、走上街头参加典礼活动。

（2）选择主要嘉宾及主要领导能够参加的时间，选择大多数目标公众能够参加的时间。

（3）考虑民众消费心理和习惯，善于利用节假日传播组织信息，如各种传统的节日、近年来在国内兴起的国外的节日、农历的 3、6、9 等结婚较多的日子。借机发挥，大造声势，激励消费欲望。如果外宾为本次活动的主要参与者，则更应注意各国不同节日的不同风俗习惯、民族审美趋向，切不可在外宾忌讳的日子里举办开业典礼。若来宾来自印度或伊斯兰国家的则要更加留心，他们认为 3 和 13 是忌数，当遇到 13 时要说 12 加 1，所以开业日期和时间不能选择 3 或 13 两个数字。

（4）考虑周围居民的生活习惯，避免因典礼时间过早或过晚而扰民，一般安排在上午

9:00～10:00 最恰当。

4．具体场地布置

（1）典礼台的设计。典礼台的设计为长方体，长 25 米，宽 20 米，高 1 米。按照惯例，举行开业典礼时宾主一律站立，一般不布置主席台或座椅。

（2）现场装饰。①为显示隆重与敬客，可在来宾尤其是贵宾站立之处铺设红色地毯。②在场地四周悬挂标语横幅。③悬挂彩带、宫灯，在醒目处摆放来客赠送的花篮、牌匾、空飘气球等。例如，在大门两侧各置中式花篮 20 个，花篮飘带上的一条写上"热烈庆祝××开业庆典"字样，另一条写上庆贺方的名称；正门外两侧设充气动画人物、空中舞星、吉祥动物等。

（六）开业典礼的具体程序与注意事项

1．接待宾客

接待参加开业典礼的宾客时要注意以下三方面内容。

（1）停车接待。停车场安排专人负责指挥车辆排放。

（2）正门接待。由酒店主要负责人与礼仪小姐在正门接待来宾，引领其入休息室，并注意引导来宾签到。

（3）服务接待。由服务小姐安排落座。

2．介绍到场来宾与致词

在迎宾曲的背景音乐下，开业典礼的主持人宣布开业典礼正式开始并介绍贵宾。介绍完毕后，邀请当地官员、店铺经理或董事长、贵宾代表和顾客致开业典礼词。

3．剪彩

致词完毕后，就进入开业典礼的剪彩仪式。在剪彩的过程中要对剪彩者数量、剪彩者着装、礼仪等做出适当安排。

剪彩者一般不多于 5 人，多由领导者、合作伙伴、社会名流、员工代表担任。剪彩者应以稳重的姿态、轻盈的脚步、面带微笑地走向剪彩的绸带。剪彩者全体到位后，工作人员用托盘呈上剪刀，剪彩者在拿起剪刀之前应向工作人员和手拉绸带的人员点头微笑表示谢意，然后用右手轻轻拿起剪刀，聚精会神地把彩带一刀剪断。剪彩完毕，将剪刀放回原处，向四周的人群鼓掌致意。剪彩者应穿套装、裙装或制服，头发梳理整齐，不允许戴帽子或戴墨镜。

## 四、开业促销活动

（一）新店开业促销的目的

"促销活动"被消费大众普遍认同接受，连锁企业又是"人"的产业，因此门店的促销策略必然要做到"以人为本"，这样才符合消费者与企业双赢的原则。但促销核心的矛盾在"销售额—毛利—顾客实惠"这一问题。所以新店开业必须采取"舍弃毛利，确保顾客人流、销售额"以确保"人气"为策划之根本。

1．聚集商气

有了较为充足的人潮涌向商圈内商场，随之而来的各种商气就有了产生环境，商气的形成，也就必然为今后本商圈内各种商机的产生提供最大的可能性与概率。商气可以说是为"商机"做了良好的过渡。

### 2．延伸商机

商机的最终形成从某种程度上说是在雄厚的"人气"基础上产生的结果，商机不会无缘无故地产生，在品牌消费的过程中，"人气"的厚与薄、强与弱，很大程度上影响着商气与商机。商机如果产生，必然对品牌本身有着良好影响，能为提高专卖店销售、扩大专卖店影响起到最终作用。

### 3．传播品牌

每个品牌都有不同的特色文化，传递企业及产品文化是消费者对品牌认可的关键一步，卖场的气氛营造、陈列搭配、饰品点缀，产品的独特买点及时尚风格都是消费者对品牌认知的基本要素。

### （二）开业促销活动的准备工作

#### 1．促销企划方案的准备

要制定有效的开业促销方案必须对店铺商圈范围内的具体情况进行详细的调研。调研的重点有商圈收入水平、商圈生活水准、消费者购买模式、了解竞争者促销动态等。在详细了解上述诸类因素的基础上就可以设计制定开业促销活动方案，这样则可使促销方案的设计具有针对性和有效性，保证做到"一击必中"的效果。

#### 2．促销商品的准备

促销商品的准备约花费两周时间。零售企业的大多数促销活动都可以使商品销量大幅度增加，而零售企业促销方法目前以商品特卖最具效果，因此零售企业业绩与厂商的配合有较高的依存关系。零售企业事先应与厂商会谈，取得厂家的积极配合，要派专人与各供货商就商品数量、质量、价格、供货时间等问题进行协商，并取得支持，保证及时、充足地供货。

#### 3．广告宣传的准备

店铺促销运用的促销媒体很多，要充分准备、及时发放。例如，最常用的媒体宣传单在印制特价商品目录时，常配有彩色商品的图形，放在企业卖场中效果极佳。宣传单在完稿前，应召集营业部、商品部有关人员确认促销商品的品种、价格或其他做法，才能发包印制。再如 POP（point of purchase，卖点广告），为了使手绘的 POP 统一、保证广告质量，可以统一广告大小、规范数字和字体。

#### 4．对服务人员进行有效的岗前培训

店铺的服务人员承担着上货、理货、介绍、引导、收银等工作，这些工作的质量如何将直接影响到顾客对店铺服务水平的感知。感知质量高，则会提高顾客满意度，进而使顾客向忠诚型顾客转变；反之，则会使店铺失去顾客对其的支持。这一点对于刚刚开业的店铺尤为重要。所以一定要对新上岗的服务人员进行充分而有效的岗前培训，使其达到服务的高水平。

### （三）开业促销方案的具体内容和实施

#### 1．开业促销方案的内容

开业促销方案主要包括以下几个方面的内容：明确促销的目的；选择有效的促销商品；选择合适的促销手段；选择有效的促销传播媒介。

对于刚刚开业的店铺而言，促销的最大目的就是营造一种人气和商气，让顾客感知店铺

高质量的服务和商品，使其尽可能成为店铺的常客。有效的促销活动同样离不开合适的促销商品，促销商品的选择一定要考虑商圈范围内顾客的消费习惯和重点关注的商品。一般而言，开业促销所选择的商品以消费者日常消费和关心的商品为主要促销对象。同样，有效的促销手段是促销取得良好效果的另一利器，打折、特价、买赠等都是消费者非常喜欢的促销手段，所以店铺开业促销在选择促销手段的时候应根据商圈内消费者喜好而定。有效的促销传播媒介则是保证商圈内的顾客得知店铺新开业并开展优惠大促销的关键。传播媒介运用得好，则会使商圈内的顾客最大程度地得知信息。

2．开业促销方案的实施

1）审理促销方案

在审理促销方案时，应对商圈内的竞争店、消费者、收入水平等情况进行评估，不可草率行事。促销部门为确认促销做法的有效性及获得有关部门的配合推动，应召开促销会议。邀集营业部、商品部、管理部的相关人员与会讨论，对促销活动主题、期间、重点商品及品种、媒体选择与运用、供货厂商配合活动、竞争店促销活动分析等事项加以确认，以确保促销活动实施的成效。

2）促销实施

作为开业促销这样重要的促销活动，要提前安排好电视或报纸广告 ，并保证准确地刊登出来。印制好的宣传单要在促销活动开始前 3 天准备好，以利于做好相应的准备工作。具体实施工作主要有以下几方面。

（1）在开业促销活动前 1 天，将宣传单分发给商圈内居民，使他们了解促销信信息。具体分发方法：可以提前放于卖场，让来店顾客自取；可以直接送住户信箱；也可以在路旁发放。

（2）预估促销期间的商品销售量，及时订货以保证货物不断档，否则会挫伤顾客的购物积极性。

（3）根据促销商品目录，及时在电脑中完成变价手续。卖场中的商品标签也要进行更改，避免发生错收货款的现象。

（4）进行卖场促销环境的布置和促销商品的陈列，形成促销氛围，包括张贴海报、设置POP 等，并把促销力度较大的商品置于主干道上，以吸引顾客注意。

（5）要对活动效果进行预计，安排保安人员维持秩序和保证顾客的安全。

3）实施流程的管理

开业促销活动需要对实施的整个流程进行监控和管理，需要店铺相关管理者通过检查表来确保促销活动实施的质量，以为顾客提供良好的服务及达成促销效果。促销活动的负责人对每一个步骤都必须进行认真细致的检核和管理，稍有不慎就会影响促销活动的效果。

（四）开业促销策略的内容

1．折扣策略

折价推广是指直接采用降价或折价的方式招徕顾客。折价推广实质上是把企业应得的一部分利润转让给了消费者。折价推广是一种最古老、最常见、被最广泛采用的推广手段之一。企业在进行推广活动时，折价推广也是使用频率最高的一种推广方式。当然在市场中，许多先提价后降价的虚假折扣则属于欺诈行为。

（1）企业限时折扣推广。由于顾客工作、休息等方面的原因，企业的销售额存在着高峰和低峰时段。为刺激低峰时的消费，连锁企业提出在特定的时段进行价格折让，如限定上午8:00～9:30，购物九折优惠。还有就是限期价格折扣，就是指在一定期限内进行价格折扣，过期恢复原价。例如，"五一"节期间、连锁店开业期间、店庆期间、"十一"黄金周期间，可以进行折价销售，节日过后恢复原价，利用的是薄利多销原理。季节性折扣、反季节折扣都是依据此理。

（2）累积价格折扣。指消费者累积消费到一定数额后，连锁企业根据优惠价格的标准，给予消费者以后消费时一定比例的价格折扣。

（3）批量作价优惠。即消费者整箱、整包、整桶或较大批量购买商品时，给予价格上的优惠。这种方法一般用在周转频率较高的食品和日常用品上，可以增加顾客一次性购买商品的数量。

（4）设置特价区。即在店内设定一个区域或一个陈列柜台为特价区，销售特价商品。特价商品多是应季大量销售的商品或为过多存货，或为外包装有所损伤的商品。

（5）企业优惠券推广。顾客凭连锁企业提供的优惠券消费，可享受到一定的折扣优惠。如果是消费原价 100 元，凭优惠券只付 80%，即 80 元即可。企业的优惠券通常印制在平面媒体广告或店内的小传单、POP 上。优惠券作为一种凭证，可以使顾客在下次购买时，享受一定折扣。优惠券可以与抽奖、赠送等活动相结合，也可以作为与其他企业进行联合推广的一种方式。优惠券使用的目的在于通过连锁企业发行优惠券，吸引顾客对产品的注意，刺激顾客产生购买欲望，扩大产品销量。它主要适用于下述情况：产品出现滞销时，用来缓解产品销量下降；产品在市场占有率下降时；新产品宣传推广时；抵制竞争品牌时；为提高本产品和本企业顾客品牌忠诚度时。

2．赠送策略

如果一种新产品市场知名度不高，用户也极少，为了打开销路，免费赠送是通常手法。"先尝后买，方知好歹"，这是一句古老的生意经和广告术语。这种先尝后买是意在传名的方法，后人称之为"活广告"。这种 "活广告"至今仍被广泛运用，并从食品类延伸到日用品、机器设备等。相对于广告而言，免费赠送花销并不大；而且，只要事先精心周密地调查研究，做到有的放矢，"放长线，钓大鱼"，终会有丰厚的回报。免费赠品推广适用于以下几种场合：①吸引顾客从其他品牌企业到本连锁企业消费；②在本企业一次消费达到一定标准数量时；③在销售淡季为了维持市场份额；④促使顾客试用新产品，为扩大影响时；⑤连锁企业庆典时，为扩大影响。赠品推广有以下几种。

（1）免费样品赠送。是将产品直接送到顾客手中的一种推广方式，主要是针对潜在顾客。当一种新产品或新开发、改良的产品推向市场时，为了鼓励顾客试用，提高产品的知名度和美誉度，可用这种办法。例如，北京华联连锁店送小袋味精、鸡精、化妆品等。

（2）免费礼品赠送。即设计一些带有连锁企业形象标志的小礼品，如钥匙链、卡通玩具等，在新店开业或消费者购买一定数量的商品时免费赠送，这样相当于做了一次广告。消费者在商店中购买商品后，附赠精美的包装也属于这一类。有时也会赠送价值较高商品 ，如苏宁电器的购买烤箱赠电扇就是一例。

（3）酬谢包装。即将赠品直接随产品附送 ，这种方式能现场激发顾客的购买欲望，能够使顾客迅速转移品牌，同时会促使顾客购买较大、较贵的产品。

87

项目四　连锁门店开业筹划

**【相关链接】**

## 餐饮开业促销点子多、出手阔

以往商家庆祝酒店、商场开业最常规的办法就是给顾客办张 VIP 卡，有的可以作为今后在该商场消费的积分卡，有的则是在该酒店就餐享受的优惠折扣。而如今，商家对于开业促销活动出手更大方、花招更繁多，以至于还未正式营业就已经门庭若市。

1. 预存消费"存多少送多少"

近日，站前一家饭店开业，作为开业前的"预热"，店家在门口的显著位置打出了"存多少送多少"的诱人横幅。早上刚挂出这一横幅，店门口就云集着大批顾客排队办卡，有些顾客不仅给自己办，还给亲朋好友代办，几乎每人都办了三四张。一个多小时的工夫，4 台售卡机里的卡全部销售一空，可还有大批的排队顾客一直等候着，队伍的后面不时增添着闻讯赶来的顾客。无奈之下，服务员只好告知顾客"暂停办理，下午继续"。没买到卡的顾客不甘心，下午早早来排队，为的就是这个大力度的优惠。

据了解，现在很多饭店开业都采用这种促销方式，市民对这种方式表示"特别欢迎"，都觉得这样的促销最实惠，虽然也是预付消费，可毕竟在预存的同时得到了满意的折扣。

2. "白吃团"连吃好几天

同样也是一家饭店开业推出的促销活动——连续 3 天白吃白喝：只要曾经在这家连锁店中任意一家分店电话订过餐，就可以凭借这个电话号码再次向这家新店进行电话预订，每人可在店里白吃 100 元的东西。

据了解，这是一家连锁饭店，在第 3 家店开业的时候，店主推出了这样一个非常吸引人的广告。在事业单位工作的王女士得到消息后，抱着试试的心态用手机拨了订餐电话，没想到店里果真有她的电话记录，给王女士预订了 3 个人的位置。当晚王女士跟另外两位朋友在店里一共消费 340 元，按理应该交店里 40 元，可豪爽的店主连这 40 元也都免了。

也有一些酒店在开业时推出了"意外送惊喜"活动，就是消费者在店里消费可以获得一份礼物，这个礼物打开看，有的写着"一折"，有的写着"二折"，有的则是"全部免单"……只要在活动时段来消费的顾客都能收到这样一份"意外惊喜"。这样的开业促销活动同样也吸引了众多顾客。因为礼物货真价实，所以酒店收到了预期效果。

3. 抽奖策略

连锁企业的有奖推广是连锁企业根据自身的经营状况、产品及服务特征、顾客的情况，通过给予奖励来刺激顾客的消费欲望，从而增加经营效益的一种推广手段。有奖销售主要有刺激激顾客产生强烈的需求、便于控制推广费用、树立和强化品牌形象、提升销售量等作用，是一种比较灵活的推广方式，一般分为消费抽奖和竞赛推广两种。

1）企业消费抽奖的形式

（1）填写式抽奖。顾客可从各种渠道获得抽奖活动的参加表，将姓名、地址、消费情况填好后，寄给组织者；然后在预定的时间和地点通过随机抽取的方式，从全部参加者中决定获奖者。这种方式是抽奖中最普通的一种方式。

（2）消费获奖。顾客凡是消费达到一定额度均有获奖机会。连锁企业根据顾客的消费额度发放抽奖券，然后当场在某一固定时间，经由媒体告知或直接通知获奖的顾客，到企业领取相应奖品。

（3）集点优待。顾客在消费后即获得消费凭证，当顾客积攒到一定数量的消费凭证或达到某种要求时即可获奖，由企业发给奖品。通过这种推广方式，可以培养长期顾客、增加企业的营业额。集点优待通常是为了在一段时间内积极地与竞争对手抗衡，因此，对于有较多竞争者的企业和产品是一种有效的竞争手段。它主要适应以下几种情况：当品牌间无明显差异，而令顾客难以选择时；当主要媒体广告费用太高时；当想让销售突破季节限制时；当为了配合其他广告形式时。

2）企业竞赛推广形式

企业竞赛推广是企业组织的各种特定的比赛，提供奖品以吸引顾客，从而带动营业额提升的一种推广方式。它的主要形式有以下几种：在经营场所或通过媒介开展各类游戏活动，让顾客参加；让顾客回答问题；征求企业的宣传词和标志，使顾客参与企业的经营工作；针对商品开展竞赛，促进顾客对产品的认识、使用及兴趣。

4．会员策略

企业会员制推广的一般做法：由到某一场所消费或享受某一产品、服务的人们组成一个俱乐部形式的集合，加入俱乐部的条件是交一笔小数额的会费，成为会员后便可在一定时期内享受有折扣的消费或享受一定的优先服务的经营方式。会员一般以会员卡为会员资格的凭证。例如 Wal-Mart（沃尔玛）的会员费主卡为 150 元，副卡为 50 元。

会员制可为顾客带来低价优惠、享受优质全面服务及特殊服务等利益。会员制给企业带来的利益有：以一定约束力的方式建立企业长期稳定的顾客来源；能培养连锁消费的忠实顾客；能给企业带来可观的会费收入，会员的变动情况可为连锁企业提供消费者的信息情报，有利于进行消费分析。连锁企业可通过发放"会员介绍卡"，利用老会员将企业介绍给新的顾客，如果引入了 3 个以上的会员，就可以从企业获得一份礼品。当被介绍人持"会员介绍卡"来企业消费时，给予其优惠，并在其自愿交纳会费的前提下，将其发展为企业新加盟的会员。

5．媒体策略

在开业促销中的媒体选择上，就是 POP。POP 的策划、制作要求一般都很独特，特别强调对购买者的视觉效果的刺激，并立即产生购买行为。POP 能更好地起到美化购物场所的作用，烘托出购物的热烈、紧凑、繁荣，或在购物场所造成一种双向动感，使购买者的流动与商品的动感相映生辉。

 习题

**一、名词解释**

连锁门店开业、试营业、开业典礼、公关型开业典礼、开业促销

**二、填空**

1．一个完整的开店实施计划应包括（    ）、（    ）、（    ）、（    ）。

2．连锁门店开业的特点包括：（    ）、（    ）、（    ）、（    ）、（    ）。

3．开业典礼的形式可分为（    ）、（    ）、（    ）、（    ）。

4．开业促销主要包括以下几个方面的内容：（    ）、（    ）、（    ）、（    ）。

5．开业促销策略的内容包括（    ）、（    ）、（    ）、（    ）和（    ）。

**三、简答**

1．开业典礼有哪些形式？

2．开业典礼包括哪些主要内容？

3．简述开业促销方案的具体内容。

4．开业的促销策略包括哪些？

 实训项目

项目名称：大卖场开业典礼的策划方案

实训目的：通过设计策划方案，让学生了解开业典礼的形式、主要内容、具体程序等，懂得如何开展开业促销活动，培养学生的策划能力。

实训组织：（1）分组。将全班学生分成若干小组，每小组3～6人，每位同学承担不同的任务。（2）案例收集。学生查阅有关的网络、报纸、杂志等，收集合适的案例。（3）策划方案。各小组根据当地实际情况，以某一家大卖场为例，撰写《大卖场开业典礼的策划方案》。（4）实训日记。各位同学写实训日记，记录同学实训中每天的学习内容、过程及收获。

实训成果：设计《大卖场开业典礼的策划方案》和写实训日记。

### 【案例分析】

商场开业促销方案

商场开业前要制定好商场开业促销方案。商场开业促销方案对于商场的开业准备必不可少。同时，商场开业促销方案有利于商场开业的各项工作安排。合理的商场开业促销方案内容不仅要包括商场开业的工作安排，还应包括商场各项资源的合理分配。下面我们来看一篇具体的商场开业促销方案。

一、活动概要

（一）商场开业促销方案——主题要素

开业、优惠、服务。

（二）商场开业促销方案——主题阐述

主题突出了某商场"为顾客天长地久服务"的服务心愿（可作为某商场的服务理念）。天长地久之"久"谐音于9月之"9"，与开业的时期很好地切合起来。由此，可将每年的9月确定为某商场服务月，并与每年年庆结合起来，开展一系列相关活动。

（三）商场开业促销方案——备选主题

为顾客服务，让心与心更接近；用优惠和真诚赢得感动；用优惠和真诚服务到永久；优惠天长地久，服务天长地久；天长地久（9）月，服务久！久！久！

（四）商场开业促销方案——主题传达表现

贯穿于活动，形成主题表现；有效地互动演绎及内容传达；所有用品标示；所有宣传表现；社会影响与口碑传播。

（五）商场开业促销方案——活动概述

1．商场开业促销活动范围

新疆昌吉市（为主）。

2．商场开业促销活动形式

以优惠活动为主，配合昌吉20周年年庆、教师节和中秋节相关互动活动。

3．商场开业促销基本操作规范

略。

4．商场开业促销具体安排

9月6日开业并配合昌吉20周年年庆活动。

9月10日进行"祝福天长地久（9）"教师节活动。

9月11日进行"团圆天长地久（9）"中秋节活动。

5. 商场开业促销活动的目的

（1）背景阐述（略）。

（2）活动目的：提升形象，推进服务。

（3）活动预期目标。

6. 商场开业促销活动时间

2003年9月6日～10月。

建议：之间可进行优惠促销活动，至10月逐步形成价格巩固。

7. 商场开业促销活动地点

吉瑞祥超市及周边区域。

活动诉求对象：广大昌吉购物市民群。

二、活动环境布局及氛围营造

（一）商场开业促销方案——总体原则

紧密结合主题，形成主题表现。突出隆重感，达到形象传达及视觉效果。所有宣传物出现企业LOGO，主体宣传物标示"吉瑞祥天长地久（9）服务月"主题。

（二）商场开业促销方案——片区分工布局规划

（1）周边街区。

（2）超市外。

（3）超市内。

三、活动实施方案

（一）时间

活动开展的时间定于9月6日上午。

（二）游戏（建议）

1. 爱拼才会赢

进行拼版游戏，参与者可获写明企业LOGO的纪念品。拼版为企业LOGO及"为顾客服务到天长地久"字样。计时游戏，时间最短者获胜，可获奖励。

2. 心心相印

由两人组成一组。两人各站一边，被蒙上眼睛（或戴上头罩），先由主持者打乱他们的次序。然后，开始寻找。所有参与客户可获显明标示企业LOGO的纪念品。在限定时间内（5分钟）正确找到的组可获奖励。

（三）9月10日"祝福天长地久（9）"教师节活动

这是针对于教师的特别优惠活动。

（四）9月11日"团圆天长地久（9）"中秋节活动

这是针对中秋节的特别活动。

四、活动宣传配合

（一）商场开业促销方案——宣传主题

某商场天长地久（9）服务月。

（二）商场开业促销方案——宣传阶段划分

（1）第一阶段活动前宣传。

（2）第二阶段活动后宣传。

思考：

1. 如何评价这次商场开业促销方案？

2. 这次商场开业促销方案有哪些值得改进的地方？

# 模块三　连锁门店环境氛围设计

# 项目五

## 连锁门店 CIS 设计

LIANSUO MENDIAN CIS SHEJI

【学习目标】

了解连锁门店 CIS 的构成和功能；掌握理念识别系统、行为识别系统、视觉识别系统、听觉识别系统和环境识别系统的构成，了解连锁门店 CIS 导入的时机和关键。

【案例引导】

### 欧尚大门店导入 CIS

一、欧尚大门店导入 CIS 的意义和目的

1. 意义

将 CIS 导入欧尚大门店可以将企业经营观念与精神文化，运用整体传达系统，传达给大门店的广大的个体消费者或者是团体，使欧尚大门店的"顾客至上"的理念深刻地印入消费者的心中。

2. 目的

反映企业的自我认识和公众对企业的外部认识，以生产一致的认同感与价值观。它由企业理念识别、行为识别及视觉识别 3 个有机整合运作的子系统构成。为适应市场竞争，促进大门店发展，拟导入 CIS，以全新的面貌姿态去参与市场竞争，树立良好的企业形象，创建优秀服务，寻求更多、更大的发展机会。

二．CIS 的导入内容

欧尚大门店的 CIS 包括 3 个方面：大门店理念识别系统、大门店行为识别系统和大门店视觉识别系统。具体表现如下。

（一）欧尚大门店的理念识别系统

所谓理念识别系统，是指一个企业的理念的定位，以形成自己独特的企业理念，从而树立起企业在市场中的形象。

（1）大门店精神：简洁、进步、信任、激情、专业

（2）经营宗旨：顾客满意至上

（3）经营方针。低价：让欧尚顾客用最低的价格买到最满意的商品；省时：让顾客在大门店用最短的时间找到自己满意的商品；健康生活：为消费者选择最优质的商品，给消费者提供健康生活。

（4）经营定位：为顾客带来富有责任感的、专业水平高的、服务以提高最大量客户的购买力，让顾客在购物的过程中得到最优质完善的服务，一切以顾客满意为最高经营目标。

（二）欧尚大门店行为识别系统

行为识别系统指企业围绕自己的理念识别系统而给予社会的种种形象及行为准则。它是企业理念中行为规范的物化表现。

1. 公共关系活动

全面开展公共关系活动，致力于建立各方关系，树立良好的大门店形象。

（1）加强与社会各界的联系，争取社会公众的理解与支持。

（2）保持与学校的良好关系，加强合作与联系，营造良好的环境，赢得支持。

（3）建立及保持与各客户之间的良好关系，为客户提供超值服务，以良好的信誉提高企业的美誉度。

（4）注重内部公共关系，了解内部各部门及员工需求所在，从大处着眼，从小事着手，发挥内部激励机制、做到人尽其才，才尽其用。

（5）真诚参与社会公益活动，提高大门店在学校甚至在邯郸市的知名度和美誉度。

2. 内部管理行为

严格规范内部管理行为，重塑大门店精神面貌。

（1）全面落实企业理念，营造优秀企业文化氛围。

（2）形成以人为本的企业文化，提倡尊重知识、尊重人才。

（3）开展"从我做起，从现在做起"活动，全面落实企业理念，将企业理念落实到每个员工的日常工作之中。

（4）全面修订和健全各类规章制度。

3. 员工行为规范

员工礼仪：坚持礼貌待人，提倡行为举止文明。

员工着装：坚持规范着装，体现企业的文化氛围。

员工训条：行动迅速、反应灵敏、态度热情、言行得体、举止文明。

素质培训：根据差异有针对地进行。

职工管理：强调遵守规章制度。

（三）大门店视觉识别系统

（1）商标。欧尚商标图形如图 5.1 所示。

**Auchan 欧尚**

**图 5.1 欧尚商标图形**

（2）企业标准色调。

主色：红色。辅助色：绿色。

（3）员工制服。采用大门店统一的徽标、标准色，统一着装。在固定节假日订制一系列与节日气氛相符合的服装。

（4）大门店内的布置。陈列：力争做到在不同的季节，针对消费者不同的需求摆放货品。

（5）企业名片。
（6）企业信封（国内信封）。
（7）包袋。
（8）胸牌。
（9）企业内部用纸。

 任务一　连锁门店 CIS 概述

## 一、CIS 的定义

CIS（corporate identity system，企业识别系统）的主要含义：将企业文化与经营理念统一设计，利用整体表达体系，传达给企业内部与公众，使其对企业产生一致的认同感，以形成良好的企业印象，最终促进企业产品和服务的销售。

## 二、CIS 的构成及其关系

### （一）CIS 的构成

CIS 的构成要素有五个。即 MIS（mind identity system，理念识别系统）、BIS（behavior identity system，行为识别系统）、VIS（visual identity system，视觉识别系统）、AIS（audio identity system，听觉识别系统）与 EIS（environment identity system，环境识别系统）。五要素相辅相成，相互支持，五要素的形态关系如图 5.2 所示。

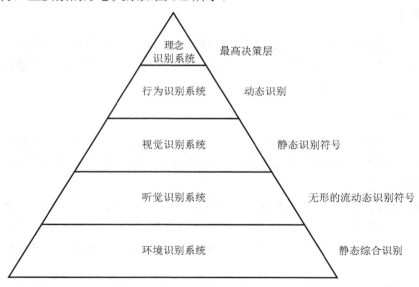

**图 5.2　CIS 五要素的形态关系**

### （二）CIS 的关系

CIS 中包括理念识别系统、行为识别系统、视觉识别系统、听觉识别系统、环境识别系统五部分。五者相互联系、相互促进、不可分割；五者功能各异、相互配合、缺一不可。它们共同塑造企业的形象，推动企业的发展。

在 CIS 中，理念识别系统处于核心和灵魂的统摄地位，因为企业识别正是将企业的理念贯彻于其各种行为之中，并运用整体传媒系统，特别是视觉设计，传播给企业的内外部公众，使其对企业产生识别和认同。

企业理念识别是导入 CIS 的关键，能否设计出完善的企业识别系统，并能有效地贯彻，主要依赖于企业理念识别系统的开发与建立。企业理念属于思想、文化的意识层面，因而，它对企业的行为、视觉设计和形象传达具有一种统摄作用。没有理念的指导，企业将成为一盘散沙，既无规范的行为可言，也无统一的视觉形象可言。

另外，企业理念识别系统虽具有丰富的内涵，但如果不对它进行实施与应用，它将毫无意义，而应用或实施需要靠人的行为。然而，企业仅通过人的行为来传达和树立形象毕竟是困难的。在企业的行为活动过程中，只有借助于一定的视觉设计符号、一定的传播媒介，并将企业理念应用其中，形成对广大公众的统一视觉刺激态势，才能真正提高公众对企业的认识和记忆。

CIS 中的五部分分别处于不同层次。如果以一棵树来比喻 CIS，理念识别系统则是树根；行为识别系统是树干；视觉识别系统是树冠，包括绿叶、花和果实；听觉识别系统是叶子和树枝间的节拍；环境识别系统则是土壤，那么树干和树冠须从根部吸取水分和养分，而树根只有扎根在土壤中，才能不断地吸收营养，从而通过树干和树冠才能证明自己存在的价值。如果我们将 CIS 比作一个人，理念识别系统是心，行为识别系统是手，视觉识别系统是脸，听觉识别系统是耳朵，环境识别系统是周围的空气，若五者偏废一方，都将不能形成完整的形象。

## 三、CIS 的特征

CIS 是一种超越传统观念的企业形象整体战略，是企业总体战略的一个重要组成部分。作为现代企业持续发展的有力武器，CIS 具有系统性、统一性、差异性、传播性、稳定性、长期性、操作性、动态性等特点。

### （一）系统性

导入 CIS 是一项复杂的系统工程，由 5 个子系统组成了完整的 CIS。所谓"系统"是指相同或相类似的事物按一定的秩序和内部联系而组成的整体。系统性具有整体性、结构性、层次性、历史性等特点。

CIS 的系统性还体现在，它是多学科相互渗透、相互融合的产物，CIS 不仅涉及传播学、市场学、设计学、广告学、公共关系学，而且还涉及管理学、心理学等相关学科知识的综合应用。导入 CIS 是一项复杂的系统工程，需要相关专业人员和企业管理者的密切配合及协调。

完整而有效的 CIS，应该是企业理念、文化、组织、管理、目标、发展战略、社会责任等内在因素与外在形象的结合。CIS 各部分都只有在统一的形象目标指导下，才能规范化、标准化地表现出一个系统整齐划一的形象，这是 CIS 的核心，是 CIS 能否成功的关键。同时CIS 要取得成功与企业的内部结构、运行机制和管理水平也紧密相关，策划形成的成果要通过有效的组织机构去实施，否则即使是非常优秀的策划和设计也只能成为毫无价值的东西。

## （二）统一性

CIS 的基本内容之一是形成统一的企业识别系统，使企业形象在各个层面上得到有效的统一。例如，企业理念识别与行为识别、视觉传达识别的整体统一，以企业理念为灵魂、精髓、核心，向行为识别系统和视觉识别系统扩展，三者相互联系，形成一个密不可分的有机统一体。企业在导入 CIS 的过程中，不能只注意外观设计，忽视企业的经营理念、管理活动和企业文化建设。CIS 的整体统一还反映在企业内外活动的整体性。CIS 导入的过程是企业形象进行调整和再创造的过程，必然引起企业内思想观念的更新、企业理念的重新整合和定位。而这些都必须取得企业内部职工的理解、支持和合作，还要得到外部社会公众的理解、支持和认可，使企业形象扎根在社会公众的心目中。

## （三）差异性

CIS 的根本目标是全方位塑造个性鲜明的企业形象。因此，它归根结底是一种差异性的战略。可以说，个性化（差异性）是 CIS 的灵魂和生命。只有独创的、有个性的东西，才有存在的价值，才有生命力；反之，就没有存在的价值。所以，企业在实施 CIS 时要注重形象识别的独创性、个性化，是 CIS 策划与实施的关键。无论是理念精神、行为规范，还是视觉识别，都要有自己的特色，个性化、差异性是 CIS 功能发挥的重要条件，创造与企业竞争对手之间的差异性，是取得 CIS 成功的重要因素。在当今竞争激烈、强手如林的环境中，企业如果不能因势利导、开拓创新，就可能被淘汰。

## （四）传播性

CIS 是企业信息传达的全媒体策略。在 CIS 导入过程中，企业的信息传播不只是局限于大众媒体，而是扩大到所有与企业有关的媒体上。CIS 是一种全方位的信息传达体系，一种企业全员传播战略。企业信息的传播对象不仅仅是消费者和一般社会公众，而是全方位的，包括企业内部员工、社会大众、机关团体。企业在实施 CIS 的过程中，必须用自己的力量来进行企业理念的整理和开发工作，动员企业员工的力量，深入开展内部的教育运动，内部员工的认同和自觉参与是促成企业良好内部形象形成的关键因素。

## （五）稳定性

CIS 的整体性特征表现在，一旦 CIS 的规划形成并确立，制定成推进手册之后，就进入 CIS 的导入程序，CIS 的导入程序是一个长期的、相对稳定的过程，是不能随便改变计划的。因为，一个朝令夕改的 CIS，是不可能在社会公众的心目中塑造出一个高大、稳固的企业形象的。此外，企业形象一旦形成，在社会公众的心目中形成的固定印象是不能随意改变的，在一段时期内是较稳定的，要改变已经形成的形象是需要一段时间的。

当然，CIS 的稳定是相对的，而变化是绝对的。但它必须有稳定性的一面才有利于与其他企业形成差别，才有利于社会大众的认知和识别。整个 CIS 的导入和实施应该说是在一个稳中求变的动态发展之中的。在这个发展过程中，企业所处的环境、经营规模及消费者的认识结构都会有所变化，企业形象的内涵也是在不断发展、充实或者发生微妙的变化的，而如何在变与不变之中寻求平衡点，在稳定中求得不断发展，达到内外、前后的"对应"和"同一"，正是 CIS 策划与设计所追求的崇高境界。

### （六）长期性

CIS 是企业的长期战略，而非短期行为。它有两层意义。一是就企业发展的某个阶段而言，CIS 的策划和实施需要一个长期的过程，是一项长期的战略，从开始启动、策划到实施导入、反馈修正一个周期，往往需要较长的时间，一两年、两三年或者更长的时间。在国外，有的企业用了 8～10 年。另一层意思是指，CIS 策划和实施作为企业的形象战略，目的是为企业创造可以永续经营的无形资产，因此，它必定伴随企业成长、发展的全过程。CIS 是企业的一项不断完善、没有终点的长期战略，一个形象目标的实现预示着向新目标前进的开始。企业的经营无止境，CIS 无终点。

### （七）操作性

CIS 不是一种空洞的抽象哲学，也不是企业装潢门面的花瓶，而是一种实实在在的战略和战术，它必须是可以操作的。CIS 的可操作性主要包括以下两个方面。

（1）三大识别系统必须具有可操作性。企业理念的构成、表现和渗透方法是具体可行的；行为识别系统是结合企业经营管理、市场营销、公关活动等实际情况的；视觉识别系统不是漂亮的视觉艺术作品，而是企业理念、企业的风格个性的具体表现，而且制定的传播应用媒体策略是具体的、可执行的、可控制的。

（2）整个 CIS 导入计划是符合企业实际状况的，是可以长期执行的。企业的情况各不相同，因此 CIS 导入的模式和方法也应该是各有特点，不能简单、教条地套用国内外企业的一般做法。CIS 作为企业形象的系统工程，其每一个步骤、每一个细节都必须是具体可操作的。

### （八）动态性

CIS 的策划和导入是一项复杂的系统工程。它涉及企业的方方面面，既是企业外在形象的创立或革新，也是企业内部形象的革命。CIS 是一项长期的战略，需要较长的时间，在这较长的周期内，企业的经营状况、组织机构、市场竞争策略等可能会发生变化，这就要不断地完善、修正 CIS 计划。即使是在完成 CIS 计划后，企业达到了预期的形象目标，但随着时间的推移，企业外部环境和内部情况的变化越来越大，原先良好的形象和现状的差距也越来越明显，变革过去的形象、建立新的形象又会成为企业新的 CIS 的任务。

 【相关链接】

肯德基全球第 5 次换标

肯德基标志自从 1952 年正式面世以来，历经 5 代（图 5.3）。2006 年 11 月 15 日，肯德基所属的中国百胜餐饮集团宣布，肯德基将在全球范围内统一同步启用新标志，中国大陆地区的 1 700 多家肯德基餐厅将逐步更换标志。那么，对于全球皆知的肯德基标志，为什么要换呢？百胜餐饮集团中国事业部总裁苏敬轼告诉记者："山德士上校是世界上最为人所熟悉的形象之一，但也要与时俱进，不断给消费者新鲜感，今天赋予他新面貌预示着肯德基的全新未来。"

这次推出的肯德基新标志首次将山德士上校的经典的白色双排扣西装换成了红色围裙，"红色围裙代表着肯德基品牌家乡风味的烹调传统，它告诉顾客，今天的肯德基依然像山德士上校 50 年前一样，在厨房里辛勤地为顾客手工烹制新鲜、美味、高质量的食物"。

（1952 Logo）　（1978 Logo）

（1191 Logo）　（1997 Logo）

（2006 Logo）

**图 5.3　肯德基全球 5 代标志**

## 四、CIS 的功能

### （一）CIS 的内部功能

就企业内部来看，CIS 及其实施将会提高企业内部凝聚力，规范企业全体员工行为，整合企业各组成部分。

1．凝聚功能

企业内部的凝聚力是企业从事一切生产经营活动的保证。通过导入 CIS，树立起一个好的企业品牌或企业形象，会使公司内部产生一种凝聚力。

（1）吸引人才，提高生产力。人才是企业发展与进步的基本因素。企业发展最重要的是寻求人才、培育人才。企业能否吸引优秀人才，确保企业管理水平和生产能力的提高，能否避免人才频繁流动所造成的工作上的损失，这一切都有赖于 CIS 所建立的良好的企业形象。

（2）激励士气，提高工作效率。完整统一的企业识别系统（如工作服、办公用品、企业标志等），能给人耳目一新、朝气蓬勃的感觉，能够振奋员工的精神，激励员工的士气，提高工作效率。

（3）目标一致，树立团队精神。通过导入 CIS，明确企业理念，可以使得企业中的每个部门和个人都了解企业的理念、目标和计划，了解企业的活动、成就和问题，在公司上下达成共识。

2．规范功能

CIS 开发设计完毕后，形成的所有规范内容，最终制定为 CIS 规范手册，这个手册起内部"宪法"的作用。企业可将这个手册发放到各个执行部门的相关工作人员手中，以及社会各协作部门，全体员工共同遵守和执行，以保证 CIS 的统一性和权威性。

CIS 规范手册的主要功能就是完善企业内部管理系统。在企业的各项活动中，由于贯彻执行了 CIS 规范手册的内容，可使企业从产品的生产、销售到服务，从员工的生活、工作到教育培训都井然有序。

### 3. 整合功能

通过 CIS 可以建立一个客观的约束机制，使各个子公司相互沟通和认同、相互协作与支持，这就是 CIS 的整合功能。

CIS 的整合性十分突出。导入 CIS 可以明确企业的主体性，使员工形成统一的理念和价值观，使企业的经营理念与企业行为及企业的视觉传达相一致，使各部门之间协调配合。企业的一切活动都围绕着系统的核心展开，企业各方面的资源都能得以充分利用，并能取得 $1+1>2$ 的效果。

### （二） CIS 的外部功能

CIS 及其实施在企业外部能够使企业形象得以传播，得以识别，并对社会公众有一种感召、吸引的作用。

### 1. 传播功能

CIS 可以使社会公众透过鲜明的视觉识别系统和系统化的企业行为，从整体上认知企业信息。其传播功能体现在以下几方面。

（1）有效的传播。CIS 传播增加了信息的传播量，但 CIS 通过统一的视觉设计，又经过系统化、一体化、集中化的处理方法来传达企业信息，又相对减少了信息传播的种类和复杂性。视觉识别设计的整齐划一，可以强化传递信息的频率和强度，造成差别化和强烈的冲击力，容易在公众心目中形成深刻的印象。

（2）经济、便捷的传播。CIS 的导入和实施，还能够使传播最经济，这是源于 CIS 的统一性。CIS 的视觉识别系统可以应用到企业各个相关部门所有的设计项目上。一方面可以节省制作设计的时间和成本，避免重复操作和不必要的浪费；另一方面可以使设计规范化、程序化、简单化，并可以保证设计的高水平。另外，由于 CIS 的视觉识别系统的同一性加强了信息传播的频率和强度，也可以节省广告经费，在一定时期投资相同而实现了最佳传播效果，提高了企业的传播效率。

### 2. 识别功能

CIS 有效的识别功能是其基本特征、独创性合乎逻辑的发展。因为 CIS 的导入和实施，能够促使企业产品与其他同类产品区别开来。在信息社会里，人们的消费倾向会受到各种传播信息的直接或间接的影响。过多的信息、泛滥的广告、杂乱的活动，很容易产生传播上的干扰作用。因此，只有创造有秩序的、独特的、统一的 CIS，才能产生一目了然的识别效果，塑造良好的企业形象，最终在消费者心中取得认知，建立起消费者对企业的信心、对品牌的偏好。

CIS 的优势在于它把企业作为行销对象来处理，将整个的理念、文化、行为、产品等形成统一的形象概念，借助视觉符号表现出来，全面地传播于社会。人们可以多视角、全方位地对企业加以鉴别，决定取舍。因为 CIS 具有统一性，所以人们不管从哪个角度，所得到的企业形象总是一致的。

3．感召功能

CIS 的实施及企业形象的树立会对社会公众形成一种强烈的感召力，也就是说，企业会拥有一种和谐的社会关系环境，使企业能获得社会各方面的支持，使企业各方面的活动容易展开。

（1）容易筹集资金。金融机构对企业资金的流动与使用有着监控作用。企业的经营状况、社会信誉对金融机构的监控又有反作用。企业形象好、信用高，就会获得投资者的信任。一旦企业需要长期或短期的资金时，许多社会上的投资机构和金融机构都会愿意参与投资经营。

（2）能增强投资者的好感和信心，缓解危机。商场如战场，没有常胜将军。一个企业的成长，不会总是一帆风顺的。企业一旦遭受到突发性危机，如果企业早已获得社会公众的信任，此时政府、银行、同行企业、员工等都会谅解和同情，伸出援助之手。这大大减轻或缓解了企业的压力，使企业能渡过难关。

（3）能扩展企业的供销渠道。CIS 所塑造的优良的企业形象，可以赢得供应商和推销商、代销商的信任，使企业建立起长期稳定的供销网络和供销关系。同样，良好的企业形象也有利于吸引更多的代理商和经销商，可以从根本上改变上门推销的状况，使客户主动上门，订货，从而不断扩大产品销售。

（4）能吸引更多的优秀人才。如果企业导入 CIS，拥有良好的企业形象，企业就能雇佣到高素质的员工，从而，企业也会处于一种良性循环之中。否则，企业只能在一种很低的档次中徘徊。

（5）会得到社会各阶层人士的支持。良好的企业形象，将会使企业拥有一种良好的社会关系环境，社会各阶层的公众将会给予企业积极主动的支持。

## 任务二　连锁门店 CIS 构成要素的设计

### 一、理念识别系统

#### （一）理念识别系统的内涵

理念识别系统也称企业理念，是指经营管理的观念，或称策略识别系统，是企业的精神和灵魂，也是 CIS 战略的核心。它是一个企业在经营过程中形成的区别于其他企业的独特的经营理念、经营信条、企业使命、目标、企业精神、企业哲学、企业文化、企业性格、座右铭和经营战略的统一化。它包括价值观念、企业精神、企业使命、经营宗旨、行为准则、企业风格等。例如，麦当劳快餐店的企业理念系统只有简单的 4 个字母：QSCV（Quality，Service，Cleanness，Value），意思是高品质的产品、快捷微笑的服务、优雅清洁的环境和物有所值。

理念识别系统是 CIS 最抽象、最深层的组成部分，其核心内容是企业精神，即企业经营活动中长期形成的，并为员工所认同的价值观念和群体意识。

#### （二）理念识别系统的构成

理念的识别要素主要有企业使命、经营理念、行为准则 3 个方面。

1．企业使命

企业使命是指企业依据什么样的使命在开展各种经营活动。企业使命是构成企业理念识别的出发点，也是企业行动的原动力。

2．经营理念

经营理念是企业对外界的宣言，表明企业觉悟到应该如何去做，让外界真正了解经营者的价值观；同时也是对内的宣言，重点在于全体员工全力实行企业既定的经营方针。

（1）企业的经营方向。企业形象的好坏在很大程度上取决于企业经营方向是否正确，以及对目标市场需求的满足程度。企业一定要依据自身的经营条件和能力选定目标市场，根据目标市场的需求状况变动趋势，生产经营适销对路的产品，不断调整产品结构，使顾客的需求得到最大限度的满足。

（2）企业的经营思想，即企业的经营战略，是企业经营理念的最核心的部分。简单地说，就是企业根据自己的内部条件和外部环境，来确定企业的经营宗旨、目的、方针、发展方向、近远期目标的规划，以及实现经营目标的途径，是指导一个企业全部经营活动的根本方针和政策，是企业各方面工作的中心和主题。

（3）企业经营战略的原则。企业经营战略的原则主要有竞争原则、盈利原则、用户至上原则、质量原则、创新原则和服务原则。

3．行为准则

行为准则是企业价值观的表现，它是员工在日常的工作中遵循的基本行为规范，是为公司实现宗旨和目标服务的。例如，闻名于世界的美国麦当劳，以"与其背靠着墙休息，不如起身打扫"为员工行为规范。在一段时间里，麦当劳的员工几乎没有什么事可做，只好靠墙待着。这一行为规范就是要求服务员利用这段无事可做的时间，迅速清扫内部卫生，维持整洁、优雅的环境，使顾客看得舒心，吃得开心。麦当劳之所以能在美国迅速发展，原因之一是员工们都能按照行为规范的要求，保持干净、整洁、优雅的环境。

作为企业的行为准则，它体现了企业对员工的要求。具体地讲，是指在正确的经营理念的指导下，对员工的言行所提出的具体要求，如"服务公约、劳动纪律、工作守则、行为规范、操作要求"等。

 【相关链接】

### 理念识别的应用实例

"世界通用语言：麦当劳。"这是麦当劳快餐店的一句识别口号，这句口号凝结着麦当劳的一种独特的经营理念：QSCV模式。Q代表质量，麦当劳的品质管理很严格，坚持产品标准化，无论在世界上哪一家麦当劳店，汉堡包的风味、质量都不会两样。S代表服务，微笑服务是麦当劳的特色，让顾客感到亲切自然。C代表整齐清洁。V代表物有所值。正是在这一致的经营理念基础上产生了麦当劳独特的企业文化。这种企业文化又塑造和涵养了麦当劳良好的企业形象。

美国柯达公司的企业理念"摄影的方便与普及"也是一个很好的例证。该公司不是把市场目标放在利润丰厚的高精尖产品上，而是把自己定位于"摄影的方便与普及"。"请您按一下按钮，其余的事由我来负责。"柯达公司就是以一切对顾客负责的美好心灵赢得了千千万万的顾客，它的方便与普及成为鲜明的企业形象。

企业口号通常浓缩和体现着一个企业的经营理念。联想集团因其企业口号："人类失去联想，世界将会怎样"进一步突出了企业积极进取的精神和不断拓展的雄心；IBM公司的一则口号是"IBM就是最佳服务象征"，多年来，公司坚持提供世界第一流的服务，这种最佳服务精神，成为该公司成功的信念；日本一家公司倡导的口号是"和、诚、积极进取"，这一口号不仅蕴含了企业的经营理念和目标，也体现了经营者的一种人生信念与追求。

企业或产品的取名也是传达企业理念的一种方式。"四通"就有丰富的理念信息："四通"是英语STONE

的谐音，译文是指"石块"，象征"四通"的一种愿为中国信息产业的发展甘当铺路石的精神；"石"的主要成分是硅，而硅片是计算机的主要硬件，这又传达了一个理念，即"四通"就是中国的"硅谷"；这个取名表明"四通"文化是"石文化"，是"硅文化"，是一种高技术文化；同时，"石"又暗示着"四通"的坚如磐石的凝聚力。

### （三）理念识别系统的定位模式

企业理念是企业的灵魂和核心，是企业运行的依据。因此企业理念定位是否准确，不仅直接影响企业行为识别系统、视觉识别系统的开发与实施，而且最终影响企业营运成功与否。企业理念的定位可采用以下 7 种模式。

#### 1. 目标导向型

采用目标导向型的定位模式，企业将其理念规定或描述为企业在经营过程中所要达到的目标和精神境界。它可分为具体目标型和抽象目标型。例如，具体目标型以丰田公司为代表："以生产大众喜爱的汽车为目标"，抽象目标型的企业理念有日产公司："创造人与汽车的明天"，以及美国杜邦的"为了更好地生活，制造更好的产品"。

#### 2. 团结凝聚型

采用团结凝聚型的定位模式，企业将团结奋斗作为企业理念的内涵，以特定的语言表达团结、凝聚的经营作风。例如，美国塔尔班航空公司的"亲如一家"，上海大众汽车有限公司的"十年创业，十年树人，十年奉献"等，即属此种类型。

#### 3. 开拓创新型

采用开拓创新型的定位模式，企业以拼搏、开拓、创新的团体精神和群体意识来规定和描述企业理念，如日本本田公司的"用眼、用心去创造"、贝泰公司的"不断去试，不断去做"、日本住友银行的"保持传统，更有创新"等。

#### 4. 产品质量型

采用产品质量型的定位模式，企业一般用质量第一、注重质量、注重创名牌等含义来规定或描述企业理念。

#### 5. 技术开发型

技术开发型的企业以尖端技术的开发意识来代表企业精神，着眼于企业开发新技术的观念。这种定位与前面的开拓创新型较相似，不同之处在于开拓创新型立足于一种整体创新精神，这种创新渗透于企业技术、管理、生产、销售的方方面面；而技术开发型则立足于产品的专业技术的开发，内涵相对要窄得多。例如，日本东芝公司的"速度，感度，然后是强壮"，佳能公司的"忘记了技术开发，就不配称为佳能"等。

#### 6. 市场营销型

市场营销型的企业强调自己所服务的对象，即顾客的需求，以顾客需求的满足为自己的经营理念。典型的是麦当劳的"顾客永远是最重要的，服务是无价的，公司是大家的"，施伯乐百货公司的"价廉物美"。

#### 7. 优质服务型

优质服务型的企业突出为顾客、为社会提供优质服务的意识，以"顾客至上"为其经营理念的基本含义。这种理念在许多服务性行业，如零售业、餐饮业、娱乐业极为普遍。

（四）企业理念识别系统的应用形式

1．标语、口号

标语用于横幅、墙壁、标牌上，陈列于各处或四处张贴使员工随时可见，形成一种舆论气氛和精神氛围。口号是指将生动有力、简洁明了的句子，呼之于口，以便激动人心，一呼百应。标语和口号的表达方式可以是比喻式、故事式、品名式和人名式等。

**【相关链接】**

### 沃尔玛欢呼

沃尔玛欢呼的来源：沃尔玛创始人山姆·沃尔顿在参观韩国的一家网球工厂时，发现工厂里的工人每天早上聚集在一起欢呼和做体操。他很喜欢这种做法并且急不可待地回去与同事分享。他曾经说过："因为我们工作如此辛苦，所以我们在工作过程中，都希望有轻松愉快的时候，使我们不用总是愁眉苦脸。这是'工作中吹口哨'的哲学，我们不仅仅会拥有轻松的心情，而且会因此将工作做得更好。"

1. 沃尔玛购物广场欢呼

来一个 W ———————————— W
来一个 A ———————————— A
来一个 L ———————————— L
我们一起扭一扭！

M ———————————————— M
A ———————————————— A
R ——————————————— R
T ———————————————— T
我们就是 ——————————— 沃尔玛
天天平价 ——————————— 沃尔玛
顾客第一 ——————————— 沃尔玛

沃尔玛，
沃尔玛，
向前进！

2. 山姆会员店欢呼

来一个 S ———————————— S
来一个 A ———————————— A
来一个 M ———————————— M
来一个呼 ———————————— 呼
来一个 S ———————————— S

我们一起喊 ——————————— 山姆会员店
谁是第一 ——————————— 会员第一
我听不见 ——————————— 会员第一

山姆，
山姆，
向前进！

### 2．广告

企业理念一般比较稳定，而广告语可以根据不同时期、不同地域、不同环境加以灵活改变。例如，摩托罗拉的广告语"飞跃无限"，孔府家酒"叫人想家"，雀巢咖啡"味道好极了"等。

### 3．企业歌曲

优秀的企业歌曲能够激起人们团结、奋进、向上的激情，聪明的企业家用音乐这一艺术形式向职工进行巧妙的灌输，向社会各界广泛宣传。例如，美国 IBM 公司每个月唱《前进 IBM》，日本声宝公司每天早晨齐唱《声宝企业颂》，松下公司每天要唱《松下之歌》，北京同仁堂集团、北京长城饭店也有自己企业的歌曲。

## 二、行为识别系统

### （一）行为识别系统的内涵

行为识别系统也称企业活动识别系统，是 CIS 的动态识别系统，可称为 CIS 的"做法"，就是通过制定一整套全面、具体、系统的集体行为活动准则，把全体员工的生产、销售、管理等与企业活动协调、统一起来。它的主要任务是规范企业内部的各种管理及一切对外的经营活动，是企业理念统帅下的企业组织及全体员工的言行和各项活动所表现出的与其他企业的区别。例如，美国麦当劳在生产、服务和清洁卫生等方面的所作所为，也就是行为识别系统精神的具体体现。

### （二）行为识别系统的构成

企业的行为识别系统基本上由两大部分构成：一是企业内部识别系统，二是企业外部识别系统。

### 1．企业内部识别系统

企业内部识别就是对全体员工的组织管理、教育培训，以及创造良好的工作环境，使员工对企业理念认同，形成共识，增强企业凝聚力，从根本上改善企业的经营机制，保证对客户提供优质的服务。企业内部识别系统包括企业工作环境的营造、员工的组织管理和教育培训、员工行为规范化和编唱企业之歌。

（1）工作环境。工作环境的构成因素很多，主要包括两部分内容：一是物理环境，包括视觉环境、温湿环境、嗅觉环境、营销装饰环境等；二是人文环境，主要内容有领导作用、精神风貌、合作氛围、竞争环境等。

创造一个良好的企业内部环境不仅能保证员工身心健康，而且是树立良好企业形象的重要方面。企业要尽心营造一个干净、整洁、独特、积极向上、团结互助的内部环境，这是企业展示给社会大众消费者的第一印象。

（2）员工的组织管理和教育培训。实施 CIS 战略，需要企业全体员工的协作，员工是将企业形象传递给外界的重要媒体，如果员工的素质不高，将损害企业形象。所以 CIS 战略的推行，必须对企业员工加强组织管理和教育培训，提高每位员工的素质，只有通过长期的培训和严格的管理，才能使企业在提供优质服务和优质产品上形成一种风气、形成一种习惯，并且得到广大消费者的认可。

员工教育培训的目的是使行为规范化，符合企业行为识别系统的整体性的要求。员工教育分为干部教育和一般员工教育。干部教育主要是政策理论、法制、决策水平及领导作风教育。一般员工教育主要是与日常工作相关的一些内容，如经营宗旨、企业精神、服务态度、服务水准、员工规范等。

企业培训教育的方式：制定 CIS 战略实施方案，包括企业导入 CIS 战略背景、发展目标定位、理念识别和行为识别手册；编印说明企业标志、企业理念及员工行为规范的手册，让员工可以随身携带；举办培训班，促进自我启发；制作对员工进行教育时使用的电教说明。

（3）员工行为规范化。行为规范是企业员工共同遵守的行为准则。行为规范化既表示员工行为从不规范向规范的过程，又表示员工行为最终要达到规范的结果。它包括的内容有职业道德、仪容仪表、见面礼节、电话礼貌、迎送礼仪、宴请礼仪、舞会礼仪、说话态度、说话礼节和体态语言等。

（4）编唱企业之歌。在 CIS 战略中，为增强企业凝聚力可以借助厂歌来达到目的。因为经过厂歌的编唱可以宣传企业的理念，又可以振奋员工的精神，缓解员工工作紧张的压力，这种形式喜闻乐见，易于被接受，因此，有愈来愈多的企业将企业理念谱写成自己的企业之歌，取得了良好的效果。

此外，行为识别的内部系统还包括福利制度、公害对策、作业合理化、发展策略等内容。

2．企业外部识别系统

企业外部识别系统是通过开展各种活动向社会公众不断地输入强烈的企业形象信息，从而提高企业的知名度、信誉度，从整体上塑造企业的形象。企业外部识别系统包括市场调查、产品规则、服务水平、广告活动、公共活动、促销活动、文化活动等。

（1）市场调查。企业要推销出适销对路的产品，就必须进行市场调查，特别是要通过市场调查搞好市场定位，为产品创造一定的特色，赋予一定的形象，以适应顾客的需要和爱好，确定本企业的产品和服务在目标市场上的竞争地位。

（2）服务水平。优质服务最能博得客户的好感。就服务内容而言，包括服务态度、服务质量、服务效率；就服务过程而言，包括 3 个阶段，即售前、售中和售后服务。服务来不得半点虚伪，它必须是言必行、行必果，带给消费者实实在在的利益。

（3）广告活动。广告可分为产品广告和企业形象广告。对 CIS，应更加重视形象广告的创造。企业形象广告的主要目的是树立商品信誉，扩大企业知名度，增强企业内聚力。它不同于产品广告，不是产品本身简单化的再现，而是创造一种符合顾客的追求和向往的形象，通过商标、标志本身的表现及其代表产品的形象介绍，以唤起社会公众对企业的注意、好感、依赖与合作。

（4）公关活动。在市场调查的基础上进行必要的公关活动，这是企业行为识别的重要内容。通过公关活动可以提升企业的信誉度、荣誉度，能消除公众的误解，取得社会的理解和支持。公关活动的内容很多，有专题活动、公益活动、文化性活动、展示活动、新闻发布会等。

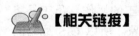 【相关链接】

肯德基的"冠军计划"

肯德基全球推广的"冠军计划"（CHAMPS）是肯德基取得成功业绩的精髓之一。其内容如下。

C（cleanliness）——保持美观整洁的餐厅；

H（hospitality）——提供真诚友善的接待；

A（accuracy）——确保准确无误的供应；

M（maintenance）——维持优良的设备；

P（product Quality）——坚持高质量的产品；

S（speed）——快速迅捷的服务。

"冠军计划"有非常详尽、操作性极强的细节，要求肯德基在世界各地每个餐厅的每一位员工都严格执行统一规范的操作。这不仅是行为规范，而且是肯德基的企业发展战略，是肯德基数十年在快餐服务经营上的经验总结。另外，面对市场竞争时，一定不能损害消费者的利益。

## 三、视觉识别系统

### （一）视觉识别系统的含义

企业视觉识别系统是将企业的经营理念和战略构想翻译成词汇和画面，使抽象理念落实为具体可见的传达符号，形成一整套象征化、同一化、标准化、系统化的符号系统。

企业视觉识别系统是企业形象的静态表现，与社会公众的联系最为密切，影响面也最广，是企业对外传播的"脸"。

### （二）视觉识别系统的构成

视觉识别系统原则上由两大要素组成：一为基础要素，它包括企业名称、企业标志、标准字体、专用印刷字体、企业标准用色、企业造型或企业象征图案，以及各要素相互之间的规范组合；二为应用要素，即上述要素经规范组合后，在企业各个领域中的展开运用，既有办公事务用品、建筑及室内外环境，也有衣着服饰、广告宣传、产品包装、展示陈列和交通工具等。

### （三）视觉识别系统设计中的基本要素

1．标志

标志是一种象征性的符号，具有明确的特定含义，通过简练的造型、生动的形象来传达出企业、品牌的理念和内容特征等信息。标志是应用最广、出现次数最多的要素之一，是视觉识别的第一形象要素，因此设计过程中首先需要确立标志的造型。

标志作为一种文化，以它独特的视觉艺术传递着丰富的信息，已经涉及社会的各个领域。简练、国际化的图形语言是标志快速传达信息的视觉艺术特征，创造瞬间强烈的视觉冲击和识别效果已成为国际标志设计的潮流和趋势。随着科技的发展与生活节奏的加快，许多著名的企业在不同时期都对标志进行了调整或更新，以顺应发展的需求。这些标志的演变，体现了当今标志设计的形态已由具象转向抽象、造型元素由复杂趋向单纯、表现形式由绘画转向多样化的变化特征。

根据基本构成因素，标志可分为文字标志、图形标志、图文组合标志。

（1）文字标志。有直接由中文、外文或汉语拼音的单词构成的，有用汉语拼音或外文单词的字首进行组合的。

（2）图形标志。是指通过几何图案或象形图案来表示的标志。图形标志又可分为 3 种，即具象图形标志、抽象图形标志与具象和抽象相结合的标志。

（3）图文组合标志。集中了文字标志和图形标志的长处，克服了两者的不足。

2．标准字

所谓企业的标准字是指根据企业的理念、经营属性等而设计的专用字体，并以此树立企业的形象，提高产品的信誉和品质。

标准字是视觉识别系统设计中的另一个重要环节，它与一般印刷体不同，标准字的字体、字距、笔画等都要经过严格的设计。因此不但同样需要将企业的理念和特性贯穿在设计过程中，而且还需要了解同行业的其他标准字体，以免出现相似或相仿的状况。

（1）明确字体属性。不同的字体造型会给人不同的联想，因此在设计企业标准字体时，必须考虑字体属性与产品的性质是否相符，设计能体现企业理念属性的字体。例如，重工业类选择刚劲、棱角分明的字体；服务行业采用笔画纤细柔美、圆润轻快的字体；儿童用品选择活泼轻快、略显幼稚的字体；电子科技产品采用体现现代节奏的字体。

（2）修饰字体风格。设计者对企业文化、文字内涵的主观理解是决定字体风格的主要依据。设计过程中将企业文化内涵赋予文字造型，力求获得新颖独特、美观大方的效果。

（3）字体的排列。遵循阅读的习惯，设计横向式排列与竖向式排列及自由版式等几种形式，保证两种排列字体特征的一致性、协调性。

3．标准色彩

标准色彩是企业指定一种或几种特定的色彩作为企业专用色彩，利用色彩传达企业的理念，塑造企业形象。合理的色彩设计运用到各种媒体上，能对人的生理、心理产生良好的影响，给人们带来美好的联想。

俗话说"远看颜色近看花"，色彩对人们的视觉来说是最敏感的，能给人们留下深刻的第一印象。色彩教育家约翰内斯·伊顿说过："色彩向我们展示了世界的精神和活生生的灵魂。""色彩就是生命，因为一个没有色彩的世界，在我们看来就像死的一般。"色彩是有感情的，它不是虚无缥缈的抽象概念，也不是人们主观臆造的产物，而是人们长期的经验积累。色彩感觉有冷暖、轻重、明暗、清浊之分，不同的色彩还可以使人感到酸、甜、苦、辣之味。色彩通过人的视觉，影响人们的思想、感情及行动，包括感觉、认识、记忆、回忆、观念、联想等，掌握和运用色彩的情感性与象征性是十分重要的。

红色——热烈、辉煌、兴奋、热情、青春

绿色——春天、健美、安全、成长、新鲜

蓝色——安详、理智、科技、开阔、冷静

黄色——富贵、光明、轻快、香甜、希望

橙色——华丽、健康、温暖、欢乐、明亮

紫色——高贵、优越、幽雅、神秘、细腻

白色——明亮、高雅、神圣、纯洁、坚贞

黑色——严肃、庄重、坚定、深思、刚毅

灰色——雅致、含蓄、谦和、平凡、精致

标准色彩并不都是单色使用，一般有下列3种情况。

1）单色相标准色

单色相标准色强烈、刺激，追求单纯、明了、简洁的艺术效果，如味全公司及可口可乐公司的红色、灿坤电器公司及7天连锁酒店的黄色。

2）多色相标准色

多色相标准色是指企业选定两种或两种以上的颜色搭配，有强化色彩组合的美感效果，能表现完整的企业物质，如台湾全家便利商店的蓝、绿、色搭配，以及统一便利商店的红、绿、橘色搭配。选用多色相标准色都有主副色之分具有陪衬辅助的作用。

3）多色系统标准色

大型企业常采用多色系统标准色，其主要分为主标准色与辅助色，主标准色大都代表母公司、主要品牌、主要产品；而辅助色则用于代表子公司，以及不同的事业部门、其他品牌与产品的分类。

4.企业造型——吉祥物

在整个企业识别设计中，吉祥物设计以其醒目性、活泼性、趣味性越来越受到企业的青睐。以人物、植物、动物等为基本素材，通过夸张、变形、拟人、幽默等手法塑造出一个亲切可爱的形象，对于强化企业形象有不可估量的作用。由于吉祥物具有很强的可塑性，企业往往根据需要设计不同的表情、姿势、动作，较之严肃庄重的标志、标准字更富弹性、更生动、更富人情味，更能达到过目不忘的效果，如麦当劳食品公司的"麦当劳叔叔"、肯德基公司的"山德士爷爷"、台湾大同公司的"大同宝宝"。

（四）视觉识别系统设计中的应用要素

应用设计是基础设计的展开设计和运用，它必须以基础设计风格为指导，在运用中应严格遵循企业基本要素的规范组合，不可随意改动。由于该项涉及的内容广泛，设计者应同企业商定并有选择地决定设计项目。在此以部分常用的应用设计为例来探讨。

1.办公事务用品

办公事务用品包括名片、信封、信纸、徽章、工作证、请柬、贺卡、文件夹、公文袋、账票、备忘录、表格、办公用笔、公司专用笔记本等，这些项目应将企业的基本信息（名称、标志、地址、电话、网址等）准确传达。办公事务用品的设计应充分体现企业的规范与精神，以形成办公事务用品的严肃、完整、统一的格式，展示出现代办公的高度集中化和现代企业文化。

2.企业招牌、标志与建筑环境

企业招牌、标志与建筑环境包括建筑造型、企业名称招牌、企业大门外观、霓虹灯广告、接待台、路标指示牌、部门标示牌、吊旗、吊牌、POP 广告、货架标牌等。这些建筑环境设计是企业形象在公共场所的视觉再现，是一种公开化、标志企业面貌的特征系统。设计时以基础系统中的元素组合为基础，与周围环境相协调，因地制宜，以达到简洁和醒目的视觉效果。

3.交通运输

交通运输包括轿车、面包车、公共汽车、货车、工具车、油罐车、船舶、飞机等。交通运输工具作为活动的媒体在视觉识别系统中占有十分重要的位置。设计中应考虑它们的移动性，字体应醒目，色彩要强烈，最大限度地发挥其流动广告的视觉效果。

4.产品包装

产品包装包括包装纸、纸盒包装、纸袋包装、塑料袋包装、木箱包装、玻璃容器包装、陶瓷包装等。应用系统中的包装设计主要是将企业产品的各类包装条理化、系统化，设计风格和表现手法应该接近、统一，使之成为企业整体形象的部分。

5.广告媒体

广告媒体包括电视广告、报纸广告、杂志广告、路牌广告、招贴广告、网络广告、邮寄广告等。企业选择各种不同的媒体的广告形式对外宣传，是一种长远、整体的宣传方式，也是现代企业信息传达的重要手段。

6．服装服饰

服装服饰包括（男、女）制服、工作服、宣传服、礼仪服、运动服、文化衫、领带、领带夹、领结、工作帽、纽扣、肩章、臂章、胸卡等。企业服饰对企业内部管理、员工归属感、企业凝聚力、标示不同岗位、整洁视觉环境等方面起着不可忽视的作用。一般来说，服装的色彩以企业标准色或标准色的延伸为主，造型款式注重细部设计，局部镶边，以彰显训练有素、有条不紊。

7．赠送礼品

赠送礼品包括 T 恤衫、领带、领带夹、领结、打火机、钥匙牌、纪念章、广告伞、广告笔、礼品袋等。企业礼品主要以企业识别为导向、传播企业形象为目的。赠送礼品是将企业形象表现在日常生活用品之上，便于与外界沟通交流、协调关系，也是一种有效的广告形式。

8．印刷出版物、网页

印刷出版物、网页包括企业简介、商品说明书、产品简介、消费者使用说明书、企业简报、年历、网页等。企业的印刷出版物代表企业形象直接与外界接触，设计时应充分体现统一性和规范化，将企业的标志和标准字统一安置在某一特定的位置，以形成统一的视觉形象效果。

【相关链接】

### 视觉识别系统的应用实例

世界名牌商标 1994 排行榜显示，可口可乐名列第一品牌，价值 359.5 亿美元。可口可乐缘何具有风靡世界的魅力？为什么能在同类产品中独占鳌头？是因为它那种特有的包装设计——方形红色中有一条白色波浪，可口可乐设计绝妙的识别系统扮演了重要角色。如果有一天，可口可乐公司的全部设备毁于大火，第二天世界各大报刊、杂志都将在首版头条刊登各大财团争先向可口可乐公司贷款，帮助其恢复生产、重振声威的消息。美国可口可乐公司在可口可乐饮料首次调试成功的亚特兰大商业区建了一幢面积达 42 000 平方米的可口可乐博物馆，展出了自 1886 年以来收集的有关可口可乐的 1 000 多件纪念品。其中有可口可乐饮料创始人彭伯顿的处方集。自 1990 年开放以来，每年参观者达 200 万人以上，游客边品尝可口可乐，边体味可口可乐源远流长的文化。

世界十大驰名品牌的企业形象识别特征，基本采用文字商标特征，使品牌名字在商标中处于最醒目的位置，并将名字突出在企业的整体"包装"（制服、办公用品、建筑、促销礼品）上。品牌的色彩定位，色彩与企业的形象和产品的竞争力密切相关，不同的色彩能使大多数人产生不同的联想。例如，以蓝色为例，在心理上，它往往使人联想到晴空、清洁与理智，而在生理方面的感觉则是冷的东西。国外著名企业早已开展色彩竞争战略。例如，飞利浦公司以蓝色为商标、可口可乐的包装以红色为其代表色，给人一种蓬勃向上、充满活力的感觉；而百事可乐则用红蓝相间的水波流线作为产品标志，以此代表企业经营思想：在运动变化中不断求新、向上、发展。

（五）视觉识别系统设计的基本原则

1．有效传达企业理念

企业视觉识别系统的各种要素都是向社会公众传达企业理念的重要载体，脱离企业理念的视觉识别设计只是一些没有生命力的视觉符号。最有效、最直接地传达企业理念及突出企业个性是企业视觉识别设计的核心原则。例如，广东太阳神集团的企业标志就十分成功地体现了企业理念。

2．突出人性化

现代工业设计越来越重视人性设计，以消除现代工业所带来的人性异化。与人产生关系，使人感到被关心，创造出互相信任、彼此融洽的亲和感和人文环境，是企业视觉识别设计应追求的目标。例如，著名的 Apple 标志，在设计上就表现出一个充满人性的动态画面。

3．实现强力视觉冲击

企业视觉识别设计所要做的是通过设计，使社会公众对企业产生鲜明、深刻的印象。因而所设计的视觉形象必须给人以强烈的视觉冲击力和感染力，达到引人注目和有效传播的目的。例如，日本三菱公司的企业标志就是一个成功的典范。

4．保持风格统一

设计风格的统一性是充分体现企业理念，强化公众视觉的有效手段。强调风格统一并不是要求千篇一律，没有变化，而是一种有变化的统一，是在基本原则不变的前提下的统一。例如，可口可乐公司至今已有 100 多年历史了，在全世界 100 多个国家都建有装瓶厂，但在全世界可口可乐的视觉识别是统一的。

5．具有艺术表现力

视觉符号的识别功能的发挥与人的情感有着密切的关联。视觉符号是一种视觉艺术，而接收者进行识别的过程同时也是审美过程，因此，企业视觉识别设计必须具有强烈的美学特性。如果企业视觉形象缺乏美感和艺术表现力，就不能唤起接收者的美感冲动，则识别的作用就无从发挥。

## 四、听觉识别系统

### （一）听觉识别系统的含义

听觉识别系统是通过听觉刺激传达企业理念、品牌形象的系统识别。听觉刺激在公众头脑中产生的记忆和视觉相比毫不逊色，从理论上看，听觉占人类获取信息的 11%，是一个非常重要的传播渠道，颇受广大企业青睐。

### （二）听觉识别系统的构成

1．企业歌曲

企业歌曲既是教育员工、凝聚员工、陶冶情操的宣教工具，又是企业文化的重要组成部分，而且还具有识别功能。

企业歌曲首先要根据企业的理念、文化、特色来设计歌词，最好能嵌进品牌或理念以利于识别与宣传，然后根据企业类别、风格来谱曲。例如，一般工业企业，人较多的最好用进行曲，2/4 或 4/4 拍的；如果是宾馆、饭店等企业，可以抒情一些、欢快一些，一切要具体情况具体分析。企业歌曲要作为教育内容经常传唱。

2．企业广告音乐

（1）广告歌曲。指有歌词、乐谱的歌曲，如"爱是 LOVE"（正大集团）、"我们是害虫"（来福灵虫剂）。广告歌曲一定要有特色，因为往往很短，没有个性就会被消费者忽略。

（2）广告乐曲。指没有歌词的广告歌曲，以旋律取胜，如英特尔公司的广告曲。

### 3. 企业注册的特殊声音

企业注册的特殊声音是指企业特有的某种声音。例如，本田公司生产的摩托车发动机音响很特殊，通过这一音响就可识别这一企业，该公司就对其进行注册加以保护，作为企业的无形资产，并加以宣传。

### 4. 特殊的发言人的声音

特殊的发言人的声音往往与固定的形象代表相统一。例如，小鸭圣吉奥请唐老鸭的配音演员李扬为其广告配音。大家不用看电视，一听声音就知道是什么企业的广告。因此，发言人选择要有特色，并用合同加以确定。因为这种资源别人也可以利用，如果一个声音为许多企业配音，就完全丧失了识别功能。

### （三）听觉识别系统的创建要求

#### 1. 企业的歌曲创作要有个性

企业歌曲是一种用音乐来传递企业形象、文化的艺术形式，是用最直接的方式来表达企业的内部文化、产品性、核心竞争力等诉求。企业歌曲对内可以振奋精神、鼓舞斗志、增强企业凝聚力，对外可以显示企业的活力与实力、提升企业的形象。

对企业而言，企业主题歌就是企业精神的标志，一首优秀的企业主题歌将会给企业带来无穷的凝聚力和号召力，从而为企业在激烈的竞争环境中的发展增加动力。因此，首先企业歌曲歌词的创作要根据企业理念、企业文化、企业经营的特色来设计。企业主题歌要求从歌词上充分体现企业发展理念和企业奋斗精神。其次，在歌曲旋律上要求充满激情，同时要不失音乐的传唱特性，让员工都要会唱并对外宣传，使员工产生精神号召力和企业向心力，更加热爱自己的企业，把企业当成自己的家。再次，企业歌曲的制作是以基本的歌曲为核心的，同时最大面积的利用现代的音频、视频和传播媒介，对企业各个环节不同的诉求进行不同的表达。即企业歌曲的制作已经不是简单地写一首歌、唱一首歌那么简单，要更多地突出企业文化或产品的特性，打造企业独特的听觉识别系统。例如，只要公众听到"没有人问我过得好不好，现实与目标哪个更重要，一分一秒一路奔跑，烦恼一点也没有少……"，马上就会联想到"步步高"。再如，洋酒芝华士的歌曲，暂且不说其歌词，单纯就其旋律来讲就足以吸引大众，它把芝华士的品位和高雅表达得淋漓尽致，给人一个轻松自然的好心情。

#### 2. 企业的广告音乐要有鲜明的特点

广告音乐作为一种边缘线索，具有边缘说服作用，即消费者可能因为对广告音乐的好感，而把这种好感迁移到广告或广告产品上，从而对广告产品产生好感或购买欲。

广告音乐和宣传音乐中的音乐，一般是从企业主题歌曲音乐中摘录出的高潮部分，具有与商标同样的功效。首先，广告音乐不同于电影插曲，不要求多样化与高技巧，只要求能上口、易学易记、曲调活泼、歌词简短。即广告音乐创作的目的，是以优美的旋律和独特的音响，刺激公众的听觉，加深人们对商品特点的认识、记忆和联想，从而促进销售的。其次，广告的背景音乐或者主题音乐尽量相似。在设计与运用中很多企业产品的系列电视广告片、广告音乐非常相似，作为观众或听众，只要一听到这种音乐或者话语，甚至不必去看画面，就会想到大约又是××商品在做广告了。最后，要有效发挥广告音乐的作用应注意以下几点：第一，广告音乐要有情感气氛；第二，广告音乐尽量选用现成的曲子，并且应该是知名度较高，大众较为熟悉的曲子；第三，创作的音乐应该让公众易学易唱；第四，企业不要使用竞争产品或其他企业使用过的广告音乐；第五，广告音乐在设计时要力求达到高质量。

3．企业的特殊声音可以加以注册保护

听觉识别系统是"利用人的听觉功能，以特有的语言、音乐、歌曲、自然音响及其特殊音效等声音形象建立的识别系统"，与其他识别系统一样，可以体现企业或品牌的个性差异。

声音包括语言、音乐、音响、音效等诸元素。企业特殊的声音即指公众用耳朵可感受到的语言、音乐、音响、音效等具有特殊代表性的诸元素。

从品牌保护的角度分析，企业在申请某一类的商品注册时可以适当扩大指定商品的范围。注册商标可以由文字（包括个人姓名）、征示、设计式样、字母、字样、数字、图形要素、颜色、声音、气味、货品的形状或其包装，以及上述标志的任何组合所构成。因此，企业可以注册具有代表性的特殊声音，从而利于企业形象的识别。

4．特殊的发言人的声音要有效利用

首先，企业应尽量使用固定的形象代言人对外传递信息。避开选择同一代言人同时代理多家同类品牌，由于企业产品的相似性，公众难免会互相混淆，致使企业花钱为他人做嫁衣。

其次，企业发言人的声音要有感召力，即一听就有亲切感，让公众感到是自己的亲密朋友在呼唤自己。

再次，由于成本原因，一种成本较低的新型"发言人——'集团彩铃'业务"的出现要求企业要巧妙运用，借机宣传。

"发言人——'集团彩铃'业务"让每个企业都能量身订制具有自己特色的彩铃，它特设的"一企一音"功能，使企业员工的手机每响一次，企业就被宣传一次，成为展示企业形象、识别企业形象的新窗口。很多企业都将这种强大的传播效应称作"企业的有声名片""企业的声音代言人"。

## 五、环境识别系统

### （一）环境识别系统的含义

企业环境识别，亦称环境统一化。环境识别是企业的"家"。环境识别系统是指对人所能感受到的组织环境系统实行规范化的管理。

在此，环境不仅是一个区域概念，而且应视其为一个空间概念，一个社会学、生态学的概念，一个涉及心理学、营销学、公共关系学、环境艺术学、竞争学、伦理学、未来学的概念。长期以来，我们对环境的重视程度不够。随着商品经济的发展，环境意识也已逐渐为大家所接受。特别是外商企业和连锁经营进入大陆，以及北京燕莎友谊商城和赛特购物中心的成功，充分展示了环境识别系统的竞争作用。例如，同样一双皮鞋以中等价格在别的商店销售受阻，在燕莎友谊商城以 4 倍的高价反而很快销售出去了。这说明公众在这里不仅购买商品，而且购买服务和消费环境。

### （二）环境识别系统的构成

内部环境识别系统包括门面、通道、楼道、厕所、配套用具、设施、智能化通信设施、空气清新度、安全设施的指示系统、使用功能和享受功能完善的组合等。

外部环境识别系统包括环境艺术设计、生态植物、绿地、雕塑、吉祥物、象征形象、建筑外饰、广告、路牌、灯箱、组织环境风格与社区风格的融合程度等。

（三）环境识别系统的策划

（1）根据企业理念。

（2）根据企业的特征、企业文化、企业行业特色做文章。

（3）根据公众需求，公众的方便性、习俗文化。

（4）要注意环境建设应以文化为主，不要比排场、比花钱、比高档装修，有文化才能有特色、有风格、有品位。

 任务三　连锁门店 CIS 的导入

## 一、CIS 导入的时机

进行门店的形象策划，选择恰当的时机很重要。时机选对有时可以达到事半功倍的效果。那么如何选择门店形象策划的时机呢？或者说，门店在什么情况下进行形象策划比较恰当呢？一般而言，恰当的门店策划时机分为以下几种情况。

（一）门店新开业

在门店新开业时。迫切需要得到市场的认可。希望顾客能明确地识别自己。并且要树立一种对客户负责，对自身有信心的门店形象。在这种情况下如果门店进行形象策划。建议与知名度高、能力强且富有经验的形象策划团队合作。所设计的形象应体现自己的特色和定位，并具有时尚气息。

（二）扩大经营范围，朝多元化品牌方向发展

在门店扩大经营范围，朝多元化品牌目标迈进时。原有的形象可能太过专一或无法适应新的需要。此时就要进行新的门店形象的策划。一般而言。在这种情况下进行形象策划时要考虑在原有的形象上进行扩充，即兼顾秉承性。毕竟门店占有一定的市场份额，有比较稳定的顾客群体。所策划的新形象要在确保原有忠实顾客不流失的情况下，吸纳更多的顾客与门店发生交易，进而将其培养为忠实顾客。

（三）开业周年纪念

许多终端门店选择在开业周年纪念时进行形象策划。一些门店可能是出于在此之前一直没有进行形象策划，想趁此良机进行形象宣传；有些门店则可能因为对原有的形象不满意。所以考虑重新进行形象策划。在开业周年进行形象策划时，应事先制造舆论，做好宣传工作，尽力把顾客的积极性调动起来，尽最大可能做到广而告之。

（四）新产品推出与上架

选择在新产品推出与上架时进行形象策划。一般是出于节约费用、增强宣传效果的目的。可谓"一箭双雕"。在此时进行形象策划。一定要兼顾新产品上架与新形象的推广两方面。新产品上架要有新的形象。新产品的推广中要有新策划的形象牌幅。新产品形象宣传时也要有新产品的简介或说明。

（五）开拓海外市场，迈向国际化经营阶段

很多门店在最初设计形象时考虑的范围较小，没有考虑到门店未来销售区域的扩张。所

以当门店业务发展到很大规模时，就会发现现有的形象无法在更大的市场上得到有效的识别和认同。此时就要对形象进行重新策划。在进行此类策划时，一定要注意吸取前人的教训。新的形象策划要考虑不同地区顾客的文化、习俗等方面的接受程度。要尽量做到简单、明确且易于识别。

### （六）摆脱经营危机，消除负面影响

当门店面临的经营危机会对未来的发展带来巨大的负面影响时。应该进行新的形象策划。在这种情况下的形象策划要尽力摆脱原有的形象，并要积极表现出活泼、轻松的姿态。以上只是列举了一些常见情况下需要进行门店形象策划的例子。实际上。由于每个门店的经营情况不同，每个企业实际遇到的问题也不一样。因此还要根据具体情况具体对待，针对不同的情况，选择恰当的时机才能达到最好的形象策划的效果。

## 二、CIS 导入的关键

据统计总结，导入 CIS 成败的关键在于以下几方面。

### （一）企业最高领导人要对导入 CIS 有坚定的意志

导入 CIS 是关系到企业前途与命运的大事，应由企业最高领导层决定，最高领导人主持推动。所以必须先在企业内部各管理层中达成共识，并使各层管理者掌握 CIS 的基本知识，坚定信念、积极配合，才能借助 CIS 从根本上解决企业存在的问题，发挥其真正的实效。

### （二）必须设置热心而又有能力的 CIS 执行委员会

领导层人单力薄，而 CIS 是全企业的运动，要全体员工的支持和共同努力。CIS 委员会的责任就是协助领导层调动全体员工对 CIS 的热情支持，形成有利气氛。故其成员必须具备优秀的办事能力和计划推进能力。

### （三）员工的认同感是导入 CIS 成功的重要因素

导入 CIS 常要借助外界力量，但主体仍是企业本身。故在导入之初，应由领导层带头进行 CIS 宣言，表现出推动的热情，以自然地激发起全体员工的士气，并使员工认识到导入 CIS 的必要性及与自己切身利益的关联性等。从主观上调动士气、形成共识，使员工积极参与到 CIS 中，上下齐心协力，真正做到活化企业内部，调动员工积极性，提升现有企业形象，展现 CIS 特有的魅力。

## 三、CIS 导入的基本程序

终端门店导入 CIS 是一项系统工程。虽然因门店特点、经营范围、导入动机的不同。在设计策划的流程与表现的重点上有所区别，但基本程序大同小异。CIS 的导入程序大致可分为准备、调查、企划、设计、实施等阶段。

### （一）准备阶段

导入 CIS 活动正式开始之前，实际上都有一个准备阶段。其主要任务是确认导入 CIS 的动机目的，制订基本计划，并落实到位，包括人员、资金等，为正式启动导入计划做必要的准备。门店基于内部自觉的需求或迫于市场经营的外在压力，在自我诊断、重新认识自己的基础上，产生了需要导入 CIS 的想法。然后由门店经营管理者倡议。或由门店广告公关、宣传、销售等

部门负责人提出倡议，或由外界人士（如策划、咨询、设计公司等）推荐，提出导入 CIS 的提案。提案者必须根据门店现状确认导入 CIS 的动机和目的。门店经营者必须组织有关人员慎重讨论实施 CIS 的理由。明确实施的意义和目的。导入 CIS 的提案被批准后，一般应组建 CI 委员会（CI 工作小组）。其成员由门店主要负责人、部门负责人、CIS 专业公司人员组成，主要任务是 CIS 计划的制订与实施、确立 CIS 的项目与日程安排、制定预算费用、进行必要的预备调查。准备阶段完成后，应提交一份规范的 CIS 提案书。内容一般包括导入 CIS 的理由和背景、基本方针、计划项目与日程安排、负责机构、项目预算、预期效果等。

## （二）调查分析阶段

提交 CIS 提案书并获得门店经营者确认并通过后，CIS 进入实质性阶段。首先从调查分析阶段开始。调查分析的任务是确定调查内容、调查问题与问卷设计、调查对象、调查方法、调查程序与期限、调查结果分析等。

CIS 的调查内容重点是门店经营现状、门店形象及具体项目要素，包括内部调查与外部调查。门店内部调查包括门店的经营状况、经营理念、企业精神、组织结构、员工素质、内部形象、现有视觉识别系统、门店的信息传播渠道等。门店外部调查主要着重于消费市场环境、相关门店形象、顾客对门店形象的认知和评价等。

调查前应制订一个调查计划流程表，并以此计划来控制调查作业进程。调查结束后，应对调查结果进行综合分析，写出调查报告书。

## （三）企划阶段

在充分调查分析的基础上，应深入分析门店内部和外部认知、门店环境和各种设计系统的问题，进行门店未来的总概念定位，构筑理念系统，研讨形象塑造方案。

在企划阶段要对调查结果进行综合性评论，归纳整理出门店经营中的问题，并给予有效的回答。此外，还要对本门店今后的宗旨、活动及形象构筑方向，提出新形象概念，确定基础设计的方向，并根据总概念构筑基本理念系统。如果把下一阶段的设计比作形象概念展开的话，那么企划阶段就是整个形象概念的总设计。

企划阶段结束时，应提交一个能表达总体企划思想和战略的报告书，提出 CIS 计划的基本策略、理念系统构筑、开展设计的要领、未来管理作业的方向等。

## （四）设计阶段

设计阶段即将前面报告书设定的基本概念、识别概念等转换成行为和视觉表达形式，以具体表现门店经营理念。

门店行为设计既要有理论深度又要具有可操作性。这使得行为设计成为 CIS 策划中的一个难点，必要时可先进行小范围试点。行为设计的最高要求是科学性、规律性和可操作性，以及能够被门店员工所接受。

视觉识别设计可分为 3 个步骤：第一，将识别性的抽象概念转换成象征性的视觉要素，并对其不断调查分析，直到设计概念明确为止；第二，创造以实体象征物为核心的设计体系，开发基本设计要素；第三，以基本设计要素为基础，展开应用系统要素的设计。

## （五）实施阶段

这一阶段重点在于将设计规划完成的识别系统制成规范化、标准化的手册和文件，策划

CIS 的发表活动、宣传活动，建立 CIS 的推进小组和管理系统。在实施阶段一般应进行的活动有如下 3 种。

1．选择对内对外发表 CIS 计划的时机

发表 CIS 计划一定要选择恰当的时机，否则可能会事倍功半。选择门店重大活动、新货上市、开设新门店等时机时一般不宜选择在有重大社会事件发生、重大会议召开之时，以免被顾客忽视，产生不了应有的效应。当然，也可把重大社会事件和热点问题与门店导入 CIS 的活动联系起来。如果策划得当，则能引起社会公众的广泛关注。

CIS 对内发表的时间一般应早于对外发表的时间。发表时应对门店内部员工做一次完整的 CIS 宣传说明，进行 CIS 的教育与训练，以便统一员工认识、激发员工的热情、强化员工的决心。这样可以使他们在 CIS 实施过程中能了解、支持门店的 CIS 计划，自觉执行各项计划，积极参与门店各种内外活动。对内发表的主要内容有 CIS 的意义及门店实施 CIS 的目的、门店员工与 CIS 的关联和必要的心理准备、实施 CIS 的过程、关于新的门店经营理念说明、关于新标志的说明、识别系统设计的管理和应用、统一对外的说明方式。

CIS 的对外发表主要是通过广告公关活动与新闻报道的形式。宣传门店可以通过导入 CIS 的新视觉设计系统、理念体系及有关 CIS 的重大活动，让广大顾客广泛知晓门店的 CIS 运行与门店形象的全新面貌。

2．推行 CIS 相关计划与活动

对于与 CIS 相关的计划，必须考虑其应用问题及在门店内有效推行的方法。要进行员工培训与内部架构的调整，通过培训和教育使门店经营理念成为门店员工的共同价值观，规范员工的行为举止，并通过行为来传播门店经营理念。此外，还应该把视觉识别系统的基本要素广泛应用于各种应用要素和各种场合上，全方位展示识别系统，开展各种广告、公关宣传活动来树立新的门店形象。

3．建立相应机构，及时总结评估

导入 CIS 还应建立相应机构，监督 CIS 计划的执行，并对导入和推行 CIS 的效果进行测定和评估，以便肯定成绩、总结经验、发现问题并找出改进方法。从而对下一步的工作进行一定的调整，以期取得更好的成绩。

 **【相关链接】**

### 海底捞火锅企业品牌形象规划

海底捞成立于 1994 年，是一家以经营川味火锅为主、融汇各地火锅特色为一体的大型跨省直营餐饮品牌火锅店，全称是四川省简阳市海底捞餐饮有限股份公司。其在北京、上海、郑州、西安、简阳等城市开有连锁门店。

一、品牌目标

海底捞的品牌目标是 5 年成为中国第一流的餐饮管理集团，成为中国火锅第一品牌。

其用 5 年时间形成了如下理念。

（1）企业核心理念：体验美味、享受生活、拥有健康、共赴卓越。

（2）企业价值观：用双手改变命运，用成功证明价值，靠奋斗走向卓越。

（3）企业服务理念："顾客至上""三心服务（贴心、温馨、舒心）。

（4）锤炼企业口号：面向全体员工，"用双手改变命运，靠勤奋实现梦想"。

面向管理人员，"同心同德，创中国一流餐饮企业；上下齐心，打造中国第一火锅品牌"。

二、公司形象塑造

目标：在规定区域形成家喻户晓、知名度高、认同感强的品牌目标形象识别系统。

1. 视觉识别系统

（1）建立以汉字"海底捞"第一字"海"字拼音的标识性识别特征；"hai"（又巧借西方人用英语向熟人打招呼、问候之意，"嗨唉"，意为向所有是顾客或暂时还未成为顾客的朋友问候，让小孩也能识别）。

（2）统一的分店设计风格、统一的装修风格。

（3）统一的标识、统一制作的用具器皿。

目前公司各店用具器皿已落后于新兴的餐饮市场，应着手用 5 年时间进行更新换代，根据菜品种类特点和装修风格、台面设计风格形成和谐的、设计别致新颖、能增强菜的外观美感的统一器皿，并将原来尚未统一标识的其他器皿用具，如漏勺、瓢等一并统一。

2. 服务行为识别系统

（1）通过层层培训建立"海底捞"招牌式的标志性接待动作，即右手抚心区，腰微弯，面带自然笑容，左手自然前伸作请状。

（2）体现海底捞人体贴人微、无处不在、无时不有的周到贴心的服务和温馨自然的人文式关心。

3. 听觉识别系统。

有区分度、有特点、易传唱、激昂向上的店歌（已有）。

4. 宣传识别系统

（1）加强海底捞现有内刊的管理，提高办刊质量。

（2）建立海底捞餐饮网站，增加网管人员，丰富网站内容，做到随时刷新。

## 四、CIS 手册的设立

如何有效地建立规范而又切合实际的 CIS 系统，有赖于企业识别手册——CIS 手册（corporate identity manual）。

CIS 手册是设计开发完后，确定基本要素，制定各种运用规范、方法，所编辑而成的设计指引，也称视觉运用标准手册，它包括基础要素与应用要素两大方面，是 VI 开发的最后阶段，即综合全部 VI 开发项目，整理成册，予以视觉化、系统化、规范化，以利于使用查阅。其内容与形式据企业经营的内容与服务的性质而定。一般与 CIS 开发设计计划的大小和实施程度成正比。

CIS 手册是 CIS 实施的技术保障和系统手册，是将纸面作业化成现实项目的中介。作业通过 CIS 手册成为实施的项目，并以之为依据，再现设计。CIS 手册也是 CIS 管理的理论依据，对各种视觉元素统一化的管理行之有据，不会因开发项目繁多而失去参考或规范。重视 CIS 手册的现实作用，理解 CIS 手册的内涵，才能透过 VI 来有效地传达企业理念，树立起良好的企业形象。

CIS 手册也并非一成不变，它在相对稳定的同时，随时间的发展而不断吸收新的内容，手册内容也可能会删除或更改。所以在制作时必须考虑到内容变动时的处理方法，这样才能适应时间的变化。

作业初期，也可以用 CIS 树的形式，以便各个部分的调整，最后再以此为依据发展成完善的 CIS 手册。

CIS 是一个完整的渗透力极强的体系，一个企业的形象正是通过这个体系扩张到社会的每一个领域。

由于 CIS 关系到企业现在与将来的全方位传播、扩张策略，故它的推出是一个严肃、认真，并在条理性、统一性上作了较多研究而得出的企业识别策略的既定宣传方案，对企业形象作了定向性设计。

此外，随着人类交流的国际化，还应使 CIS 具备国际共同性，以利于企业国际化形象的树立。

 习题

**一、名词解释**

CIS、理念识别系统、行为识别系统、视觉识别系统、听觉识别系统、环境识别系统、CIS手册

**二、填空**

1．CIS 的构成要素有五个，即（　　　）、（　　　）、（　　　）、（　　　）与（　　　）。

2．CIS 具有（　　　）、（　　　）、（　　　）、传播性、稳定性等特点。

3．CIS 的内部功能包括（　　　）、（　　　）、（　　　），CIS 的外部功能包括（　　　）、（　　　）、（　　　）。

4．理念的识别要素主要有（　　　）、（　　　）、（　　　）3 个方面。

5．企业的行为识别系统基本上由两大部分构成：一是（　　　），二是（　　　）。视觉识别系统原则上由两大要素组成：一为（　　　），二为（　　　）。

6．CIS 的导入程序大致可分为（　　　）、（　　　）、（　　　）、（　　　）和实施等阶段。

**三、简答**

1．连锁门店 CIS 的构成和功能是什么？

2．理念识别系统的构成和应用形式是什么？

3．行为识别系统、视觉识别系统、听觉识别系统的构成和环境识别系统的构成包括哪些？

4．简述连锁门店 CIS 导入的时机。

 实训项目

项目名称：VIS 视觉识别系统的应用要素设计

实训目的：通过实训，促进学生掌握企业视觉识别系统应用要素的设计，提高学生的设计能力和想象力。

实训组织：（1）分组。将全班学生分成若干小组，小组成员根据分工确定各自的实训任务。（2）讨论设计方案。各小组成员使用头脑风暴法，提出自己的设计设想，并且互相交流和讨论。（3）成果展示。各小组展示自己设计的作品如产品包装设计、办公用品设计、服饰设计等。

实训成果：学生设计的产品包装、办公用品、服饰、礼品等

🌐【案例分析】

# 北京蓝岛 CIS 策划实例

蓝岛大厦在开业之初就确定了"以文兴商"的发展之路，率先在京城商界导入"CIS"，打造了"一片情"企业服务品牌，形成了以"一片情"为核心的蓝岛文化，使企业具备了较强的吸引力和感召力。

1. 经营理念

"蓝岛"通过理念识别，浇铸"蓝岛"的经营灵魂。在开业之初，"蓝岛"便提出了"立足朝阳、面向首都、辐射全国、走向国际"的经营目标。以此种经营目标为导向，形成了一整套现代经营理念识别系统。它的主要内容包括以下几点。

企业精神：亲和一致，奋力进取。

价值观念：在为事业奋进的过程中最大限度地实现自我价值。

企业宗旨：发掘人的进取意识，满足人的成就感。

企业风范：对企业有贡献的将受到尊重，损害企业利益的人将受到谴责。

企业经营方针：商品以质取胜，经营以特取胜，环境以雅取胜，服务以情取胜，购物以便取胜，功能以全取胜。

经营信条：引导消费时尚，弘扬消费文化。

员工信念：在出色的企业里工作光荣。

行为取向：企业的需要就是我们的志愿。

服务准则：微笑、真诚、迅速。

企业标语：买走一份商品，带回千缕情丝。

"蓝岛"人自己创办了《蓝岛商报》，每期均刊文专门介绍阐述"蓝岛"经营战略。此外，"蓝岛"还创作了店歌《给世界的爱》，以及《每当我从蓝岛走过》《蓝岛情》等十余首歌曲。通过这些措施，把全体员工统一到"蓝岛"这杆大旗下。有道是"同舟共济海让路，哨子一响声震天"。全体员工心往一处想，劲往一处使，有力地推动了企业多项工作的顺利开展。

2. 行为识别

"蓝岛"通过行为识别，倾注"蓝岛"之情。

行为识别是 CIS 战略的另一重要组成部分。它通过规范企业的行为，塑造员工的言行举止，向顾客和社会传递本企业形象的信息。"蓝岛"运用行为识别系统，开展了多种多样的情意服务。例如，遇到下雨天气，总服务台会为那些来蓝岛购物而未带雨具的顾客准备雨披，顾客在使用雨披时无须写借据、交押金；在九九重阳节之际，"蓝岛"向朝阳区的百岁老人表示了慰问，并把上百位年逾古稀的老人及街道老龄工作者请到"蓝岛"，为他们献花，赠送纪念品。

3. 视觉识别

"蓝岛"运用视觉识别，全方位推销企业形象。"蓝岛"的店徽、店旗、提袋、服装、徽章、外装饰、信封、信笺、名片、发票、车辆、杯子等都是一个标志、一个色系、一个固定格式。"蓝岛"通过这些具体的视觉符号对外传达着企业的经营理念与情报信息。

"蓝岛"的店徽取"蓝岛"二字的汉语拼音缩写字头 L、D 为图案组合要素，并根据"蓝岛"大厦直、圆结合的建筑个性，把直、圆两个要素融于设计中。双"L"，一条代表零售企业带给"上帝"们物质上的满足，另一条则代表"蓝岛"给人们带来的高价值、超品味的精神享受；标志中以"D"形为本，在视觉平面上制造出两条线交汇夹成"岛"形，这代表着"蓝岛"特殊的地理位置。通过店徽的设计，"蓝岛"充分表达了本企业的经营理念和个性特质。

　　"蓝岛"以蓝色为标准色，象征着蓝天、大海，所以"蓝岛"的含义非常深远。"蓝岛"是一个不规则的多边形，酷似一座岛屿，外覆蓝色的玻璃幕墙，具有海水般的颜色；海中之岛，蕴藏着无尽的宝藏，其意是指"蓝岛"永远能够长盛不衰。

　　"蓝岛"为商场内的不同售货区设计了极好听的称谓：化妆品柜台是"蓝岛明珠"，"西部风情"卖的是牛仔服装，"居家乐广场"则为日用品售货区……在不同的销售季节，"蓝岛"根据经营商品品种的不同提出了各种广告、导购、环境布置的艺术用语等。这样，进"蓝岛"购物的顾客被一种浓厚的文化气息包围着，顾客来这里获得的是集生活情趣、文化修养、休闲娱乐为一体的享受空间。

　　消费者前往一家店铺，无论是购物或者闲逛，其目的都是追求某种需求上的满足，获得一些物质和精神上的享受。"蓝岛"通过 CIS 战略为消费者提供了实现欲望的可能；相应地，顾客也使得企业得到了经营业绩上的巨大回报。

　　思考：

　　1. 北京"蓝岛"CIS 有什么特点？

　　2. 北京"蓝岛"CIS 有哪些需要改进的地方？

# 项目六

## 连锁门店店面设计

LIANSUO MENDIAN DIANMIAN SHEJI

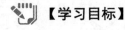【学习目标】

了解连锁门店店面设计的原则和风格；掌握门店命名的原则和方法；掌握店标与招牌的设计；掌握门店出入口、店门和橱窗的设计；了解门店停车场的设计。

【案例引导】

### 优衣库的店面设计

优衣库是日本著名的服装品牌。创立于 1984 年，由日本人柳井正创立。它向各个年龄层的消费者提供时尚、优质和价格公道的休闲服，款式新颖、质地细腻。优衣库的全名是 UNIQUE CLOTHING WAREHOUSE，它的内在含义是指通过摒弃了不必要装潢装饰的仓库型店铺，采用超市型的自助购物方式，以合理可信的价格为顾客提供希望的商品。

1. 优衣库店面设计的类型

优衣库属于隐蔽的游动型店面，在这种结构下，店员在宽敞的空间中行动自如，不论是自主性的作业或是招呼客人等，都可以专心。同时店员的势力范围意识也因此而降低，顾客可以很轻松地接近商品，自由地参观选择。

2. 优衣库的招牌设计

优衣库的招牌是由红底白字的英文字母 UNIQLO 组成的横置招牌，色彩明亮艳丽，极大地反差使得优衣库的招牌十分醒目突出，让消费者过目难忘。

### 3. 优衣库的店名设计

优衣库的英文名"UNIQLO"是 Unique （独一无二）和 Clothing （服装）这两个词的缩写，说出了其"低价良品、品质保证"的经营理念。中文名"优衣库"则用了象征和谐音命名法，让消费者产生品类多、质量优的美好联想。

### 4. 优衣库的店面设计

店标是一种"视觉语言"，是公众识别商店的指示器。优衣库的店标运用了名称性标识，直接把商店的名称用文字表现出来。同招牌一样，优衣库的店标同样用了简洁鲜明的红底白字，强烈的反差产生强烈的感染力，易于捕捉消费者的视觉，引起其注意。

### 5. 优衣库的橱窗设计

由于经营的商品具有季节性和灵活性，通常通过排列的顺序、层次来表达特定的主题，营造气氛，使整个陈列成为一幅具有较高艺术品位的立体画；也经常运用场景化设计、系列化设计、专题式设计来吸引消费者的眼球。

 **任务一　连锁门店店面设计的原则和风格**

为了塑造一个造型丰富、装饰完美的门面，各商店经营设计者费尽心思，各显神通，推出的门面五光十色，让人目不暇接。但是，无论如何，一个好的创意都来自正确的出发点。门面设计不是漫无边际的胡思乱想，而是在一定的经营理念的指引下进行的更改开拓和创新。

## 一、店面设计的重要性

店铺的门面如人的脸面，它体现了店铺的形象，起着很重要的作用。门面设计应该在考虑经营商品和所接待顾客特点的基础上，刻意求新，显示个性，尽量与相应顾客群的审美需求相吻合，力争让顾客产生好印象。

在进行店铺门面设计之前，首先应全面了解店铺销售的商品种类、规模、特点，使之尽量与店面外部形式相结合。同时还应了解周围环境、交通状况、建筑物风格，使店面造型与周围环境相协调。在设计构思上，应深入了解门面装饰的历史和当今国内外门面发展的趋势，以启发我们设计出形式新颖、实用，结构合理的店铺门面。设计者必须要有较全面的艺术修养和空间造型创新意识，又掌握了一定的营销与设计技术，以保证店铺门面设计的高质量。

现代商店店面设计主要包括以下内容，即立体造型、人口、照明、橱窗、招牌与文字、材质、装饰、绿化、技术及室外地面规划等。从设计上看，构成一个完整店铺门面设计的最终目标是，①促销商品，顺利获得利润；②引导顾客方便出入、安全选购、成功展示商品；③提升店铺形象。

## 二、店面设计的原则

店面设计是项具体而细致的工作，要考虑到美观和实用兼备。通过店铺的外观和内部设计为消费者提供舒适的购物环境，形成美好的购物经历。在进行设计时，通常遵循以下几个原则：

### （一）前期调查的原则

在对店铺进行设计时，应先明确店铺的市场定位、经营理念和风格，应当遵循前期市场调查原则。需要实地考察店铺自身及周围情况，观察人流方向、日照情况、障碍物情况、周围店铺颜色、风格，再根据这些具体的元素进行设计，利用有用的，补救不利的环境因素。只有对市场情况、顾客需求、消费的习惯和心理、竞争对手的风格等影响因素，进行充分的市场调查和分析之后，才能形成自己的店铺形象和定位，并了解影响消费者产生购买行为的环境要素，进而设计出良好的店铺形象。

### （二）一致性的原则

店铺的设计应与周围环境保持融洽，更要善于利用周边环境来衬托和突出自己。位于现代繁华商业街的店铺，与位于古朴商业街和一般商业街的店铺相比，设计风格要有所差异。

店铺的风格、店铺内外上下的设计应当与店铺的市场定位、经营理念、品牌理念和产品风格保持一致。连锁经营的品牌专卖店、专营店和厂家直销店，还应该使该品牌各连锁店的设计保持统一。同时，员工的衣着、导购行为、服务态度及服装的档次、配套用品等也要能传递店铺的经营理念和定位。遵从一致性原则有利于树立品牌形象，增强顾客的信任感，吸引目标顾客。

### （三）独特性的原则

店铺在进行设计时，必须把握差异化的定位原则，使自己的店铺与其他店铺有差异。店铺只有设计出与众不同的形象，展示自己的经营特色，树立个性化的风格，使用特色的道具装饰等，才能让消费者迅速地识别到店铺的经营特色和风格。营造独特的氛围，烘托出所售商品的特色，是对其进行装饰时的原则。

### （四）便于识记的原则

店铺设计宜简洁、色彩协调、通俗易懂，连锁店要有统一的标识。这样有助于信息迅速传递，并深化消费者对店铺的记忆。

### （五）以人为本的原则

充满人性的设计可以使人感到被关心的亲和感。内部设计要符合人体工程学，符合消费者的购物心理，配置方便顾客购物的设施，营造良好的购物环境和氛围，能够为顾客创造愉快的购物体验，使顾客牢牢地记住店铺，并产生口碑效应，促使店铺的美誉度和知名度广泛传播，扩大店铺的辐射范围。

## 三、店面设计的风格

店面的风格指的是店铺个性化特色的外在表现。店面的风格应包括以下几个特性。

### （一）和谐统一性

和谐能自然而然传递出美的音符，让身处其中的人感到无比的惬意。对于门面设计者来说，和谐蕴含着多重意义：了解周围环境、交通状况及建筑物风格，在不失个性的前提下，尽量使店面造型与周围环境浑然一体。

旧店翻新，新改建或扩建的店面要处理好新旧建筑形式与风格的协调，注意适度保持原建筑的外面特色及历史文化的延续性。

墙面划分与比例尺度适宜，商店的橱窗、入口、招牌等物的位置、大小安排得当，尺度适宜。墙面色彩、光亮对比变化有节奏韵律，重点突出，主从分明，具有层次感。

利用 CIS 设计，将店外的建筑造型风格、环境色彩、标志物等多方面与店内的布置特色统一起来，形成协调的视觉效果。

## （二）风格独特性

商店的门面应有独特的风格，与相邻的商店形成显著差异，这能够给人以尝试的印象，并起到识别商店位置、树立商店声誉的重要作用。精心设计的店面，一眼看过去就能知道商店出售何种商品，档次如何及有哪些经营特色。店面形式倘若与邻近商店雷同，风格守旧，不仅难以吸引路人的视线，而且即使有人偶然抬头一望留下的店面印象也会如过眼烟云，不久就消失殆尽。因此，门面设计需要体现出与众不同的风格，经营设计者要摒弃平庸的模式，运用夸张、象征、形象化的手法，大胆标新立异，设计出颇具特色的造型、图案、文字与景致，使人一见到门面就能产生共鸣或心灵的震撼。

英国一家商店设计成一个大玻璃形，一年四季都可以透射出四周的景观，犹如一幅巨型风景画，吸引了无数顾客。

日本一家高速公路旁的商店，外形如倒立的房屋，房顶在下，屋基在上，窗台也倒转过来，整个商店就像被一股神奇力量连根拔起，翻了个个。当人们驱车而过时，不禁想停车入内观望一阵。

通常，门面设计应考虑商店的经营特色。经营特色为设计提供了诉求总方向、基本格调，甚至还可以成为门面设计的主题。例如，经营茶叶、土产、陶瓷、文房四宝、丝绸等我国历史悠久的名贵特产商店，门面设计应考虑到我们东方人特有的传统形式和常有的民族情感，设计得古朴、雅致，有地方特色；经营钟表、家电、电子设备、照相器材、复印设备、西餐、时代服装、百货等现代化商品的商店，门面设计应全力迎合甚至超越时代潮流，采用先进工艺和现代化美术造型，运用多种材料简洁明了地刻画勾勒出商店门面，以适应现代化的生活习性。

## （三）富于变化性

变化是大千世界存在及发展的普遍规律，门面设计也是如此。

### 1．增强门面动感

在临街商店门面形成凹进、底层拓空等变化，使商业街连续性空间产生中止或转折，并形成活跃的可让行人驻足观望的中介空间，它能诱导行人的停滞行为及注意力，有效地招揽顾客。

运用霓虹灯、显示屏、喷泉、旋转体等变化的画面及运用的物体，保持某些部位的动态变化，可以增强店面活力，令人情绪为之一振。

### 2．时效性

随着不同时期商店自身经营规模、范围的变化，季节的交替及目标顾客审美观念的变化，门面设计的材料和形式也应做出相应的改变。

总之，门面设计应在考虑经营商品、目标顾客及周围环境特点的基础上，千方百计创造一种美好生动的形象，使顾客"一见钟情"，在脑海中留下强烈鲜明的记忆，并产生入店观光购物的兴致和动机。

### 任务二　连锁门店店名设计

店铺名称是用来标明经营性质、招揽生意的牌号或标记。它是店铺的一笔重要的无形资产。俗话说，"不怕生错相，就怕起错名"，由此可见名字在中国人心目中的地位是何等的重要。

## 一、门店命名的原则

### （一）易读、易记原则

易读、易记原则是对零售店名的最根本的要求，零售店名只有易读、易记，才能高效地发挥它的识别功能和传播功能。例如，物美、华联、7-ELEVEn。

如何使零售店名易读、易记呢，这就要求零售店经营者在为零售店取名时，要做到以下几点。

#### 1．简洁

名字单纯、简洁明快，易于和消费者进行信息交流，而且名字越短，就越有可能引起顾客的遐想，含义更加丰富。绝大多数知名度较高的零售店名都是非常简洁的，这些名称多为两三个音节。

#### 2．独特

名称应具备独特的个性，力戒雷同，避免与其他零售店名混淆。例如，日本索尼公司（SONY），原名为"东京通信工业公司"，本想取原来名称的 3 个字的第一个拼音字母组成的 TTK 作名称。但产品将来要打入美国，而美国的这类名称多如牛毛，如 ABC、NBC、RCA、AT＆T 等。公司经理盛田昭夫想，为了企业的发展，产品的名称一定要风格独特、醒目、简洁，并能用罗马字母拼写。再有，这个名称无论在哪个国家，都必须保持相同的发音。

#### 3．新颖

新颖是指名称要有新鲜感，赶上时代潮流，创造新概念，如柯达（Kodak）一词在英文字典里根本查不到，本身也没有任何含意，但从语言学来说，"K"音如同"P"音一样，能够给人留下深刻的印象，同时"K"字的图案标志新颖独特，消费者第一次看到它，精神常为之一振，这就更进一步加深了消费者对柯达的记忆。

#### 4．响亮

响亮是指零售店名要易于上口，难发音或音韵不好的字，都不宜用作名称。例如，建伍（KENWOOD）音响原名为特丽欧（TRIO），改名的原因是 TRIO 音感的节奏性不强，前面"特丽（TR）"的发音还不错，到"O"时，读起来便头重脚轻，将先前的气势削弱了好多。改为 KENWOOD 后，效果就非常好。因为 KEN 与英文中的 CAN（能够）有谐音之妙，而且朗朗上口，读音响亮。WOOD（茂盛森林）又有短促音的和谐感，节奏感非常强，二者组合起来，确实是一个非常响亮的名字。

#### 5．高气魄

高气魄是指零售店名要有气魄，起点高、具备冲击力及浓厚的感情色彩，给人以震撼感。

例如，珠海的海蓉贸易公司为了使其生产的服装打入国际市场、参与世界竞争，公司决定改名。通过对几个方案的比较，最后决定将"卓夫"作为产品和公司的名称。"卓夫"是英语"CHIEF"的音译，英文含义为首领、最高级的（名词或形容词）；中文含义为"卓越的大丈夫"。中英文合二为一，演绎出一种高雅、俊逸、不同凡响的风格。正如设计者所言："作为产品，它是高级、高档、质量的象征；作为企业，它是卓越、领先、超众的代表。"

### （二）暗示商店经营属性原则

零售店名还应该暗示经营产品某种性能和用途。显而易见的问题是，名称越是描述某一类产品，那么这个名称就越难向其他产品上延伸。因此，零售店经营者在为零售店命名时，勿使零售店名过分暗示经营产品的种类或属性，否则将不利于企业的进一步发展，零售店名也因此而失去了特色。这类零售店较著名的有美国联邦捷运、苏宁电器、同仁堂、味千拉面等。

【相关链接】

#### "苏宁电器"更改成"苏宁云商"变身综合购物中心

今后你去苏宁，可能不光能买到电器，生活日化、母婴化妆品，甚至图书等商品也都可以选购。2013年02月21日上午，苏宁召开新闻发布会，宣布将名称从原来的"苏宁电器"更改成"苏宁云商"。"去电器化"的苏宁经营模式也将发生翻天覆地的变化，未来苏宁或将从专业电器卖场变身为综合性的购物中心。业内人士认为，苏宁云商新模式，不仅是苏宁跨越发展的新方向，也将成为中国零售行业转型发展的新趋势。

细心的市民可能会发现，苏宁所有员工的胸牌标识都发生了改变，从原来的"suning 苏宁电器"变更为"suning 苏宁"。据介绍，未来一段时间内，苏宁旗下所有门店、集团办公、行政商务等领域都将进行标识更换。

苏宁云商副董事长孙为民介绍，为了体现苏宁"超电器化"经营的实际状况，体现苏宁线上线下融合创新带给消费者时尚、多彩的购物体验，苏宁不仅公司名称从"苏宁电器"更改为"苏宁云商"，还在视觉形象上，启用全新视觉识别系统。

记者获悉，苏宁推出"去电器化"经营模式并非首次。2012年9月，苏宁推出全新一代实体零售门店——苏宁Expo超级店，将经营品类涵盖3C（计算机、通信和消费电子产品）、传统家电、图书、百货、日用品、金融产品、虚拟产品等。在北京联想桥、上海长宁、广州达镖国际、南京商茂广场等4家苏宁核心旗舰门店将率先升级为首批"苏宁Expo超级店"。

"'去电器化'简单明了地讲就是'苏宁电器'以后将易名为'苏宁'，不单纯只卖电器了，而是变身SHOPPING MALL 。"苏宁电器扬州分公司相关负责人介绍，此次苏宁电器全线易名，表示"去电器化"进程加速，以后苏宁所有门店中都将对传统家电零售业态实行全面突破，能够真正实现一站式购物。

（资料来源：李晓明，居小春."苏宁电器"更改为"苏宁云商"变身综合购物中心.扬州网）

### （三）启发店铺联想原则

店铺的名称不但应该与其经营理念、活动识别相统一，符合和反映店铺理念的内容，而且应该体现店铺的服务宗旨、商品形象，使人看到或听到店铺的名称就能感受到店铺的经营理念，就可能产生愉快的联想，对商店产生好感。这样有助于店铺树立良好的形象，如物美、万客隆（京客隆、广客隆）等。

### （四）适应市场环境原则

零售店名对于相关人群来说，可能听起来合适，并产生使人愉快的零售店联想，因为他们总是从一定的背景出发，根据某些他们偏爱的零售店特点来考虑该零售店。但是，一个以前对它一无所知的人第一次接触到这个名字，他会产生怎样的心理反应呢？这就要求零售店名要适应市场，更具体地说，就是要适合该市场上消费者的文化价值观念。零售店名不仅要适应目前目标市场的文化价值观念，而且也要适应潜在市场的文化价值观念。

文化价值观念是一个综合性的概念，它包括风俗习惯、宗教信仰、价值观念、民族文化、语言习惯、民间禁忌等。不同的地区具有不同的文化价值观念。因此，零售店经营者要想使零售店进入新市场，首先必须入乡随俗，有个适应当地市场文化环境并被消费者认可的名称。

（五）受法律保护原则

零售店经营者还应该注意，绞尽脑汁得到的零售店名一定要能够注册，受到法律的保护。要使零售店名受到法律保护，必须注意以下两点：

1. 该零售店名是否有侵权行为

零售店经营者要通过有关部门，查询是否已有相同或相近的零售店被注册。如果有，则必须重新命名。美国有一种叫"伊丽莎白·泰勒热情"专卖香水的连锁店，销售业绩非常好，但其连锁专卖店发展到第 55 家时，就被迫停卖。因为它的一家竞争者的产品叫"热情香水"，对方向法院起诉。最后"伊丽莎白·泰勒热情"连锁店不得不改弦易张，重新命名，原先的广告促销活动也付之东流了。

2. 该零售店名是否在允许注册的范围以内

有的零售店名虽然不构成侵权行为，但仍无法注册，难以得到法律的有效保护。例如，1915 年以前，德国商标法规定仅有数字内容的商店名称是不可以注册登记的。零售店经营者应向有关部门或专家咨询，询问该零售店名是否在商标法许可注册的范围内，以便采取相应的对策。

 【相关链接】

### 起错名字的本土品牌

做品牌，没有一个炫目又出挑的名字，怎么行走于时尚江湖？名字是品牌想要表达的精髓，这也正是越来越多时尚品牌纷纷推出自己的中英文双重名称的重要原因。综观中国服装品牌，如闹得沸沸扬扬的"乔丹体育商标名义侵权案"，且不说这场纠纷是否该归咎于一场同业竞争品牌蓄谋已久的商业打击战，但究其原因都是品牌名字惹的祸。

与此类似的还有运动品牌阿迪王，虽然只是主攻国内三四线城市市场，但也很难摆脱山寨货、傍名牌、侵犯他人知识产权等口水争议。尽管有人认为，该品牌自身与主推一二线城市市场的耐克、阿迪达斯相比，并不存在竞争关系。但事实证明这种说法有些站不住脚，在他们进入淘宝商城、京东商城时，并不被评论看好，但实际上却卖得很好。可谁又能证明它不是因为傍名牌而误导了消费者，毕竟看着名字相似但价格差异很大。

"疑似侵权"商标的短视行为不利于企业的长线发展，靠"山寨"知名品牌来获得消费者，以此谋取短期利益，最后很可能是搬起石头砸自己的脚。成功的品牌是要有民族自尊心的，特别是承载着体育精神的运动品牌。

提起国产大牌"白领"，几乎每一位中国的中产阶层和成功人士，都能讲出很多关于如何与它结缘的故事。就像在 20 世纪 80 年代，人们以能拥有一件"梦特娇"而引以为傲一样。对他们而言，身着"白领"具有着阶层区分的特殊意义。同样，白领的诞生也开启了中国服装品牌时代的"时装时刻"。如今，用"80 后"含蓄的表达来说，是具有强烈时代感的。用"90 后"的直白表达就是：过时了。在这个个性化趋势明显的时代，"白领"在新生代心目中的分量有越来越走弱的趋势。

还有近几年在中国国际时装周上崭露头角的"诺丁山"，也正在或者将要面临国际化的某些阻碍。这个名字和好莱坞大片同名，而且在该品牌的发布会上，曾用该好莱坞大片的内容作为噱头。同时，"诺丁山"又是伦敦西区的地名，就像国外的一个叫"杭州"的女装品牌要进入中国市场，国人会有何想法？难怪此次依文参加伦敦时装周国际时装展示时没有带旗下的"诺丁山"品牌出席，而是以"依文"的名义。一个被公司重金打造的品牌却因为名字的问题有着诸多的不确定性，不能不说是一种遗憾。

（资料来源：李振．诺丁山．白领那些起错名字的本土品牌．中国经济网[2012-4-26]．）

## 二、门店命名的方法

一般来讲，店铺的命名主要有以下一些方法。

### （一）借用著名人物或创办人命名

此类以人所共知的人物来命名，使顾客闻其名而知其特色，便于发挥联想和记忆，如"乾隆古董店""太白酒店"等。还有一些是以创办人姓名来命名，如李占记钟表店、亨利表店、羽西化妆品、张小泉剪刀、李宁专卖店、易初莲花、福特汽车公司、克莱斯勒、高露洁棕榄公司、LV 公司、强生公司、戴尔等，能反映经营者的历史，使消费者产生浓厚兴趣。

### （二）以经营地点命名

这种命名反映商品经营所在的位置，易突出地方特色，使消费者易于识别。有许多商店均采取这一命名方法，如东百集团、北京百货大楼、上海第一百货公司、老边饺子馆、重庆火锅、西炮台酒家、老爷阁粮店、巴黎夜总会、加州牛肉面馆、肯德基、沙县小吃、苏宁电器、苏果超市等。

### （三）以属性命名

这种命名能反映商店经营商品范围及优良品质，树立商店声誉，使顾客易于识别，并产生一睹为快的心理，达到招徕生意的目的。例如，舒步鞋店，以舒步命名，反映了店内出售的鞋子具有穿着舒适、便于行走的优良品质。再如，小肥羊、蓓蕾儿童玩具、淑女服饰屋、陶陶居、味千拉面、虫哥连锁。

### （四）以动植物命名

这种名字能让人对动植物产生联想，如骆驼牌香烟、金丝猴、蓝猫、米奇、小白兔、狗不理、小虎憨尼、小肥羊。

### （五）以数字命名

以数字作为店名能够让人易记易识，如 7-ELEVEn、7 天酒店、速 8 酒店、九牧王、361°、九峰茗茶、85 度 C。

【相关链接】

### 85度C名字的由来

85度C这个好记又特别的名字，取名来自"咖啡在85℃时喝起来最好喝的意思"，因为根据咖啡专家的资料，100℃的热水经过咖啡机内部的管线后，就如同离开瓦斯炉的热水一样，温度会自然稍降，冲煮咖啡的温度在90～96℃。而最适合喝咖啡的温度应是85℃左右，在此温度下可让您品尝到咖啡中甘、苦、酸、香醇等均衡的口感，而这也代表的是85度C品牌希望产品呈现给顾客的都是最优质、最美味、超值的精神，也期待消费者到85度C消费都能感受到品牌所带来的甜蜜幸福及感动。

**（六）用外语译音命名**

此类命名大多为外商在国内的合资店或代理店采纳，便于消费者记忆与识别，如佐丹奴、甘迪安娜、沃尔玛、家乐福、麦当劳、易也便利等。

**（七）联系服务精神命名**

这种命名反映商店文明经商的精神风貌，使消费者产生信任感，如半分利小吃店、99分商店，这其中寓意着经营者薄利多销的经营宗旨。

## 三、门店店名字体设计

**（一）店名字体特征**

连锁店店名字体具有以下特征：系统性、易读性、造型性、识别性。

1. 系统性

店名字体是零售店店面识别系统的构成要素。首先，它的风格应该与店面识别系统中的其他要素的风格一致；其次，店名字体自身字与字之间，不论是大小还是造型都要符合统一的要求。

2. 易读性

店名字体要简洁、易读，传播的信息内容要使人一看就明白，一看就了解。这就要字体的笔画、结构要符合国家颁布的汉字简化标准，不能随便造字，避免由于辨认上的困难而造成的歧义。

3. 造型性

造型性是决定店名字体是否成功的关键。店名字体通过一定的形态特征传达零售店经营者的个性特征，使消费者感觉到美，因此要在遵守造型原则和规则的条件下，求新求异，成为店面标志的代表。

4. 识别性

零售店店名字体首先要有一定的识别性，即通过一定的造型体现出独特的风格，反映店铺的营销文化和经营理念，向目标市场传达企业经营活动的特点与文化，达到消费者识别企业及其自有品牌的目的。在"雪碧""芬达"的招牌设计中，其将店名字体的比例、形状处理得精致美观，尤其是雪碧中"碧"字一点，是柠檬形象的高度抽象，芬达的"达"字一点，是苹果叶子的高度象征，非常醒目、传神。

（二）店名字体的类型

不论是英文店名字体还是汉字店名字体，其字类均可粗分为印刷体、美术体和书写体3类。

（1）印刷体。汉字：宋体、黑体；　英文：古罗马体、现代罗马体、无饰线体。

（2）美术体。汉字：象形、立体、彩色、附加装饰。

（3）书写体。汉字：正楷（大、小楷）、隶书、篆书（大、小篆）、碑书、草书（大、小、狂草）；英文：草书体、自由手写书体。

（三）店名字体的性格属性

不同的字体有不同的性格属性，连锁店店名字体的性格属性一般可分为如下几种：方饰线体、新魏碑等显示粗犷、豪放；古罗马体、卡洛林体、仿宋、黑体等显示庄重、典雅；意大利斜体、行书等显示潇洒、飘逸；结构型、草书体、隶书等显示纤巧、秀丽；正圆形罗马体显示古拙、稚气。

店名字体的使用在实践中形成了一些约定成俗的法则：经营化妆品的商店，其店名字体多用纤细、秀丽的字体，以显示女性的柔美秀气；经营手工艺品的商店，其店名字体多用不同感觉的书法，以表现手工艺品的艺术风味和情趣；经营儿童食品与玩具的商店，其店名字体多用充满稚气的"童体"，活泼的字型易与童心相通；经营五金工具的商店，其店名字体多用方头、粗健的字体，以表示金属工具的刚劲坚韧。

（四）店名字体与色彩

连锁店的店名与店面标志多为几种颜色组合，其色调的设计与应用要注意调和。例如，补色调和、明暗调和、约法调和等。

（五）店名字体设计的具体要求

一是字体一定要与商店经营属性相吻合；二是要符合美学要求，使消费者视觉舒适；三是易于阅读，便于识认。

 **任务三　连锁门店店标与招牌设计**

## 一、店标的设计

店面标志是一种独特的设计，代表的是店铺本身，是其形象的说明。它的作用是将店铺的经营理念、服务作风等要素传递给广大消费者。例如，麦当劳的店面标志由一个黄色的字母"M"和一个店前的人物造型"麦当劳大叔"组成。

店铺店面标志，按其构成主要有3种类型：①文字标志，它是由各种文字、拼音字母等单独构成的，适用于多种传播方式；②图案标志，是指无任何文字，单独用图形构成的标志，这种标志形象生动，色彩明快，而且不受语言的限制，易于识别，但是，由于图案标志没有标志名称，不便呼叫，因此表意不如文字标志准确；③组合标志，是指采用各种文字、图形、拼音字母等交叉组合而成的标志。这种标志利用和发挥了文字标志和图案标志的优点，图文并茂、形象生动、便于识别，易被广大消费者接受。

（一）店标的分类

店标分类有助于人们加强对店铺的认识，更有助于设计者根据各地的文化设计符合民族特色或通用特点的标志。

1．根据标志的形态可分为表音标志、表形标志和图画标志

（1）表音式标志。表示语音音素及拼合的语言的视觉化符号。大小写字母、汉字、阿拉伯数字、标点等我们日常用的文字或语素、音素都是表音标志。例如，全聚德、沃尔玛、迪奥、威丝曼（WSM）、雪儿时装店有 X 等。

（2）表形式标志。指通过几何图案或形象图案来表示的标志。表形标志靠形不靠音，因而形象性非常强，通过适当的设计，能以简洁的线条或图形来表示一定的含义，同时利用丰富的图形结构来表示一定的喻义。例如，耐克（Nike）、麦当劳、马兰拉面、老家肉饼等。

（3）图画式标志。指直接以图画的形式来表达零售店店铺经营特征的标志。早期有些商店用图画来表示，后来日渐简化，逐步向形象标志靠拢，特点是画面复杂，一般不利于传播，如有些企业以人物的照片作为标志就是此类。例如，肯德基、奥特曼玩具。

2．根据标志的内容可分为名称性标志、解释性标志和寓意性标志

（1）名称式标志。指商店的店标就是企业的名称，直接把商店名称的文字、数字用独特的字体表现出来。这类商店店标将其名称的第一个字母或字艺术化地放大，以使其突出醒目。例如国美电器、苏宁电器、7-ELEVEn。

（2）解释性标志。指对商店名称本身所包含的事物、动植物、图形等，用名称内容所包含的图案来作为商店的标志。例如，苹果电脑的那只诱人的苹果、彪马服装的那只美洲豹、骆驼牌香烟的那只骆驼、重庆鸡公煲、天福茗茶等。

（3）寓意性商店标志。指以图案的形式将商店名称的含义间接地表达出来的标志。这种标志根据文字、图形等组合因素的不同，又可分为名称字母式标志、名称线条式标志、图画标志 3 种。名称字母式标志是在商店名称里加上一个字母，以构成独特的商店店标。名称线条式标志，即在名称周围艺术化地加上一段线条的标志。图画标志即对商店名称进行加工和提炼，然后再以一定的图画形式将其表现出来的标志，许多世界性的商店多采用这种商店店标，如当铺的"当"字。

（二）店标的作用

连锁店店标与连锁店名称都是构成完整的连锁店标识系统的要素。连锁店店标自身能够创造连锁店认可、连锁店联想和消费者的连锁店偏好，进而影响连锁店体现出的质量与顾客对连锁店的忠诚度。

1．连锁店店标是公众识别商店的批示器，体现店铺的经营特色

风格独特的品牌标志是帮助消费者记忆的利器，使他们在视觉上首先产生一种感观效果。例如，当消费者看到三叉星环时，立刻就会想到奔驰汽车；他们会到有黄色大写"M"的地方去就餐；在琳琅满目的货架上，看到"两只小鸟的巢旁"，就知道这是他们要购买的雀巢咖啡（Nestle）等。检验品牌标志是否具有独特性的方法是认知测试法。即将被测品牌标志与竞争品牌标志放在一起，让消费者辨认。辨认花费的时间越短，就说明标志的独特性越强。一般来讲，风格独特的品牌标志会被很快地找出来。

2．连锁店店标能够引发消费者产生商店联想

连锁店店标能使消费者产生有关商店经营商品类别或属性的联想。例如，锤子状店标让人想到五金店，头发形状的店标让人想到美容美发店。再如，豪享来（即"好想来"）、豪客来（HOUCALLER）、佳客来等。

3．连锁店店标能够促使消费者产生喜爱的感觉，引起消费者的兴趣

例如，米老鼠、康师傅方便面上的胖厨师、骆驼牌香烟上的骆驼、快乐的绿巨人、凯勃勒小精灵、小毛虫等。这些标志都是可爱的、易记的，能够引起消费者的兴趣，并使消费者对它们产生好感。而消费者都倾向于把对店标的感情（喜爱或厌恶）传递到商品上，这非常有利于商店经营者开展市场营销活动。

（三）连锁店店标设计的原则

1．简洁鲜明原则

连锁店店标不仅是消费者辨认连锁店的途径，也是提高连锁店知名度的一种手段。线条繁杂的店标，不利于发挥它的标志功能。正确贯彻简洁鲜明的原则，巧妙地使点、线、面、体和色彩结合起来，才可达到预期的效果。

衡量图案的简单性有两个标准，其一是点、线的数量；其二是点、线之间的组合形式。点线越少，图案越趋简单。同样，点线之间的关系或联系越符合几何构图原则，则图案也越简单。苹果、欧米茄手表、李宁体育用品的品牌标志都是一些构图简单的标志。

苹果电脑是全球五十大驰名商标之一，其"被咬了一口的苹果"标志非常简单，却让人过目不忘。创业者当时以苹果为标志，是为纪念自己在大学读书时，一边研究计算机技术，一边在苹果园打工的生活，但这个无意中偶然得来的标志恰恰非常有趣，让人一见钟情。苹果计算机作为最早进入个人计算机市场的品牌之一，一经面市便大获成功，这与其简洁明了、过目不忘的标志设计密不可分。

2．独特新颖原则

连锁店店标是用来体现企业的独特个性、品质、风格和经营理念的。因此，在设计上必须别出心裁，使标志富有特色、个性显著。

马兰拉面的标志为一只红色的大碗，与牛肉拉面俗称"牛大碗"相吻合，碗上标有英文（也是汉语拼音）"malan"字样。碗的上方两只手又似牛角，与碗形成牛头图案。专业设计使构图具有鲜明的现代感。辅以绿色色块，以产生绿叶扶红花的效果，大红大绿的应用又体现出民族审美的特色。

3．准确相符原则

准确相符是指连锁店店标的寓意既要巧妙，又要准确。店名与标志要相符，这样才有利于扩大连锁店的知名度。例如，食品行业的特征是干净、亲切、美味等，房地产的特征是温馨、人文、环保等，药品行业的特征是健康、安全等。品牌标志要很好地体现这些特征，才能给人以正确的联想。

"M"只是个非常普通的字母，但是在许多小孩子的眼里，它不只是一个字母，它代表着麦当劳，代表着美味、干净、舒适。同样是以"M"为标志，与麦当劳圆润的棱角、柔和的色调不一样，摩托罗拉（Motorola）的"M"标志棱角分明、双峰突出，以充分表达品牌的高科技属性。

4．优美精致原则

优美精致原则是指连锁店店标造型要符合美学原理。要注意造型的均衡性，使图形给人一种整体优美、强势的感觉，保持视觉上的均衡，并在线、形、大小等方面进行造型处理，使图形能兼具动态美与静态美。

百事可乐的圆球标志，是成功的设计典范，圆球上半部分是红色，下半部分是蓝色，中间是一根白色的飘带，视觉极为舒服顺畅，白色的飘带好像一直在流动着，使人产生一种欲飞欲飘的感觉，这与喝了百事可乐后舒畅、飞扬的感官享受相一致。

5．稳定适时原则

连锁店店标要为消费者熟知和信任，就必须长期使用和宣传。但为了与时代的步伐合拍，也要不断改进，以适应市场环境变化的需要。

日本花王公司的月亮标志，就是随着时代巨轮的转动，不断地演进。自公司 1890 年创业迄今，该标志共经过 7 次重大的变化，并且越靠近现代越符合现代人的审美。

## 二、招牌的设计

### （一）门店招牌的定义

招牌（shop sign）是以实物为载体，力求通过精心设计来展示店名店标的一种店铺外观显示物，包括在建筑和店铺的设计中，为了显示建筑和店铺的形象和增加店铺的吸引力，而在店铺外观（上、下、前、后、左、右、墙壁）设计的有字体和店标的各种宣传设施。

### （二）门店招牌的主要作用

1．表明经营范围

招牌标示着主要的服务项目或供应范围，如体育用品专卖店、时装专卖店。

2．反映经营特色与服务传统

某些经营中药、书画、土特产的商店有着悠久的历史和良好的商业信誉，可以通过招牌显示出来。例如，同仁堂、全聚德等，其招牌也反映了其经营特色，代表了优质的服务。

3．引起顾客兴趣

如采用各种装饰、名人题字的招牌等一些手段，引起顾客兴趣。

4．加强记忆以促传播

一些新崛起的商店为回应时尚、推陈出新，设计出朗朗上口且不易遗忘的招牌。

### （三）门店招牌设计的类型

招牌设计的种类很多，这就需经营者要懂得选择适合自己的招牌。

1．直立式的招牌设计

直立式的招牌设计是一种在店门前树立的带有店名的招牌，它比贴在门上和门前的招牌更能吸引顾客。直立式的招牌设计不会像门上招牌受到篇幅限制，它可设计成各种形状，有竖立长方形、横列长方形、长圆形和四面体形等。为增加可见度，招牌的正反两面或四面体的四面都应有零售店的名称。在零售店门口设立一块直立式的招牌，可以增加店铺的可见度，使两边及正面往来的人们都能远远看见，而且可以设计美丽的图案，起到点缀零售店的效果。

2．以造型为主的招牌设计

别出心裁的经营者，经常以人物或动物的造型做招牌。此类招牌具有较大的趣味性，能吸引行人的眼光。可在招牌上列出零售店的名字和特色。值得注意的是，人物和动物的造型要明显地反映自身的经营风格，使人在远处就可以看到面前是什么类型的零售店。

3．以霓虹灯、日光灯为主的招牌设计

在夜间或光线不足之时，霓虹灯和日光灯招牌能使店面明亮醒目，增加零售店在晚间的可见度，制造热闹和欢快的气氛。霓虹灯和日光灯招牌的设计要新颖、独具一格，可设计成各种形状，采用多种颜色。灯光的变换和闪烁要能产生一种动态的感觉，使之比起一成不变的静态灯光更能活跃气氛，更富有吸引力。

4．壁式招牌设计

壁式招牌设计由于贴在墙上，其可见度不如其他类型的招牌。要使此类招牌吸引人们的注意，就必须使之从墙上凸显出来。招牌的颜色要能形成醒目的对照，又能与墙的颜色协调。所以，壁式招牌的设计要强调具有独创性，不能只是枯燥的一行字。壁式招牌应配合零售店经营的主题，若配上动物的雕刻，或者商品的典型图案，就能使招牌生动地从墙上凸显出来。

5．悬吊式招牌设计

此类挂在零售店门口的招牌，由于挂得高，比较突出，并且一般双面都印有零售店名称，可使两边往来的人们远远地就能看见招牌。

此外，招牌的位置与制作规格应与周围环境和商店建筑相适应、协调，可设计为平行和垂直两种形式，使行人在远处就能清楚辨认。应注意的是，那些地处街道凹部位的商店，应在与街道平行的前方位置安装侧面招牌。一些知名度及信誉度较高的零售店还可以设计店徽、标志在招牌之上。

（四）招牌设计的注意事项

1．内容准确

作为向顾客传递信息的一种形式，招牌的设计不仅要追求艺术上的美感，更重要的是内容要准确。店铺招牌所要包括的内容是设计的核心部分，其内容主要为店铺的名称、店铺的标志、店铺的标准特色、店铺的营业时间，尤其是店名和店标（店徽）不可或缺。店名和店标要避免重复、雷同。

2．色彩搭配合理

一般来讲，所选择的色彩一定要协调，要有较强的穿透力。例如，交通指挥灯之所以采用红黄绿3色，就是因为这3种颜色穿透力最强，从很远的地方就能看到。色彩协调给人产生一种视觉的舒适感，而穿透力则能从很远的地方让公众注意到。

【相关链接】

### 以红蓝为主色调的法国家乐福

家乐福于1959年创立于法国，1963年第一家量贩店于法国开幕，1999年与Promodes合并成为欧洲第一、世界第二大零售集团。

家乐福著名醒目的红蓝白企业标志，看似简单，却饶富意义，里面隐含着家乐福创立至今的企业愿景与对消费者的承诺。这个企业标志第一次出现是在1966年，设计概念取自Carrefour的前缀C，C的右端延伸一个蓝色箭头，左端一个红色箭头，象征四面八方的客源不断向着Carrefour聚集。一旁的Carrefour是家乐福原创母公司的法文名，在台湾翻译为"家乐福"是取"家家快乐又幸福"的意思，充分呼应了家乐福的经营理念。

### 3．选材要得当

制作材料的招牌一定要慎重选择，材质既要经久耐用，也要能在不同环境下产生良好的视觉识别效果。木材、水泥、瓷砖、大理石及金属材料可作为招牌的底基材料，而招牌的文字、图形可用铜质、瓷质、塑料材料来制作。这些材料各有利弊，可根据实际情况进行选择，趋利避害。

### 4．摆放要适当

招牌制作好后，还必须摆放适当，才能够产生预期的效果。招牌的摆放主要有4种形式：①横置屋顶型，即在店铺顶部横向设立长方形招牌；②广告塔型，即在店铺顶部设立一个柱形招牌；③壁面型，即在店铺外墙的一侧设立长条形招牌；④突出型，即在店铺墙角摆放不附墙体的招牌。

### 5．要与周边环境相协调

在招牌的设计中，一定要考虑招牌摆放时的周边环境，要考虑与周围的建筑环境、风格是否匹配，与相邻建筑的招牌是否会发生冲突，能否在店铺林立的环境里凸显出来。

 **任务四　连锁门店出入口、店门和橱窗的设计**

## 一、门店出入口的设计

### （一）门店出入口设计的类型

进入一个商场，人来人往，最吸引人的莫过于出入口的设置了。在卖场设计中第一关便是商场出入口的设置。招牌漂亮只能吸引顾客的目光，而入口开阔才能吸引顾客进店。入口选择的好坏是决定零售店客流量的关键。不管什么样的商场，其出入口都要易于出入。商场的出入口设计应考虑商店规模、客流量大小、经营商品的特点、所处地理位置及安全管理等因素，既要便于顾客出入，又要便于商店管理。一般情况下，大型商场的出入口可以安置在中央，小型门市的进出位置设置在中央是不妥当的，因为店堂狭小，直接影响了店内实际使用面积和顾客的自由流通。小店的进出口，不是设在左侧就是右侧，这样比较合理。那么，商场出入口的设计类型应该怎样选择？

### 1．封闭型

此类设计的入口应尽可能小些，面向大街的一面，要用陈列橱窗或有色玻璃遮蔽起来。顾客在陈列橱窗前大致品评之后，进入零售店内部，可以安静地挑选商品。在以经营宝石、金银器等商品为主的高级商店，因为不能随便把顾客引进店内，又要使顾客安静、愉快地选购商品，所以这种类型是很适用范围的。这些零售店大都店面装饰豪华，橱窗陈列讲究，从店面入口即可给顾客留下深刻印象，又可使到这里买东西的顾客具有与一般大众不同的优越感。

### 2．半开型

半开型商店的入口稍微小一些，从大街上一眼就能看清零售店的内部。倾斜配置橱窗，使橱窗对顾客具有吸引力，尽可能无阻碍地把顾客诱引到店内。在经营化妆品、服装、装饰品等的中级商店，这种类型比较适合。购买这类商品的顾客，一般都是从外面看到橱窗，对零售店经营的商品发生了兴趣，才进入店内，因而开放度不要求很高，顾客在零售店内就可以安静地挑选商品。

### 3．全开型

全开型是把商品的前面，面向马路的一边全开放的类型，使顾客从街上很容易看到零售店内部和商品。顾客可以自由地出入店铺。出售食品、水果、蔬菜、鲜鱼等副食品商店，因为是经营大众化的消费商品，所以很多都用这种类型。这种类型，前面很少设置障碍物，在零售店内要设置橱窗，前面的柜台要低些。此外，不要把商店内堵塞得很满，影响顾客选购商品。店前不要停放自行车、摩托车等，不要把门口堵住，以免影响顾客出入。

### 4．出入分开型

出入分开型的商店即指出口和入口通道分开设置，一边是进口，顾客进来之后，必须走完全商场才能到出口处结算，这种设置对顾客不是很方便，有些强行的意味，但对商家管理却非常有利，有效地阻止了商品偷窃事件发生。这种出入设置往往适用于经营大众化商品的商店。一些著名的外资零售企业（如沃尔玛等），便是采用这种方式。也有一些商场，由于商品陈列和营业厅的配置比较困难，一般都把一面堵起来，就像附近的超级市场那样，在店内可以自由走动，到各个货架买货都方便。零售店的一面是入口，另一面是出口，顾客出入商店也很自由，这种类型对顾客的接待效率也很高。

### （二）影响门店出入口的 5 个因素

要设计好一个好的、合理的门店出入口，先要考虑影响出入口的因素有哪些，这样才能避免出现各种各样的问题。影响出入口设计的 5 个因素如下。

### 1．外界环境及气候条件

门店大门设计时要考虑门前的路面是否平坦，是水平还是斜坡；门前是否有隔挡及影响门面形象的物体和建筑；应考虑气候条件对门店大门设计的影响，如采光条件、噪声影响、风沙大小及阳光照射等。一般来说，气候条件温和的南方宜于采用偏开放型门店大门，而气候条件较恶劣的北方则适于偏封闭型的门店大门。

### 2．人体机能因素

在进行入口设计时，应根据人体的机能，结合目标顾客的年龄、性别、文化程度、风俗习惯等方面的主要特征，对门、台阶、扶手及其他构件或辅助设施的位置、色彩、构型、图案等方面进行综合考虑，使整个门店大门设计与顾客的人体尺寸及心理感受相符合，从身体与心理上最大程度地给予顾客方便与舒适。

### 3．引导性

门店的位置应具有引导性，既能吸引过往的顾客，又能使门店大门与门店内通道紧密衔接，在顾客进入门店后能自由随意走动的同时还可以起到很好的指引导向作用。另外，还应使门店的客流保持通畅。不同门店的大门位置应各有不同，小型门店大门一般置于门店门面一侧，这有利于对顾客的合理引导；大型门店一般将大门安放在门店中央，左边或右边再增设边门，以兼顾引导性及客流的畅通性。

【相关链接】

**顾客从右侧入口容易进入**

卖场的入口设在右侧就能畅销。入口究竟设在中央、左侧或右侧曾产生很多议论，而结论往往由领导来决定。但从实践来说，入口应设在右侧。入口设在右侧较好的理由：①开设超市、大卖场较成熟的美国、法国、日本等国家，大卖场入口都设在右侧；②视力右眼比左眼好的人多；③使用右手的人较多等。人都有用自己比较强的一面来行动的特点。以右手做主要动作的人，注意力往往集中在右侧，由右侧开始动作，这是为弥补左手的弱点。从右侧进店以后，以左手拿购物篮，右手自由取出右侧壁面的陈列商品，放入左侧的购物篮。以这种动作来前进，然后向左转弯。如果相反从左侧的入口进店，左侧的壁面陈列的商品以左手很难取出，所以必须转身用右手来拿。向前前进时右手不能动，向右转弯时，左手变成无防备因而感到不安。最有力座右铭是，右边比左边占有优势。对顾客来说，能自由使用右手的卖场，便会成为顾客的第一卖场。卖场把顾客的方便置于卖场的方便之上，整个卖场贯彻这种方针来服务，卖场将变成优良的卖场。

4．入口设计的装饰性

入口空间是顾客的视觉重点，设计独到、装饰性强的入口具有强烈的吸引力，可引导顾客进入门店购物。

5．经营规模

小型门店可以根据经营特色选择各种大门样式，而大型门店由于门面宽、客流量大，采用半开放式大门更为适宜。

### （三）门店出入口的设计要求

（1）清洁。门店门面及商品应随时保持清洁。门店门面及商品不洁净的门店，会使顾客产生排斥心理。

（2）鲜明。让顾客在门店外就能分辨"是卖什么的门店"。一般来说，门店从街上各个角度都应该能够看到。门店门面及橱窗应有鲜明的特色。如果从远处就能看到门店内部，最为理想。

（3）明亮。门店门面很明亮，使顾客一眼就能看到门店里。门店内的照明非常重要，其作用有四个：①引导顾客进入门店内；②使门店内形成柔和愉快的气氛；③使商品布置得五光十色、光彩夺目；④引起顾客的购买欲望。而商品照明强度应为门店内一般照明的2～4倍，这样才能提高商品吸引顾客的效果。

（4）方便。出入口不能太少，避免因通行不畅造成拥挤。道路和门店之间没有阶梯或坡度。由门口进入门店内的通道保持适当的宽度。

（5）舒畅。屋顶有适当的高度，最低不应低于3.6m，这样顾客就不会产生压迫感。

（6）热闹。要有热闹的商品展示及各种相应的促销活动，用以吸引顾客。

## 二、店门的设计

### （一）店门的设计要求

显而易见，店门的作用是诱导人们的视线，并使之产生兴趣，激发人们想进去看一看的参与意识。怎么进去，从哪进去，就需要正确的导入，告诉顾客，使顾客一目了然。

在店面设计中，店门设计是重要的一环。

1．店门位置

将店门安放在店中央、左边或右边，这需要根据具体人流情况而定。一般大型商场大门可以安置在中央，小型商店的进出部位安置在中央是不妥的。因为店堂小，直接影响了店内实际使用面积和顾客的自由流动。小店的进出门设在一侧比较合理。

### 2．店门的性格

从商业经营观点来看，店门应当是开放性的，所以设计时应当考虑到不要让顾客产生"封闭"、"阴暗"的不良心理，从而拒客于门外。因此，明快、通透的门扉才是最佳设计。传统的木门、金属门的封闭性早已不适应时代的发展。

### 3．店门与环境

店门设计还应考虑店门前面的路面是否平坦，是水平还是斜坡；前边是否有阻挡及影响店门形象的物体或建筑，采光条件、噪声影响及太阳照射方位也是考虑的因素。

### 4．店门材料

店门所使用的材料，以往都是采用较硬质的木材，也可以在木质外部包铁皮或铅皮，制作较简便。后来我国开始使用铝合金材料制作商店门，由于它轻盈、耐用、美观、安全，富有现代感，所以得到普及。无边框的整体玻璃门属于豪华型门扉，由于这种门透光性好，造型华丽，所以现在被许多的首饰店、电器店、时装店、化妆品店、超市等各种类型的连锁店使用。

### 5．店门的精神

店门的精神主要指连锁店将连锁企业的经营宗旨、经营战略、企业精神赋予到店门设计中。例如，有的连锁店门口设有坡道，是为了方便消费者推购物车，体现了服务第一，顾客第一的理念。有的连锁店门口摆了两个大狮子，这主要体现了连锁企业战无不胜、开拓进取、力争第一的霸气。有的店铺则在门口摆上了人物偶像，如麦当劳和日本品川区的 T 茶叶、海苔店。T 茶叶、海苔店在店前设置了一个高约 1m 的偶像，其造型与该店老板一模一样，只是进行了漫画式的夸张，它每天站在门口笑容可掬地迎来送往，一时间顾客纷至沓来，喜盈店门。

### 6．店门的保护

有的店门容易遭到风吹雨打，有时有大量的灰尘会刮到店内，所以经营日常用品的店铺不得不经常关上店门。对于供应中高档的店铺更需要采取措施。手段之一就是采取百货店和高级品商店的方法——使用双层门。如果为了避免日光的损害，还可以在店门的上方设置遮阳布。

### （二）店门设计应注意的问题

### 1．中高档店铺的店面设计

中高档店铺一般店门比较大，店面设计就成为重要的一环。店面的设计必须符合自身的行业特点，从外观和风格上要反映出店铺的经营特色，要符合店铺定位的客户的口味。

### 2．与周围店铺要相协调

店面的装潢要充分考虑到原建筑风格与周围店面是否协调，不能为了差异而差异，"个性"虽然抢眼，可是一旦使消费者觉得"粗俗"，就会失去顾客的信赖。店铺装潢有不同的风格：大商场、大酒店有豪华的外观装饰，具有现代感；小商场、小店铺也应有自己的风格和特点。在具体设计与操作时，必须根据店铺的具体情形而定。

### 3．自身要协调

在设计店门时，不能仅仅考虑店门的门扇本身，同时要考虑门与周围环境的协调。也就是"以人为本，方便顾客"。例如，店门处有楼梯的话，顾客就必须注意脚下，这样就会给顾客一定的阻力感，特别会给老年人和残疾人带来不便。所以当店门与路面有落差的时候，要利用斜坡进行过渡，或者设立扶手。北京许多的店铺门口都设立了进店的斜坡，就说明了这一点。

4. 要在门口采取安全措施

大理石地板虽然漂亮，但在湿滑的情况下，容易使人滑倒。所以门口最好采用防滑材料铺设，出入口要放置蹭鞋垫（上面应刻有店铺的名字）。它的好处还有，避免顾客把脚上的泥土带到店里，而且还可以防止灰尘扬起落到商品上，从而减少清扫的麻烦。

5. 店门设计要注意与有关的设备配套设计

例如，夏天为防止苍蝇进店，就要挂上塑料门帘，这成了店门不可分割的一部分；有的店铺在门的上面安装空调，夏天保持店铺内部较低的温度，使冷气不外泄；冬季供应暖风，门要经常关闭。如果采用滑动拉门式全开放门的话，顾客进出的时候店门打开的程度比较大，所以会大大影响暖气的效果。在这些地方使用斜拉门（使用合叶的单开门或双开门）可以减少店内和店外空气的流通，有助于室内保暖。

### 三、门店橱窗的设计

橱窗（display windows）是指店铺临街的玻璃窗，用来展览样品。橱窗是店铺形象规划设计的重要组成部分。橱窗的作用在于展示店铺的格调，吸引过往的行人。

商店橱窗不仅是门面总体装饰的组成部分，而且是商店的第一展厅，它是以本店所经营销售的商品为主，巧用布景、道具，以背景画面装饰为衬托，配以合适的灯光、色彩和文字说明，是进行商品介绍和商品宣传的综合性广告艺术形式。消费者在进入商店之前，都要有意无意地浏览橱窗，所以，橱窗的设计与宣传对消费者购买情绪有重要影响。

#### （一）橱窗的分类

橱窗的设计，首先要突出商品的特性，同时又能使橱窗布置和商品介绍符合消费者的一般心理行为，即让消费者看后有美感、舒适感，对商品有好感和向往心情。好的橱窗布置既可起到介绍商品、指导消费、促进销售的作用，又可成为商店门前吸引过往行人的艺术佳作。橱窗的布置方式多种多样，主要有以下几种。

1. 根据陈列方式分类

根据陈列方式的不同，可以把橱窗分为 6 类：综合式橱窗、系统式橱窗、专题式（主题式）橱窗、特写式橱窗、季节性橱窗、情感化设计。

（1）综合式橱窗布置。它是将许多不相关的商品综合陈列在一个橱窗内，以组成一个完整的橱窗广告。这种橱窗布置由于商品之间差异较大，设计时一定要谨慎，否则就给人一种"什锦粥"的感觉。例如，结婚用品综合展示以"结婚用品"为内容的橱窗广告，把橱窗布置成为婚礼的场面，整个陈列以红色作为基调，在橱窗的中央装饰一个"囍"字，这样就可以把床上用品、家具、家用电器、玻璃器皿、服装鞋帽、日用百货等商品统统陈列在一起。

综合式陈列方法主要有横向橱窗布置、纵向橱窗布置、单元橱窗布置。横向橱窗布置：将商品分组横向陈列，引导顾客从左向右或从右向左顺序观赏。展示同类服装服饰时通常使用这种方式。纵向橱窗布置：将商品按照橱窗容量大小，纵向分成几个部分，前后错落有致，便于顾客从上而下依次观赏。这种主要适合于整体装束的展示，从上到下可以依次展示帽子、上衣、下装、鞋，形成整体风格。单元橱窗布置：用分格框架将商品分别集中陈列，便于顾客分类观赏，多用于小商品中。

（2）系统式橱窗布置。大中型店铺橱窗面积较大，可以按照商品的类别、性能、材料、用途等因素，分别组合陈列在一个橱窗内。又可具体分为①同质同类商品橱窗：同一类型同一质地制成的商品组合陈列，如不同样式的棉质 T 恤衫橱窗；②同质不同类商品橱窗：同一质地不同类别的商品组合陈列，如同一牛仔系列的服装，可包括上衣、裤子、裙子等，可设为一个专门的橱窗；③同类不同质商品橱窗：同一类别不同原料制成的商品组合陈列，如牛仔上衣、棉制上衣、真丝上衣等组合而成的上衣专门橱窗；④不同质不同类商品橱窗：不同类别、不同质地却有相同用途的商品组合陈列的橱窗，如各式运动装的专门橱窗。

（3）专题式（主题式）橱窗布置。它是以一个广告专题为中心，围绕某一个特定的事情，组织不同类型的商品进行陈列，向媒体大众传输一个诉求主题。又可分为节日陈列——以庆祝某一个节日为主题组成节日橱窗专题；事件陈列——以社会上某项活动为主题，将关联商品组合起来的橱窗；场景陈列——根据商品用途，把有关联性的多种商品在橱窗中设置成特定场景，以诱发顾客的购买行为。此外，还有绿色食品陈列、奥运商品陈列、丝绸之路系列。

（4）特写式橱窗布置。指用不同的艺术形式和处理方法，在一个橱窗内集中介绍某一产品，如单一商品特写陈列和商品模型特写陈列等。这类布置适用于上市的服装服饰商品、特色服装服饰的广告宣传，主要有以下两种形式。单一商品特写陈列：在一个橱窗内只陈列一件商品，以重点推销该商品，如当店铺要推出一款新颖时装时，就可将其单独陈列在橱窗中，重点推出，以吸引顾客。商品模型特写陈列：用商品模型代替实物陈列。服装服饰店采用模型陈列代替实物陈列，能显出其特色，更能吸引顾客。为了让服装服饰灵秀可爱，也显出店铺的特色，可将原打算要放于橱窗的服装服饰、模特按一定比例缩小，将缩小的服装服饰陈列于橱窗中。

（5）季节性橱窗陈列。根据季节变化把应季商品集中进行陈列，如冬末春初的羊毛衫、风衣展示，春末夏初的夏装、凉鞋、草帽展示。这种手法满足了顾客应季购买的心理特点，可用于扩大销售。但季节性陈列必须在季节到来之前一个月预先陈列出来，向顾客介绍，才能起到应季宣传的作用。

（6）情感化设计。情感设计就是通过各种形状、色彩、机理等造型要素，将情感融入设计作品中，在消费者欣赏、使用产品的过程中激发人们的联想，产生共鸣，获得精神上的愉悦和情感上的满足。情感化设计主要包括对品牌内涵的联想，对使用品牌感觉的联想。

2．根据橱窗构造形式分类

根据橱窗构造形式的不同，可以把橱窗分为封闭式、半封闭式、敞开式。

（1）封闭式。橱窗的后背装有壁板与店堂隔开，可形成单独空间。封闭式和半封闭式橱窗多为大商场和专业店所用，可显示其商场的宏大气派。

（2）半封闭式。后面与店堂采用半隔绝、半通透形式。可建有固定结构的窗底，后背与店堂相通，可用栏杆隔开。

（3）敞开式。橱窗没有后背，直接与营业场地空间相通，人们通过大玻璃可看到店内全貌。国外商店多采用这种形式。在设计实施上具有极端的两面性：①简单易行——基于店铺的完美设计，无须用其他物品做过多的修饰。②难度大——要求店面与橱窗无论在色彩、结构还是货品展示方面都能形成统一完美的画面。

一般来讲，封闭式橱窗大多为场景设计，展现一种生活形态；半封闭式大多通过背板的不完全隔离，具有"犹抱琵琶半遮面"般的吸引功效；开放式则将产品形态或者生活形态完全展现给消费者，亲和力强。

（二）橱窗对消费者购买活动的影响

1．激发购买兴趣

精选经营的重要商品进行陈列，并根据消费者的兴趣和季节有所变化，把热门货或新推广的商品摆在橱窗显眼的位置上，不但能给消费者一个经营项目的整体形象，还能给消费者以新鲜感和亲切感，引起消费者对商店的注意和需求的兴趣。

2．促进购买欲望

橱窗的装饰美术、民族风格和时代气息，不但使消费者对商品有一个良好的直观印象，还会引起他们对事物的美好联想，获得精神上的满足，从而促进购买的心理欲望。

3．增强购买信心

橱窗用实在的商品组成货样群，如实地介绍商品的效能、用途、使用和保管方法，直接或间接地反映商品的质量可靠、价格合理等特点，不但可以提高消费者选购商品的积极性，还可以带给他们货真价实的感觉，增强其购买商品的信心。

（三）橱窗设计的基本原则

橱窗是卖场中有机的组成部分，不是孤立的。在构思橱窗设计方案前要把它放在整个卖场中去考虑。另外，橱窗的观看对象是顾客，必须从顾客的角度去设计橱窗里的每一个细节。橱窗的设计过程中可以充分考虑以下原则。

1．考虑顾客的行走视线

虽然橱窗是静止的，但顾客群是行走和运动的。因此，橱窗的设计不仅要考虑顾客静止的观赏角度和最佳的视线高度，还要考虑橱窗自远至近的视觉效果，以及穿过橱窗前的移步即景的效果，在橱窗的创意上，要做到与众不同。

首先，主题要简洁，在夜晚还要适当加大橱窗的灯光亮度。其次，顾客在街上的行走路线一般是靠右行，因此在设计中，不仅要考虑顾客正面站在橱窗前的展示效果，也要考虑顾客侧向通过橱窗所看到的效果。

2．橱窗和卖场形成一个整体

橱窗是卖场的一部分，在布局上要和卖场的整体陈列风格吻合，形成一个整体。有的陈列师在布置橱窗时，往往会忽略卖场的陈列风格。我们常常看到这样的景象：橱窗设计非常简洁，卖场里却非常繁复；橱窗风格很古典，卖场的陈列风格却非常现代。

因此，在设计橱窗时要考虑卖场内、外的效果。通透式的橱窗不仅要考虑和整个卖场风格协调，还要考虑和橱窗靠近的几组色彩的协调性。

3．要和卖场内营销活动相呼应

橱窗从另一角度看，就像一个电视剧广告，它向顾客告知卖场的商业动态，传递卖场的销售信息。因此橱窗传递的信息应该和卖场中的实际销售活动相呼应。如橱窗里是"新款上市"的主题，卖场里的陈列主题也要以新款为主，并贮备相应的新款数量，配合销售需求。

4．主题简洁鲜明，风格突出

不仅仅要把橱窗放在卖场中考虑，还要把橱窗放大到整条街上去考虑。在整条街道上，你的橱窗可能只占小小的一段，如同影片中的一个片段，瞬间即逝。街上行人的脚步匆匆，在一条时尚街道，顾客在你的橱窗前停留也就是很短的一段时间。因此橱窗的主题一定要鲜明，不要这个内容要表现那个内容也要展示。要用最简洁的陈列方式告知顾客你所要表达的主题。

（四）橱窗设计的位置

双门面或者多门面店铺通常都可以做出非常大气和漂亮的橱窗，人们通常会想方设法去装饰它的橱窗，却忽视了橱窗应该放在哪边。其实橱窗放在哪边从美学角度来讲都是一样的，但却有可能影响顾客的进店率。

顾客在接近店铺时，最先看到店铺的外面，如果顾客不是从店铺正面走过来，而是从店铺两边走来，那么会出现两种情况，一种是顾客经过我们的橱窗再经过门口，另一种就是先经过门口再看到橱窗。

如图 6.1 的店铺中，店铺的橱窗规划在店铺的右边，当顾客从店铺左侧向右走时，要么顾客直接进入店铺，要么顾客先经过店铺门口再看到橱窗里的演示区域。

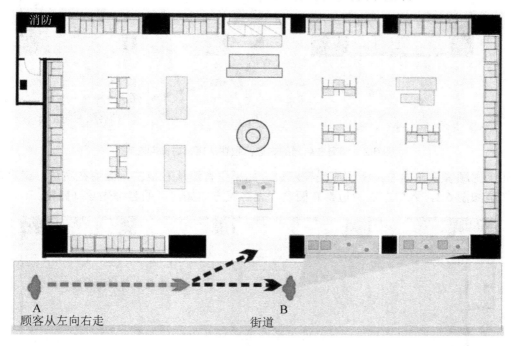

**图 6.1　橱窗在店铺的右边，顾客从店铺左侧向右走**

我们要讨论的是，要先让顾客看到橱窗和演示区域，然后再经过店铺门口，还是让顾客先经过门口再看到橱窗。对于优秀的陈列设计师，这个问题的答案当然很明确，那就是最好让大多数顾客先看到橱窗或其他的演示区域，并用这些陈列在橱窗和演示区域的商品，将顾客吸引到店铺中来，这也是橱窗和演示区域最大的作用之一。

在图 6.1 中，假设顾客是从店铺的左侧往右侧走，如果按照图中的橱窗规划方法，顾客肯定是先经过门口再看到橱窗，除非顾客本身就想进店铺或对品牌忠诚度很高，否则当顾客经过门口后，看到橱窗里的商品再返回来的概率会相对小很多，因此图 6.1 的橱窗规划在这种情况下是错误的。

可是我们也要看到，如果顾客是从店铺右边向左边走，如图 6.2 所示，那么这样的橱窗规划就变成正确的了。因此我们首先应当判断店铺外主要人流的方向，再进行橱窗规划。

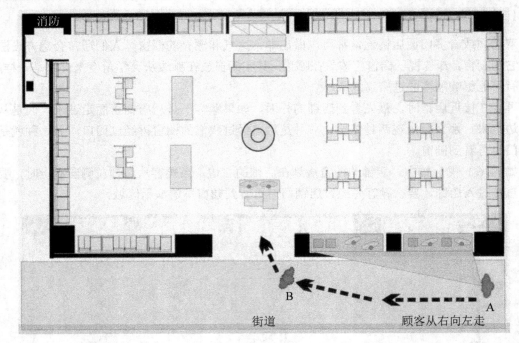

**图 6.2　橱窗在店铺的右边，顾客从店铺右侧向左走**

如果主顾客从左向右，橱窗应当在左边，如果主客流从右至左，橱窗在右边，最理想的规划就是如图 6.3，入口左右两边都有橱窗，无客流方向如何，顾客都先看到橱窗。

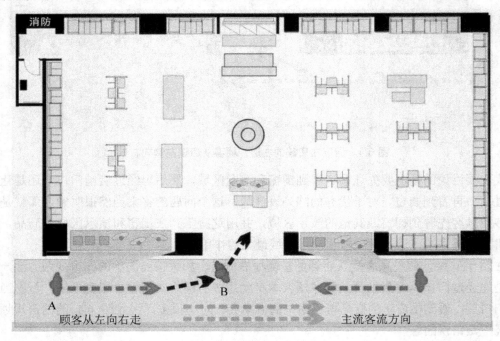

**图 6.3　入口左右两边都有橱窗**

（五）**橱窗设计的表现手法**

橱窗设计的表现手法可分为以下几种。

1. 直接展示

道具、背景减少到最小程度，让商品自己说话。运用陈列技巧，通过对商品的折、拉、叠、挂、堆，充分展现商品自身的形态、质地、色彩、样式等。

2. 寓意与联想

寓意与联想可以运用部分象形形式，以某一环境、某一情节、某一物件、某一图形、某一人物的形态与情态，唤起消费者的种种联想，产生心灵上的某种沟通与共鸣，以表现商品的种种特性。

寓意与联想也可以用抽象几何道具通过平面的、立体的、色彩的表现来实现。生活中两种完全不同的物质、完全不同的形态和情形，由于内在美的相同，也能引起人们相同的心理共鸣。橱窗内的抽象形态同样可以加强人们对商品个性内涵的感受，不仅能创造出一种崭新的视觉空间，而且具有强烈的时代气息。

3. 夸张与幽默

合理的夸张将商品的特点和个性中美的因素明显夸大，强调事物的实质，给人以新颖奇特的心理感受。贴切的幽默，通过风趣的情节，把某种需要肯定的事物，无限延伸到漫画式的程度，充满情趣，引人发笑，耐人寻味。幽默可以达到既在意料之外、又在情理之中的艺术效果。

4. 广告语言的运用

在橱窗设计中，恰当地运用广告语言，更能加强主题的表现。由于橱窗广告所处的宣传环境不同，不能像报刊、杂志广告那样有较多篇幅的文字，一般只出现简短的标题式的广告用语，在撰写广告文字时，首先要考虑到与整个设计与表现手法保持一致性，同时既要生动，富有新意，唤起人们的兴趣，又要易于朗读，易于记忆。

5. 系列表现

橱窗的系列化表现也是一种常见的橱窗广告形式，主要用于同一牌号、同一生产厂家的商品陈列，能引起延续和加强视觉形象的作用。它可以通过表现手法和道具形态色彩的某种一致性来达到系列效果。也可以在每个橱窗广告中保留某一固定的形态和色彩，作为标志性的信号道具。

橱窗广告的设计构思和表现手法，综合了社会学、市场学、心理学及现代科学技术等各种因素，并随着商品经济的发展而不断变化着。设计者们必须不断更新知识，讲究功能，针对所陈列的商品特性，精心设计，才有可能在实践中摸索出更多、更新、更具特色的表现手段，使橱窗更好地为指导消费、促进销售服务。

（六）**橱窗设计的要求**

橱窗的设计要根据店铺的规模大小、橱窗结构、商品的特点、消费需求等因素，选择具体的布置方式。店主在设计时，要遵循以下几点要求。

1. 橱窗的高度要适宜

要使整个橱窗内陈列的商品都能在顾客视野中，橱窗的高度应与一般人的身高差不多为宜，最好能使橱窗的中心线与顾客视平线相当，橱窗底部的高度以成人眼睛能看见的高度为好，一般离地面 80～130cm。所以，大部分的商品可以在离地面 60cm 的地方进行陈列，小型商品在 100cm 以上的高度陈列。如果用模特，则可直接放在地上，不用增加高度了。

**2．橱窗的设计要与整体相适应**

橱窗的设计规格不能影响店面外观造型，应与商店整体建筑和店面相适应。

**3．陈列内容要与实际一致**

橱窗内容应与商店经营实际相一致，卖什么就布置什么，不能把现在不经营的商品摆上，使陈列的商品失去真实感，让顾客感到橱窗陈列只是造作。橱窗内所展示的商品，除了应该是现在店中实有的，也应该是充分体现商品特色的，使顾客看后就产生兴趣，并产生购买陈列商品的兴趣。

**4．商品陈列要表现诉求主题**

陈列商品时要确定主题，使人一目了然地看到所宣传介绍的商品内容。无论是同种同类或是同种不同类的商品，均应系统地分种分类，依主题陈列。季节性商品要按商品市场的消费习惯陈列，相关商品要相互协调，通过排列的顺序、层次、形状、底色及背景灯光等来表现特定的诉求主题，营造一种气氛。

**5．商品陈列要有丰满感**

商品要有丰满感，这是商品陈列的基础，缺少丰满感，顾客就会感到商品单薄，没有什么可买的。还要做到让顾客从远处、近处、正面、侧面都能看到商品的全貌。除根据橱窗面积注意色彩调和、高低疏密均匀外，橱窗布置应尽量少用商品作衬托、装潢或铺底，商品数量不宜过多，也不宜过少。

**6．商品陈列艺术化**

橱窗实际上是艺术品陈列室，通过对产品进行合理的搭配，来展示商品的美。经营者在橱窗设计中应站在消费者的立场上，把满足他们的审美心理和情感需要作为目的，可运用对称与不对称、重复与均衡、主次对比、虚实对比、大小对比、远近对比等艺术手法，表现商品的外观形象和品质特征。也可利用背景或陪衬物的间接渲染作用，使其具有较强的艺术感染力，让消费者在美的享受中，加深对商店的视觉印象并产生购买欲望。

**7．商品陈列要生活化**

要让消费者产生亲切的感受，心理趋于同化，可通过在橱窗上设计一些具体的生活画面，使消费者有身临其境的效果，促使消费者产生模仿心理。

**8．保持橱窗的清洁**

在设计橱窗时，必须考虑防尘、防热、防淋、防晒、防风等，要采取相关的措施。橱窗应经常打扫，保持清洁。橱窗玻璃洁净，里面没有灰尘，会给顾客留下很好的印象，引起顾客购买的兴趣。

**9．及时更换过季的展品**

一般来说，消费者观赏浏览橱窗的目的是想获得商品信息或为自己选购商品收集有关信息。消费者当然希望所得到的资料和信息是最新的，陈旧的信息资料不能引起消费者应有的注意，更无法激发购买欲望。因此，橱窗展品必须是最新产品或主营商品，必须能够向消费者传递最新的市场信息，以满足消费者求知、求新的心理欲望。所以店主要经常更换和及时展示畅销品、新潮时尚商品。过季商品如不及时更换会影响整个商店在消费者心目中的形象。而且要注意的是，每个橱窗在更换或布置时，必须在当天内完成。

【相关链接】

## LV 专卖店创意的店面橱窗设计

LV 对于每个专卖店都非常重视，无论位置、装饰、环境，还是橱窗陈列都特别关心。其目的正是为了保证顾客进入全世界任何一家 LV 专卖店都会有相同的视觉和审美感受。因为专卖店使顾客能直接感触 LV 的昂贵品牌价值，而且可以传递品牌形象、品牌历史和保持品牌带来的丰富审美内涵。

专卖店及旗舰店一般位于一线城市和特殊二线城市商业中心最繁华的地段，专卖店在奢侈品牌的销售体系中占有十分重要的地位，是塑造品牌的关键一环。

LV 绝对是有创意的店面橱窗陈列的高手，其奢侈品牌橱窗陈列也是它的创举。1875 年，LV 的店面设置了华丽的橱窗，里面摆放着李箱，把整个巴黎都吸引了，在橱窗前，可以碰到王室、贵族、政客，富豪等上流人物，他们都是来欣赏时尚的。

LV 在香榭丽舍大街上的旗舰店是那个时代全世界最大的旗舰店。它位于离凯旋门不远的一座典型的欧式建筑里，远远地从几个巨大的橱窗里就能感受到 LV 的豪华与奢侈，巨大的玻璃橱柜以 monogram 图案的金属网格为元素展示着 LV 最新款的服装和箱包。店铺里的墙面和地面等都点缀经典的 monogram 花纹，表面镶嵌木料、真皮、水晶或瓷器，分隔出不同的购物空间。纵观整个店铺，意外的设计与讲究的细节比比皆是。

LV 绝对是做有创意的旗舰店的好手。2004 年为庆祝 LV 创立 150 周年，LV 将香榭丽舍大道的旗舰店规模扩增两倍。出人意料的是，LV 特地制作了两个超大的招牌旅行箱，架在旗舰店的大楼外面，赚足了过往行人的眼球。这里不仅展出有 LV 历史上 28 件珍贵的古董行李箱，而且位于旗舰店七层的 LV 美术馆，也首次选用了一群尖端艺术家的作品，在店内做永久的陈列。其中一件由白女人裸体构成的字母"L"和黑女人裸体构成的"V"组成的图案颇为打眼。徘徊在 LV 旗舰店的漫步长廊，你将发现美国艺术家詹姆斯的灯饰雕塑，以及丹麦概念艺术家奥拉夫·伊莱亚森专门为 LV 设计的作品。

如今这个香榭丽舍大街的旗舰店每天有 3000～5000 人前来膜拜，如同一座巴黎艺术博物馆。据说在巴黎 LV 在香榭丽舍大街的旗舰店是排在埃菲尔铁塔和巴黎圣母院之后最有人气的旅游胜地，很多旅游客为了见识一下奢侈品牌的样子到此一游，而购买 LV 箱包则可以满足这个奢侈的体验。

目前全球所有 LV 的店外橱窗每月都要更换主题，主题总体创意由法国完成，每个店里的橱窗陈列着 LV 旅行箱和新款商品。特别是，总旗舰店制作的超大旅行箱架在店的大楼外面最为引人注目，强调了它旅行便利的定位点。LV 主体的陈列和店内陈列留给每个店很大的创意空间。2008 年，香港旗舰店经过装修，总面积翻了一倍，一共达 1643m²，此新店是继巴黎香榭丽舍大道和纽约之后的全球第三大 LV 大楼。它具有最具代表性的设计，整个店都以金银颜色为主，其中首推极具气势的巨型透明玻璃外墙，这个外墙是香港最大的名牌店铺外墙设计。玻璃墙幕后面装置了 7 000 条铝制"垂直百叶帘"装饰，而外墙玻璃物料内的液态银条装饰，巧妙地组成品牌经典的 Damier 图案。

LV 第五大道旗舰店 2011 年春季橱窗的背景是奢华的紫色，一只大鸵鸟和 20 只鸵鸟蛋（小的是真的，大的是仿制的）是橱窗的"陈列架"。LV 的奢华包包、仙履、围巾等配饰从鸵鸟蛋中破壳而出。鸵鸟在这儿变得特别好看，加上生动创意非常的画面，LV 的这个橱窗设计俨然一个值得细细欣赏的艺术品。

奢侈品牌的专卖店橱窗在当代绝对是奢侈品牌的主要营销手段。据调查，现在全球共有 425 间专卖店的 LV，每年约花费 2 亿欧元为新增设 15 间分店进行翻新。

## 任务五　连锁门店周围环境的设计

### 一、门店停车场的设计

#### （一）门店停车场设计的重要性

连锁店都有自身的商圈范围，大型超级市场的商圈半径可达 5～10km，因此，超市等连锁店必须提供一定的停车场以吸引远处的顾客。商场的停车条件是现代化综合性百货商场、大门店、仓储商场存在的基本条件之一。从某种意义上说，现代社会是汽车社会。在经济发达国家，小汽车已经成为人们的主要交通工具，逛商店采购商品自然要依赖它。于是，兴建供顾客专用的停车场，成为了商店必不可少的设施。美国稍大一点的商店都有停车场，美国大商店的营业面积与停车场面积之比有时达到1∶1甚至1∶1.5。

在我国，开车购物也已经成为许多顾客采用的购物方式，停车设施是顾客选择购物场所的重要参考因素。如果开连锁店，尤其是大型连锁店，如购物中心、百货店等业态，必须考虑停车的问题。购物场所一般设有停车场和相对的停车设施。很多超级市场、仓储式商场。由于在规划时停车问题考虑不周，影响了顾客到店的人次。因为没有方便的停车设施，顾客多会过门口而去。西方国家的城市中心商业之所以出现萧条，就是由于停车困难，而郊区购物中心发展的一个重要原因则是停车便利。

在日本，55%的饭店建立了顾客专用的停车场，平均停车能力为 10 辆。在日本东京，市内的超级市场都设在百货公司的地下室，而且有市区便捷的交通系统直到其地下，可以不必考虑停车问题；如果在郊外，则必须考虑，否则无法吸引顾客。相反，便利店则无必要。而在我国的大中城市，公共交通还不十分发达，再加上提倡私人购车，私车数量不断增加，原来的店铺停车场很小，所以车辆的停放问题相当突出。例如，目前北京的汽车达 500 万辆以上，而市内车位数不足其一半。如何进行停车场的设计，有很多方面的工作要做。

#### （二）门店停车场的设计形态

从停车场与门店之间所形成的水平与垂直位置关系来看，可将停车场定位成两大形态：平面式停车场和立体式停车场。当停车场与门店同在一条水平线上（$x$ 轴）时，称之为"平面式停车场"。平面式停车场包括正面停车场、后面停车场、侧边停车场、邻地扩张停车场、跨街道停车场 5 种；当停车场与门店同在垂直线上（$y$ 轴）时，称之为"立体式停车场"。立体式停车场包括地下停车场、顶楼停车场、双层停车场、独栋多层专用停车场 4 种。

#### （三）门店停车场的位置选定

停车场位置的选定关系着顾客停车的安全性及方便性。

安全性着重能引导消费者由主要道路的顺向（右边）开进停车场，切勿逆向左切进入以免发生交通危险。假如门店基地同时紧邻主要道路及次要巷道，出入口应设置在次要巷道，而且不要太靠近十字路口，避免因车速减缓或车辆进出影响其他车流量的行驶，引起塞车混乱而陡增周围居民困扰。

方便性的考量在于缩短停车场与门店之间的距离，使顾客车停妥后能尽快进入门店，及购物完毕后能轻松离去。基于以上因素的考量，停车场靠近门店的出入口，且与门店在同一平面是最理想的位置选定。

（四）停车面积与停车位的规格形式

1．停车场面积设定

停车场面积通常是以汽车为计算基准，首先参照营业计划的来客数，设定汽车的停车台数，以每台汽车的停车规格计算出全部停车台数的面积，再加上车道通路及公共设施的面积，就是所需要的停车场总面积。

停车场面积计算公式：

停车台数×15m$^2$（每台车位面积）×1.5m$^2$（通路及公共设施面积）＝停车场总面积

2．停车位的规格

根据多数车种规格，所定停车位标准尺寸如下：汽车车位为宽 2.5m×长 6m、摩托车车位为宽 90cm×长 180cm，自行车车位为宽 60cm×长 160cm。另外一种栅栏式停车位可供自行车停放，其空间使用效率比格式车位还高。

3．停车位的形式

停车位形式有直式、斜式及平行式 3 种，如图 6.4 所示，每一种停车位形式都有其优缺点。直式停车设计的空间利用率比较高，但是 90°的进出大角度必须配合足够宽度的车道，否则不易进入车位与后退；斜式停车设计比较容易进出车位，但是空间浪费较多；平行式停车设计适合于较窄的停车空间，其倒车入库的停车方式较耗时。

(a) 直式停车位　　　　　(b) 斜式停车位　　　　　(c) 平行式停车位

**图 6.4　停车位的形式**

（五）规划停车场的步骤

（1）选定停车场的位置。

（2）决定停车车别。

（3）决定车位数量。

（4）计算并决定单位车辆的空间。

（5）规划并决定可供停车及其他相关设施的空间。

（6）设计多种不同的停车场形式及配置图。

（7）评估配置图并选定最有利于顾客停车及空间利用的设计配置。

（8）交付执行施工。

（六）规划停车场的注意事项

（1）同时考虑汽车、机车及自行车的停放规划。

（2）预估顾客的消费时间。

（3）预估顾客的停放和驶离的时间。

（4）停车位愈大及宽度适当的车道，可节省顾客进出的时间。

（5）直式车位其空间利用率较高，但车辆进出困难度较高。

（6）斜式车位其空间浪费较多，但车辆容易进出。

（7）车位停放角度愈大，其车道所需的宽度愈大。

（8）计算符合法令规定的停车单位面积。

（9）从道路进入停车场的出入口应合乎法规。

（10）规划符合法规的残障车位。

## 二、连锁店周边道路、绿化、相邻建筑协调的设计

### （一）连锁店与周边道路的关系

连锁店一般设在交通要道处或位于大型社区的中心地带，其和道路的关系主要有以下几点。

（1）连锁店的车辆不能影响社会公共车辆的运行。

（2）顾客通达连锁店很方便，国外许多连锁店设在高速公路的出口处。

（3）停车场出入口不设在主干道上，这是大城市规划的基本要求。

（4）店铺前应有较多的车位，以保证有一定的客流。

### （二）连锁店周边绿化的设计

连锁门店周边绿化关系到整个店铺环境的优美。店铺周边绿化形式主要是树木、花坛、草坪等。树木设计包括树种的选择和分布，草坪的设计包括草坪面积大小、形状、草种类型等。它们都可以起到美化连锁店形象的目的。

### （三）连锁店与周边建筑的关系布局

（1）距离道路的距离应远近一致，形成横看一条线的景观（也就是红线的距离应差不多）。

（2）高度上要相得益彰，太高太低都显得有失协调。

（3）建筑风格应一致，不能使民族特色浓厚的建筑和使用现代建筑外观材料的大厦并肩而立，这样造成的反差太大，会使顾客产生不愉快的感觉。

（4）在建筑物外观色彩上要协调，黑白、红绿等颜色的建筑尽量不要搭配在一起。颜色选择上应请专家进行研究。

 习题

### 一、名词解释

店名、店标、招牌、橱窗、综合式橱窗布置、特写式橱窗布置、平面式停车场、立体式停车场

### 二、填空

1. 店面设计的风格包括（　　　）、（　　　）、（　　　）。

2. 根据标志的形态，店标可分为（　　　）、（　　　）和（　　　），根据标志的内容可分为（　　　）、（　　　）和（　　　）。

3. 门店出入口设计的类型包括（　　　）、（　　　）、（　　　）、（　　　）。

4．根据陈列方式的不同，可以把橱窗分为六类：（　　）、（　　）、（　　）、（　　）、（　　）、（　　），根据橱窗构造形式的不同，可以把橱窗分为（　　）、（　　）、（　　）。

5．从停车场与门店之间所形成的水平与垂直位置关系来看，可将停车场定位成两大形态：（　　）和（　　）。停车位形式有（　　）、（　　）及（　　）三种。

### 三、简答

（1）连锁店店面设计应该具有什么风格？

（2）门店的命名有哪些方法？

（3）门店店标和招牌的类型有哪些？

（4）门店出入口设计的类型有哪些？

（5）店门的设计要求有哪些？

（6）橱窗设计的基本原则和表现方法有哪些？

 实训项目

项目名称：连锁店铺店名店标设计比赛

实训目的：通过比赛，提高学生的设计能力和动手能力，锻炼学生的思维，开发学生的智力。

实训组织：①分组。将全班学生分成若干小组，小组成员根据分工确定各自的实训任务。②确定设计方案。各小组成员搜集材料，从成功的连锁店铺店名店标设计作品中寻找灵感，确定设计方案。③组织设计比赛。连锁店铺店名店标设计比赛分店名店标作品的展示和回答评委提问两个环节。

实训成果：连锁店铺店名店标设计方案的展示

### 【案例分析】

#### 星巴克的店面设计

星巴克在上海的每一家店面的设计都是由美国方面完成的。据了解，在星巴克的美国总部，有一个专门的设计室，拥有一批专业的设计师和艺术家，专门设计全世界开设的星巴克门店。他们在设计每个门店的时候，都会依据当地商圈的特色，然后去思考如何把星巴克融入其中。所以，星巴克的每一家门店，在品牌统一的基础上，又尽量发挥了个性特色。这与麦当劳等连锁品牌强调所有门店的视觉识别高度统一截然不同。

在设计上，星巴克强调每栋建筑物都有自己的风格，要让星巴克融合到原来的建筑物中去，而不去破坏建筑物原来的设计。每次增加一家新店，他们就用数码相机把店铺的内景和周围环境拍下来，将照片传到美国总部，请他们帮助设计，再发回去找施工队。只有这样，星巴克才能做到原汁原味。

例如，上海星巴克设定以年轻消费者为主，因此在拓展新店时，他们费尽心思去找寻具有特色的店址，并结合当地景观进行设计。位于城隍庙商场的星巴克，外观就像一座现代化的庙，而濒临黄浦江的滨江分店，则表现花园玻璃帷幕和宫殿般的华丽，夜晚时分，可以悠闲地坐在江边，边欣赏外滩美景，边品尝香浓的咖啡。

思考：

1．简述星巴克店面设计的个性特色。

2．星巴克店面设计的个性特色对我国的店面设计有什么借鉴意义？

# 项目七

## 连锁门店内部设计

LIANSUO MENDIAN NEIBU SHEJI

【学习目标】

了解门店空间布局形态；掌握门店布局的基本类型；掌握门店布局中磁石点理论的运用；掌握门店通道设计的形式和原则；掌握收银台和试衣间的设计。

【案例引导】

### 3 个典型洋卖场的布局

俗话说，"三人行必有我师"。在零售市场激烈竞争的今天，外资零售巨头的经营状况和模式或多或少都能给国内的零售企业以启发和借鉴。

一、家乐福北京中关村店

基本情况：建筑面积 3.2 万平方米，为亚洲旗舰店；分地下一层和地下二层，共两层；3 个出入口；共有收银通道 56 个。

顾客从地上进入地下二层卖场前，先经过约有 45 个品牌店面的商业街。出租店面为其带来巨大的租金收益。在进入卖场的主入口，该店也设置了收银台，更方便顾客。进入地下二层卖场，主要是服装、家电、音像等百货类商品。穿过卖场，沿电梯上到地下一层的食品卖场，首先是生鲜类商品，同样经过大半卖场，到达收银区。在收银区的对面也设置了一些出租的区域。

从中我们可以得到以下启示。

（1）客流资源和出租面积的配合。顾客进出两次经过出租区，提高了出租区域的价值，同时也带动了整个卖场的气氛。

（2）两个出入口统一协调。尽管是地下两层，与其他大多地下两层不同，布局十分流畅。

（3）在主入口处也设置了收银台，提高了方便性。

二、沃尔玛北京知春里店

基本情况：约2万平方米，分地上一层、地上二层和地下一层，共有70台收款机。

由于位置并不理想，在商场入口处，首先可以看到多条班车路线的说明图示，说明其采取了多种办法增加客流。

进入入口，顾客首先面临选择：去哪层购物？一层？二层？还是地下一层？选择地下一层，进入食品卖场；然后可沿电梯上到地上二层，进入百货类卖场，再下一层电梯，到达地上一层，为化妆品、文具、音像制品卖场。穿过这一区域到达收银台。收银台共设置70台POS机（平时大部分闲置），且为了节约空间，一个通道放置了4台。由于每个收银台均比较短小，顾客在收银处会有不舒服的感觉。

收银台外侧与家乐福类似，同样有较大的面积用于出租。

从该店布局，我们可以考虑以下几点。

（1）如何设计合适的收银台？如何平衡顾客通过效率和舒适度之间的关系？

（2）顾客从购物到结算的距离过长，是否应考虑集中式收银台的利弊？

（3）大量的设备投入和低端的定位是否矛盾？

三、全食超市

基本情况：1980年创建于美国达拉斯市（Dauas），是世界领先的绿色和有机食品零售商。店面一般3 000～5 000m²，多为单层，店内商品80%为食品和与食品相关的商品。以面积约4 000m²的一家店铺布局为例。

主通道围绕全场，右侧入口处是生鲜商品，首先是鲜花，突出了门店高档、生活化的气息。接下来是摆放整齐且颜色鲜艳的水果和蔬菜，并且从入口处一直延伸到卖场末端。

在卖场后端，主要是水产品、牛奶、肉类的销售区域，标志牌均采取形象化的手段，或是一幅画，或是一个立体造型。

进入左侧，依次经过酒窖、奶酪区、沙拉吧、自助热吧、面包房、咖啡吧等区域。各个区域错落有致，包括拐角处也精心布置，自然过渡，品类间有一定的间隔又不完全割裂。走出收银台，还有专门供顾客休息和就餐的区域。

通过以上案例的分析，可以得到如下启示。

（1）每个零售企业都能成为家乐福和沃尔玛。

（2）不变成家乐福和沃尔玛，也可以很好地生存。

（3）适宜自己的就是最好的。

 **任务一　连锁门店布局设计**

## 一、门店空间布局形态

### （一）门店空间划分

商店场地面积可分为营业面积、仓库面积和附属面积3部分。各部分面积划分的比例应视商店的经营规模、顾客流量、经营商品品种和经营范围等因素决定。合理分配商店的这3个部分的面积，保证商店经营的顺利进行对各零售企业来说都是至关重要的。

通常情况下，商店面积的细分大致如下。

1．营业面积

营业面积：陈列、销售商品的面积，顾客占用面积（包括顾客更衣室、服务设施、楼梯、电梯、卫生间、餐厅、茶室等）。

营业面积空间又分为商品空间、店员空间和顾客空间。商品空间指商品陈列的场所，有箱型、平台型、架型等多种选择。店员空间指店员接待顾客和从事相关工作所需要的场所。有两种情况：一是与顾客空间重合；二是与顾客空间相分离。顾客空间指顾客参观、选择和购买商品的地方，根据商品的不同，可分为商店外、商店内和内外结合 3 种形态。

2．仓库面积

仓库面积：店内仓库面积、店内散仓面积、店内销售准备场所面积。仓库面积和附属面积各占 15%～20%。

3．附属面积

附属面积：办公室、休息室、更衣室、存车处、饭厅、浴室、楼梯、电梯、安全设施占用面积。

根据上述细分，一般说来，营业面积应占主要比例，大型商店的营业面积占总面积的60%～70%，实行开架销售的商店比例更高；仓库面积和附属面积各占 15%～20%。

在安排营业面积时，既要保证商品陈列销售的需要，提高营业面积的利用率，又要为顾客浏览购物提供便利。有些商店在营业场所中设置顾客休息场所和一定的自然空间，备有台阶或座椅供顾客使用，深受消费者的欢迎。

由于大型商场楼层高、面积大、客流多，顾客在购物时极易产生生理和心理上的疲劳，十分需要有一定的休息场所来缓解疲乏，稍作休息，继续浏览购物，实现"一站式购物"。有些商店还借助于室内造园的手法，在一楼大厅布置奇山异石、移种花草树木、引进喷泉流水，满足人们回归自然的心理需求，同时，也引得一些顾客欣然留影纪念。

近年来，一些商店的经营者本着为消费者服务的宗旨，还特意为儿童设立了游戏的场所，并配有玩具和各种游戏设施，派专人看护，方便带小孩的顾客购物，虽占用了一些营业面积，但也带来了不可低估的社会效益。

【相关链接】

### 万家福超级购物中心休息区的人性化座椅

在这个竞争激烈的时代，谁能够赢得顾客的心，谁就能在终端市场占据一席之地。现在，许多门店都实行人性化服务，门店休息区就是其中最明显的标志。有的门店也注意给顾客提供休息的地方，但却忽视了小细节，也就是门店座椅的人性化设置。万家福超级购物中心的休息区虽然小，但却设置了卡通座椅、普通座椅、情侣座椅和特殊群体座椅。

卡通座椅是专门为带小朋友来购买商品的顾客设置的，这些座椅以小朋友喜爱的卡通形象设计，如灰太狼、喜羊羊等，并且这类座椅的高度可以调节，极大地方便了顾客。有些小朋友来到门店，到休息区放松一下成了其中必然的环节。当然，休息区也不能忘记一类特殊的群体，那就是身体有残疾的顾客。门店除了对这类群体开辟特殊的通道外，还在休息区单列了特殊群体专用座椅，这个座椅前不仅能够停放购物车、轮椅，还有专门摆放拐杖的设备。人性化的座椅让顾客在休息区有了一种宾至如归的感觉。

当然，除了特意开辟的休息区而外，顾客还有一个休息歇脚的地方。为了方便顾客，超市在卖鞋区特意增加了座位。有单独的凳子，还有长条凳，这些凳子高度都比一般的椅子要矮得多，不仅方便顾客试鞋，而且还方便顾客休息。

（二）门店空间格局的4种形态

依据商品数量、种类、销售方式等情况，可将商品、店员、顾客3个空间有机组合，从而形成商店空间格局的4种形态。

接触型商店：商品空间毗邻街道，顾客在街道上购买物品，店员在店内进行服务，通过商品空间将顾客与店员分离。

封闭型商店：商品空间、顾客空间和店员空间全在店内，商品空间将顾客空间与店员空间隔开。

封闭、环游型商店：3个空间皆在店内，顾客可以自由、漫游式地选择商品，实际上是开架销售。该种类型可以有一定的店员空间，也可没有特定的店员空间。

接触、封闭、环游型商店：在封闭、环游型商店中加上接触型的商品空间，即顾客拥有店内和店外两种空间。这种类型的商店也包括有店员空间和无店员空间两种形态。此外，这种类型的商店既包括开架销售，也包括闭架销售。

（三）商店各层货位的配置

大型商店各层货位的分布应遵循如下原则。

地下层多配置顾客购买次数较少的商品，如家具、灯具、装潢饰品、车辆、五金制品。

一层为保持顾客客流顺畅，适宜摆放挑选性弱、包装精美的轻便商品，如日用品、烟、酒、糖、食品、副食品、茶叶、化妆品、服饰、小家电及特别推荐的新产品。

二、三层宜摆放选择性强，价格较高并且销售量较大的商品，如纺织品、服装、鞋帽、玩具、钟表、眼镜、家电、珠宝首饰等。

四、五层可分别设置各种专业性柜台，如床上用品、照相器材、文化用品、餐具、工艺美术品、药品、书籍。

六层以上应摆放需要较大存放面积的商品，如运动器具、乐器、电器、音响制品、高档家具等商品，还可设置休息室、咖啡屋、快餐厅以满足顾客需要。

由于各个商场的经营状况不同，在实际操作中可根据客观条件和市场变化情况予以适当变化，突出商店的布局特色。

## 二、门店布局的特点

（一）功能布局

功能布局要合理设计进口，使走道、货架、出口处与收银台有机协调。例如，进口处尽量设计在商店正面的左边，因为人的行走路线总是习惯于往右拐弯。通道设计一般可按这种习惯做主通道的导向，使顾客自然地浏览到整个卖场。当然进口处的设计还要考虑到顾客来店的走向方便度。货架的布置可作层次或推进，特大卖场要作间断，以免使顾客产生疲劳感。货架的摆向要视商店面积、临街正面的宽度等来设计，如便利店店面宽度较宽，货架的摆向可作横向式，如较窄可作竖向式。出口处与收银台的设计应尽量放在卖场主通道的末端。非集中式付款的商店收银台应尽量与售货区保持合理距离，集中式付款的商店，其收银台要与货架区和进口保持一定的距离。

（二）商品的合理配置

在功能性布局完成后，应按商店经营方针对各类商品进行合理的配置。对高功能、高毛利、促销商品应配置在进口处、主通道两侧、特别展示区。这种配置考虑的因素是重点商品配置在重点区域，使顾客更容易、更直接拿取商品。对高功能和促销商品除考虑配置在重点区域外，还必须给予更多的面积。一个坚定的理念是，对高销售商品必须在布局区域和配置面积上给予"优惠"政策。

考虑卖场布局对销售的促进和利润提高的思路是细分卖场（划分不同级差的区域）、确定区域面积的营业额、配置适合区域面积营业额的商品、不断调整卖场布局。

## 三、门店布局设计的原则

连锁商店是一个以顾客为主角的舞台，而顾客对哪些最为关心呢？日本的连锁超市进行过一次市场调查，得出的结果是，消费者对商品价格的重视程度只占 5%，而分别占前三位的是，开放式易进入的连锁超市占 25%，商品丰富、选择方便的占 15%，明亮清洁的占 14%。虽然国情有所不同，但结合我国的实际加以分析可以归纳出店内布局的以下 3 条原则。

### （一）让顾客容易进入

连锁商店的经营者必须注意，尽管其连锁商店可能商品很丰富、价格很便宜，但如果消费者不愿进来或不知道怎样进来，一切努力都将是白费。只有让顾客进来了，才是生意的开始，才创造了营业的客观条件。

### （二）让顾客在店内停留得更久

据一项市场调查显示，到连锁商店买预先确定的特定商品的顾客只占总顾客的 25%，而75%的消费者都属于随机购买和冲动型购买。因此如何做到商品丰富、品种齐全，使顾客进店后看得见、拿得到商品至关重要。

商品的丰富程度会给顾客更大的选购余地，顾客停留越久，就可能买更多的东西。连锁商店经常性地推出一些符合消费者需要的新产品，就会给顾客更多的随机和冲动购买的机会。为达到这一目的，经营者须在如何发挥自己的商品特色上，在如何排除顾客在店内购物时所遇到的障碍上努力。

### （三）让顾客走过每一个区域

门店规划应当吸引顾客在店里转一圈，使门店所有陈列的商品都能够被看得见、摸得着，以便让顾客购买比事先计划更多的商品。具体做法就是使顾客置身于一种精心设计的布局中。例如，有些商店把顾客购买频率高的商品放在商店最里面，使得顾客不得不穿过其他区域，避免了商店出现客流死角。

【相关链接】

### 7-ELEVEn 便利店精细的商店布局

店面布局是最直观、最能展现 7-ELEVEn 形象的一面。到过 7-ELEVEn 的人都有这样一种体会：店内地方虽小，却不显拥挤、杂乱，在里面购物感觉非常轻松和舒适。这一切，归功于 7-ELEVEn 对有限空间的精雕细琢：7-ELEVEn 便利店出入口的设计一般在店铺门面的左侧，宽度为 3～6m，根据行人一般靠右走的潜意识的习惯，入店和出店的人不会在出入口处产生堵塞；7-ELEVEn 的装潢效果最有效地突出了商品的特色，使用最多的是反光性、衬托性强的纯白色，给人感觉店里整洁、干净；7-ELEVEn 店内通道直而长，并利用商品的陈列，使顾客不易产生疲劳厌烦感，不知不觉地延长在店内的逗留时间；7-ELEVEn 在商品的陈列上下了很多功夫，使消费者马上就能看清楚商品的外貌；若商店的门店一成不变，对顾客而言根本没有新鲜感，如果不能让顾客随时受到刺激，顾客不会一再地光临，因此 7-ELEVEn 经常变换店内布置，以不断制造视觉上的刺激。

7-ELEVEn 这样直观、整洁、宽松、新鲜的店内环境，在不断冲击消费者眼球的同时，也在日积月累中潜入人们的大脑，形成了一种美好的品牌感受。

（资料来源：中国文化报，2008-6-13.）

### 四、门店布局的基本类型

尽管连锁门店的整体布局对店铺赢利至关重要，但许多连锁门店并没有就业务的类型、商品种类和店铺的区位设计最好的布局，这种疏忽可能会导致欲购买商品的客户流失。门店的布局从不同的角度分析可以有不同的分类方式。

#### （一）从顾客流动路线的角度分析

连锁门店整体布局决定了多数顾客在门店的流动路线。根据顾客的流动路线，可以将门店布局分成方格型、跑道型和自由型。

##### 1．方格型布局

方格型布局是一种十分规范的布局方式（见图 7.1）。在方格型布局中，商品陈列货架与顾客通道都呈长方形状分段安排，所有货架相互成行并行或直角排列。这种布局在超市中最为常见，它使整个门店内结构严谨，给人以整齐规范、井然有序的印象，很容易使顾客对门店产生信任心理。方格型布局大都用于敞开售货自由挑选和浏览商品，而自选式售货恰恰能满足现代顾客的需求。

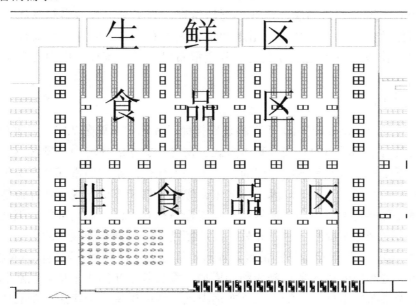

图 7.1　方格型布局

尽管方格型布局不是最美观、最令人愉悦的布局，但对于那些计划逛遍整个商店的顾客来说，它却是一种很好的布局。例如，当顾客进行他们每周的日常杂货购物时，他们轻快地进出通道，选择那些每周类似的商品，因为他们知道这些商品在什么地方，这样他们就能够在这项并不令人特别愉快的任务上最大限度地节省时间。方格型布局也是在成本效益比方面最有效的。比起其他类型来，方格型布局是最节省空间的，因为它的通道都是同样宽度，并且刚好允许顾客和购物车通过。此外，由于方格型布局的陈列设备通常是标准化和统一式样的，设备成本也可得到节省。

但由于布局的规范化，使得方格型布局发挥装饰效应的能力受到限制，难以产生由装饰形成的购买情趣效果，顾客走在除了商品还是商品的环境中，会产生孤独、乏味的感觉。由于在通道中自然形成的驱动力，选购中的顾客常常有一种加速购买的心理压力，而浏览和休闲的愿望将被大打折扣。目前我国大型超市和便利店大多采用此种门店布局方式。

2．跑道型布局

方格型布局的一个缺陷就是顾客不会自然地被吸引到商店里来。对超级市场或杂货店来说，这不成问题，因为那里的大多数顾客在进入商店时，就对他们要买的东西十分清楚。跑道式布局（也称环形布局，racetrack layout）通过设置通向商店多个入口的大型通道，从而达到吸引顾客游逛大型百货商店的目的。这一穿越商店的通道环提供了通向各个小隔间的通路（各个营业部门或品牌设计成类似较小的设备齐全的独立商店）。跑道式布局鼓励冲动式购物，当顾客在跑道环中闲逛时，他们的眼睛会以不同的角度看到货物，而不像在方格布局中只能沿一条通道浏览商品。

图7.2展示了某商店的布局，因为商店拥有多个入口，环形设计使整个商店置身于主通道之内。通过吸引顾客穿越一系列或大或小的环状通道来游遍整个商店。为了吸引顾客游遍商店，商店将一些重要的部门，如青年用品部设置在商店的后部。最新的项目就是赋予通道以特色而吸引顾客走进商店，沿环形通道游逛。为了吸引顾客穿越商店，通道应设计出一种表面或颜色的变化。例如，通道地面铺设大理石瓷砖，而各个营业部门则根据周围的环境在材料、花纹和颜色上进行变化。跑道型布局在国内流行"店中店"形式的百货商店中比较常见。

3．自由型布局

自由型布局（free-form layout）不对称地安排商品和通道（见图7.3）。它成功地运用了小专业商店或大商店中小隔间的布局为基本方式。在这个放松的环境中，顾客感觉他们正在某人的家里，从而便利了浏览和购物。然而，一个令人愉快的氛围通常都是所费不菲的。这类布局使用面积的利用率一般偏低。因为顾客不会像在方格和环形布局中那样自然地游逛，面向个人的推销会变得更重要。还有销售代表不能轻易地观测到相邻的部门。因此，这里的盗窃案比起方格布局来通常要高一些。此外，商店牺牲了一些储存和展示的空间来创造更为宽松的购物环境。然而，如果自由格式的设计能被很好地运用，就会因为顾客感觉在家中一样，从而增加购物，进而使商店的销售额和利润增加，那么其不菲的成本也可以从利润中得以抵消。这类布局如果布置不好，会给人门店布局混乱不清的感觉。专卖店、精品店和礼品店可能采用自由流动布局。

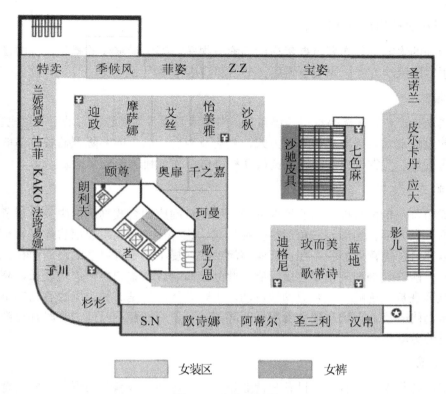

图 7.2　跑道型布局

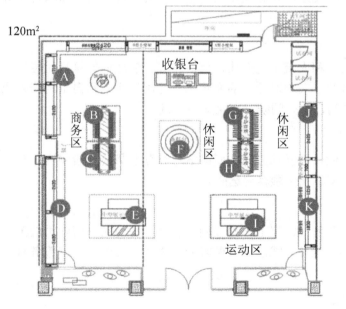

| | |
|---|---|
| A | 商务套西、衬衫、单面 |
| B | 西裤 |
| C | 商务T恤、毛衫 |
| D | 商务茄克 |
| E | 商务T恤、毛衫 |
| F | 休闲T恤 |
| G | 休闲裤 |
| H | 休闲T恤 |
| I | 运动T恤 |
| J | 休闲茄克 |
| K | 运动 |

图 7.3　自由型布局

　　这 3 种商店布局并不是完全独立运用的，有的大型零售商逐渐将这 3 种商店布局进行结合。绝大多数的服饰零售商店使用的都是自由式布局，即使是在使用了跑道式布局的百货商店中设置的各服装品牌的销售区域，仍可使用到自由式布局。

（二）从柜台的摆放方式角度分析

在对店铺的内部进行布置时要考虑的因素有很多，其中最重要的就是柜台的摆放方式，它决定了顾客的流动方式。家用电器店、书店和药店常用柜台摆放。

1. 沿墙式

沿墙式是指柜台、货架等设置沿墙布置，由于墙面大多为直线，所以柜架也成直线布置。这是普遍的设计形式。采取这种布置方式，其售货柜台较长，能够陈列储备许多的商品，有利于减少售货员，节省人力，便于售货员互相协作，并有利于安全管理。

2. 岛屿式

岛屿式布置是指柜台以岛屿的形式分布，用柜台围成闭合式岛屿，中央设置货架，可设置成正方形、长方形、圆形、三角形等多种形式。这种形式一般用于出售体积较小的商品种类，它可以充分利用营业面积，在保证顾客流动的前提下，布置更多的门店面积。采取不同的岛屿形状，能够装饰和美化零售店门店。此外，岛屿式布置的柜台周边较长，陈列商品较多，便于顾客观赏、选购，顾客流动较灵活，视野开阔。但是这种类型也有它的不足之处，那就是由于岛屿式售货现场与辅助业务场所隔离，不便于在营业时间内临时补充商品，增加了续货补货的劳动量。

3. 斜角式

斜角式即是将柜台、货架等设备与营业场所的支撑柱子成斜角布置。斜向布置能使室内视距拉长而造成更为深远的效果，使室内既有变化又有明显的规律性，使门店获得良好的视觉效果。

4. 自由式

自由式指柜台货架随人流走向和人流密度变化，灵活布置，使厅内气氛活泼轻松。将大厅巧妙地分隔成若干个既联系方便，又相对独立的经营部，并用轻质隔断自由地分隔成不同功能、不同大小、不同形状的空间，使空间既有变化又不杂乱。

5. 隔绝式

隔绝式是用柜台将顾客与营业员隔开的方式。商品需通过营业员转交给顾客。此为传统式，便于营业员对商品的管理，但不利于顾客挑选商品。

6. 开敞式

开敞式指将商品展放在售货现场的柜架上，允许顾客直接挑选商品，营业员的工作场地与顾客活动场地完全交织在一起。这种方式能迎合顾客的自主选择心理，造就服务意识，是今后的首选。

## 五、门店布局中磁石点理论的运用

（一）磁石点理论的含义

所谓磁石，就是指超级市场的门店中最能吸引顾客注意力的地方，磁石点就是顾客的注意点，要创造这种吸引力就必须依靠商品的配置技巧来实现。

磁石点理论（magnetic theory）是指在门店中最能吸引顾客注意力的地方，配置合适的商品以促进销售，并能引导顾客逛完整个门店，以提高顾客冲动性购买比例。商品配置中的磁石点理论运用的意义就在于，在门店中最能吸引顾客注意力的地方配置合适的商品以促进销售，并且这种配置能引导顾客走遍整个门店，最大限度地增加顾客购买率。

（二）磁石点理论的运用

1．第一磁石点：主力商品

第一磁石点位于主通路的两侧，是消费者必经之地，指能拉引顾客至内部门店的商品，也是商品销售最主要的地方。此处应配置的商品：①消费量多的商品；②消费频度高的商品，消费量多、消费频度高的商品是绝大多数消费者随时要使用的，也是时常要购买的，所以将其配置于第一磁石点的位置可以增加销售量；③主力商品。

2．第二磁石点：展示观感强的商品

第二磁石点位于通路的末端，通常是在超市的最里面。第二磁石点的商品负有诱导消费者走到门店最里面的任务。在此应配置的商品：①最新的商品，消费者总是不断追求新奇，10 年不变的商品，就算品质再好、价格再便宜也很难出售，新商品的引进伴随着风险，将新商品配置于第二磁石点的位置，必会吸引消费者走入门店的最里面；②具有季节感的商品，具有季节感的商品必定是最富变化的，因此，超市可借季节的变化做布置，吸引消费者的注意；③明亮、华丽的商品，明亮、华丽的商品通常也是流行、时尚的商品，由于第二磁石点的位置都较暗，所以配置较华丽的商品可以提升亮度。

3．第三磁石点：端架商品

第三磁石点指的是端架的位置。端架通常面对着出口或主通道货架端头，第三磁石点商品，其基本的作用就是要刺激消费者、留住消费者。通常情况可配置如下的商品：①特价品；②高利润的商品；③季节商品；④购买频率较高的商品；⑤促销商品。端架商品，可视其为临时门店。端架需经常变化（一周最少两次）。变化的速度，可刺激顾客来店采购的次数。

4．第四磁石点：单项商品

第四磁石点指门店副通道的两侧，主要让消费者在陈列线中间引起注意的位置，这个位置的配置，不能以商品群来规划，而必须以单品的方法，对消费者的表达强烈诉求。第四磁石点的商品包括热门商品、特意大量陈列商品、广告宣传商品。

5．第五磁石点：门店堆头

第五磁石点位于结算区（收银区）域前面的中间门店，可根据各种节日组织大型展销、特卖的非固定性门店以堆头为主。

门店磁石点的分布如图 7.4 所示。

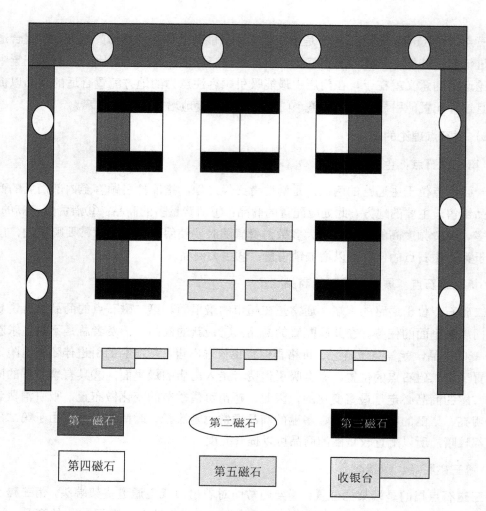

第一磁石

第二磁石

第三磁石

第四磁石

第五磁石

收银台

图 7.4　门店磁石点的布局

## 六、防盗性的卖场布局与商品陈列

统计数据表明，不论是百货商店还是超市，开架销售店中最容易丢失的商品种类主要集中在化妆品、洗发用品、香烟、胶卷、电池、巧克力、服装/服饰（如羊绒衫、皮衣等）、CD/VCD这类价格较高而又方便携带的商品。这类商品的丢失约占到商店损失的 50%～70%。如果把他们有效保护起来，会对整个损失的减少有很大帮助。因此，在门店的卖场布局与商品陈列时，考虑商品防盗的需要，是门店整体设计中值得重视的一个问题。

在采用敞开式销售方式的门店中，防盗性的卖场布局与商品陈列的主要技巧有以下 3 种。

（1）把最容易失窃的商品陈列在售货员视线最常光顾的地方，即使售货员很忙的时候，也能兼顾照看这些商品，这样，会给小偷增加作案的困难，有利于商品的防盗。

（2）最容易失窃的商品也不应该放置在靠近出口处，因为人员流动大，售货员不易发现或区分偷窃者。

（3）可以采取集中的方式，如在大卖场当中把一些易丢失、高价格的商品集中到一个相对较小的区域，形成类似"精品间"的购物空间。这也是一种很好的"安全"的商品陈列方式，非常有利于商品的防盗。

## 任务二　连锁门店通道的设计

门店的通道是指顾客在门店内购物行走的路线。通道设计的好坏直接影响到顾客能否顺利地进行购物，影响到门店的商品销售业绩。

### 一、门店的主通道与副通道

门店的通道划分为主通道与副通道。主通道是诱导顾客行动的主线，而副通道是指顾客在店内移动的支流（支线），如图 7.5 所示。

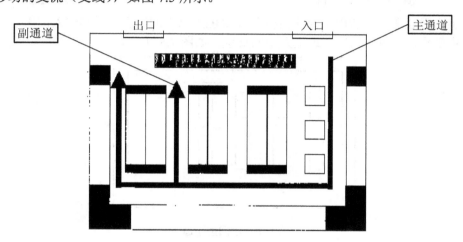

**图 7.5　门店的主通道和副通道**

### 二、门店通道设计的形式

#### （一）直线式通道和回型式通道

1．直线式通道设计

直线式通道（见图 7.6）也被称为单向通道。这种通道的起点是门店的入口，终点是门店的收款台。顾客依照货架排列的方向单向购物，以商品陈列不重复、顾客不回头为设计特点，使顾客在最短的线路内完成商品购买行为。

2．回型式通道设计

回型式通道又称环型通道。通道布局以流畅的圆形或椭圆形按从右到左的方向环绕整个门店，使顾客依次浏览、购买商品。在实际运用中，回型通道又分为大回型和小回型两种线路模型。

（1）大回型通道。这种通道适合于营业面积在 1 600m$^2$ 以上的门店。顾客进入门店后，从一边沿四周回型浏览后再进入中间的货架。它要求门店内部一侧的货位一通到底，中间没有穿行的路口，如图 7.7 所示。

连锁门店开发与设计

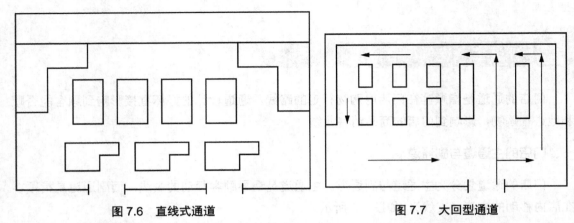

图 7.6　直线式通道　　　　　　　　图 7.7　大回型通道

（2）小回型通道。它适用于营业面积在 1 600m² 以下的门店。顾客进入门店，沿一侧前行，不必走到头，就可以很容易地进入中间货位，如图 7.8 所示。

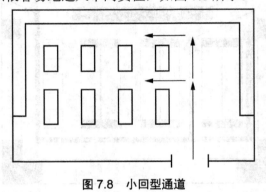

图 7.8　小回型通道

## （二）门店动线的形式

### 1. 漫走式

不利用设施强行规定顾客的动线，比较随意、自由宽松，投资小。

### 2. 强迫式

利用设施强迫规定顾客的动线，不尊重顾客，投资大。例如，将电梯设置在商场外，直达顶（底）层，而收银台只在出口这一层。

### 3. 引走式

利用各种引导手法引导顾客走遍卖场，这是一种境界比较高的布局方法。例如，将主通道和陈列区域的地面用不同颜色区分、加宽主通道，并贴放指示。

## 三、门店通道设计的原则

门店内主副通道的设置不是根据顾客的随意走动来设计的，而是根据超市内商品的配置位置与陈列来设计的。良好的通道设置，就是引导顾客按设计的自然走向，走向门店的每一个角落，接触所有商品，使门店空间得到最有效的利用。以下各项是设置超市门店通道时所要遵循的原则。

### （一）足够的宽

所谓足够的宽，即要保证顾客提着购物筐或推着购物车，能与同样的顾客并肩而行或顺利地擦肩而过。对大型综合超市和仓储式商场来说，为了方便更大顾客容量的流动，其主通道和副通道的宽度可以基本保持一致。同时，也应适当放宽收银台周围通道的宽度，以保证最易形成顾客排队的收银处的通畅性。

### （二）笔直

通道要尽可能避免迷宫式通道，要尽可能地进行笔直的单向通道设计。在顾客购物过程中尽可能依货架排列方式，将商品以不重复、顾客不回头走的设计方式布局。

### （三）平坦

通道地面应保持平坦，处于同一层面上。有些门店由两个建筑物改造连接起来，通道途中要上或下几个楼梯，有"中二层""加三层"之类的情况，令顾客眼花缭乱，不知何去何从，显然不利于门店的商品销售。

### （四）少拐角

事实上由一侧直线进入，沿同一直线从另一侧出来的店铺并不多见。这里的少拐角处是指拐角尽可能少，即通道途中可拐弯的地方和拐的方向要少。有时需要借助于连续展开不间断的商品陈列线来调节。例如，美国连锁超市经营中 20 世纪 80 年代形成了标准长度为 18～24m 的商品陈列线，日本超市的商品陈列线相对较短，一般为 12～13 米。这种陈列线长短的差异，反映了不同规模面积的超市在布局上的要求。

### （五）通道上的照明度比门店明亮

通常，通道上的照明度起码要达到 1 000 lx，尤其是主通道，相对空间比较大，是客流量最大、利用率最高的地方。通道上的照明度要充分考虑到顾客走动的舒适性和非拥挤感。

### （六）没有障碍物

通道是用来诱导顾客多走、多看、多买商品的。通道应避免死角。在通道内不能陈设、摆放一些与陈列商品或特别促销无关的器具或设备，以免阻断门店的通道，损害购物环境的形象。

## 四、人体工程学与卖场通道规划

在卖场规划中，往往需要规划人流动线，规划人流动线的基本内容就是规划卖场通道，通道规划的合理性是卖场人流流畅的基本保证。那么什么样的通道才能让卖场人流流畅呢？我们可以通过人体工程学来了解卖场通道规划。

一般情况下，一个人顺利通过一个卖场通道时，宽度需要 60cm，如图 7.9 所示，因此卖场通道如果在 60cm 左右，当通道中有人时，那么顾客往那里走的意愿是很小的。

当一个人面向货架，而另一个人从其背后经过时，卖场通道至少需要 90cm 的距离，如图 7.10 所示。因此这种卖场通道虽然可以让两个人通过，但也很容易产生拥挤和碰撞。

图 7.9　60cm 的卖场通道

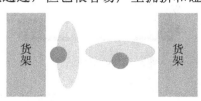

图 7.10　90cm 的卖场通道

当两个人正面相向而行，此时的距离至少需要 120cm，如图 7.11 所示。

当一个人停留在货架前，两个人同时相向而行，此时的距离至少需要 150cm，如图 7.12 所示。

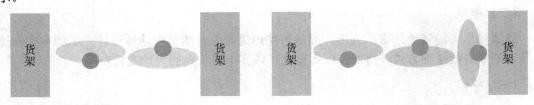

图 7.11　120cm 的卖场通道　　　　　　　　图 7.12　150cm 的卖场通道

那么如何利用人体工程学规律来规划卖场通道，才能不会让顾客感觉拥挤或产品碰撞呢？我们将通过图 7.13 和图 7.14 卖场通道规划对其进行更清晰的了解。

我们通过图 7.13 和图 7.14 可以充分看出卖场通道规划的一些规律和正确的规划方法。

（1）入口处的通道不能太拥挤，否则影响进店率。

（2）靠近墙面的通道大都比较宽，以保证顾客在卖场里能顺利流动。

（3）通道大小可以作为区域划分的重要手段，最宽的通道往往是商品或区域划分的天然分隔线。

（4）中岛货架间的通道不一定要很宽，但绝不能很窄，最好不低于 90cm。

（5）收银台前面的空间一定要宽一些，至少应在 150cm 以上，否则影响顾客通行和收银。

（6）超市里的通道宽度在设计时应充分考虑购物车的大小，当顾客向相而行的时候才不会太拥挤，同时也让顾客在宽敞的通道里购物时感觉比较愉悦。

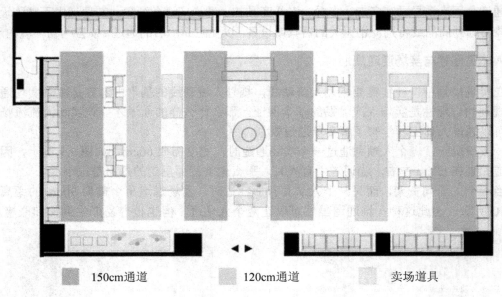

　　　150cm通道　　　　　　　120cm通道　　　　　　　卖场道具

图 7.13　合理的卖场垂直通道规划

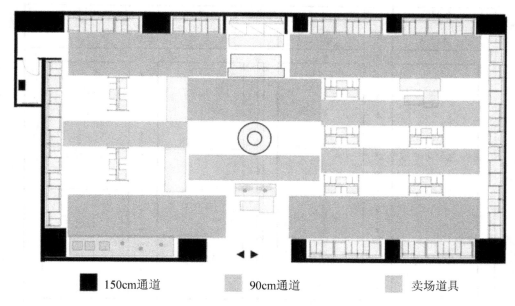

| 150cm通道 | 90cm通道 | 卖场道具 |

图7.14　合理的卖场水平通道规划

## 五、超市布局动线设计

一个好的超市布局能引导客流到超市的每一个位置，让每一个"死角"活起来，确保超市的效益"最大化"。在超市布局设计中让每一个"死角"活起来的就是顾客流动路线，简称动线。动线决定了顾客的商品购买，左右了超市的销售额。既然超市布局设计中的动线那么重要，一般超市要用什么样的"动线"呢？超市客流"动线"有哪些种类呢？

根据建筑结构的不同，超市客流动线也有许多种形状。一般单层超市动线常为U型动线、L型动线、F型动线、O型动线、一型和曲线型等。常见的适合单层面积1 000m²以上超市的3个动线是U型、L型、F型、曲线型动线；适合面积1 000 m²以下的超市的是O型和一型动线，这两款动线比较直接单一，超市布局设计也较简单。这里主要介绍U型、L型、F型、曲线型动线。

1. U型动线

U型动线适合建筑是方形或接近方形的超市，因超市主通道形状像U故称U型动线。顾客从超市入口进入超市，在宽大的主通道指引下，不用刻意商品引导，顾客就能自主按照设计路线到达超市每个商品区域，方便顾客的购买。U型动线如图7.15所示。

2. L型动线

L型动线适合建筑形状是长方形的超市，主通道像倒放的"L型"。长方形超市横向长，一般很难把顾客引导到超市内部,而使用L型动线可以引导顾客到达超市内部，分散到每个商品区域和货架间过道，顾客停滞店中的时间也使之拉长，进而也可借此提高客流量。但是如果长方形建筑的纵深较长，L型动线的长L过道对于部分区域商品就会存在死角，顾客难以到达每一个长的过道，影响商品销售。一般纵深较浅、横向较长的超市使用L型动线会非常合适。L型动线如图7.16所示。

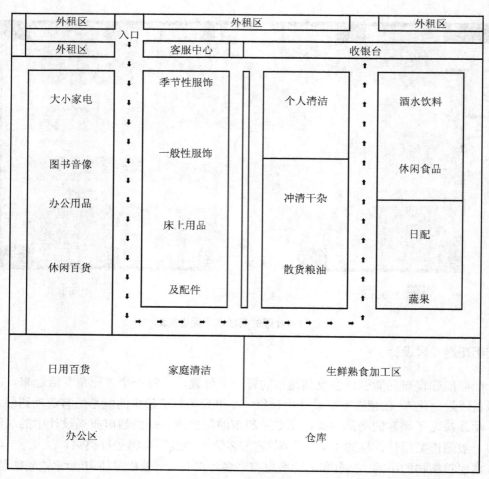

**图 7.15　U 型动线**

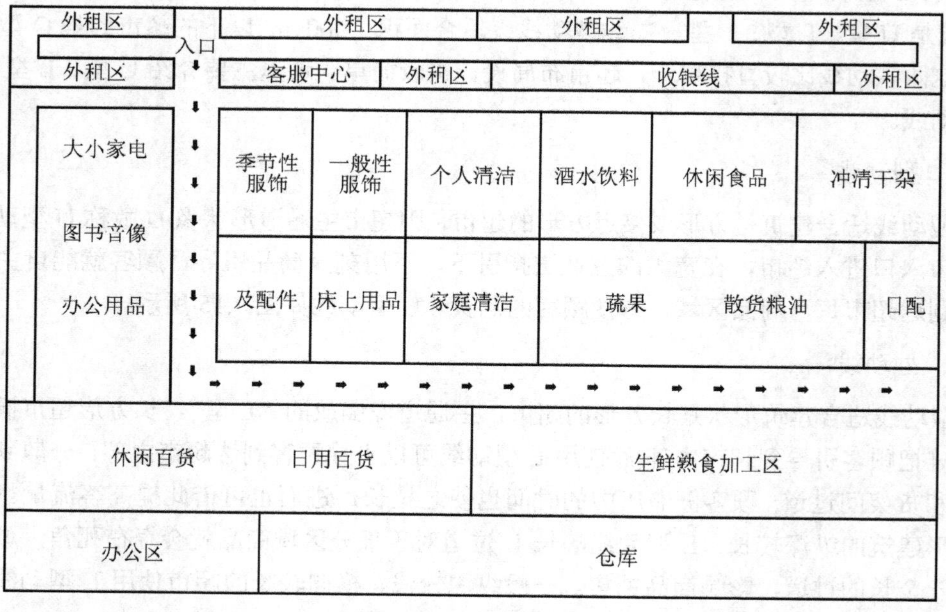

**图 7.16　L 型动线**

3．F 型动线

针对长方形超市纵深深的问题，综合 U 型动线和 L 型动线的优点，设计出适合这类超市的 F 型动线。如图 7.17 所示，通过功能性商品的引导及增加的一条通道，使顾客可以看到和轻易到达所需要的商品区域，解决了 L 型动线的弊病。顾客走在 F 型通道里，可以近距离到达任何一个过道和看到过道货架上陈列的商品，使超市里的商品更通透，让更多的顾客买到需要的商品。

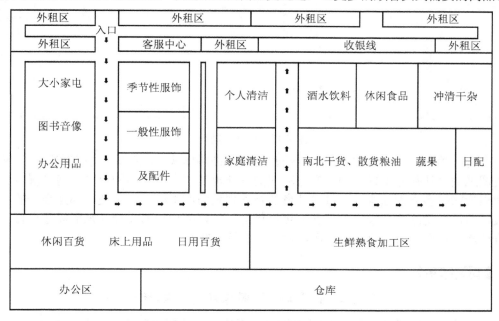

图 7.17　F 型动线

在超市实际运营过程中，使用 U 型、L 型、F 型动线时需要按照商品区块的自然衔接或关联商品来设计过渡商品售卖区域，如百货"软品"或"硬品"做关联布局。"软品"包括服装鞋帽、家纺、床上用品、婴儿用品等，可以做关联布局。"硬品"包括文体用品、家电用品、家居用品、DIY 用品等，也可以做关联布局。如图 7.17 所示，非食等高毛利商品在超市入口及顾客必经区域，通过一些装饰和特殊的陈列，吸引顾客，增加与顾客眼球接触时间，促进顾客冲动性购买；食品属于低毛利商品，是顾客每次必买商品，就位于超市最里端；洗化类商品属于功能性商品，也是顾客的生活必需品，一般布局在死角或顾客不容易到达的区域，起到引导客流的作用。

4．曲线型动线

还有一种动线是国内超市比较少见的，就是曲线型动线。这类动线属于强制性动线，顾客进入超市必须按照超市经营方设定的路线购物，没有折返的线路。曲线型动线如图 7.18 所示。

这类曲线动线布局在设计时只要按照商品属性划分来安排区块就可以了，国内使用该动线的有宜家和韩国每家玛超市。宜家属于家具装饰行业，不同于超市零售业，每家玛也是根据超市总的布局来使用曲线动线的，生鲜、熟食、蔬果、鲜肉、散货等都在超市外做岛状销售，小型商品不占面积，用货架可以搭建组合成图 7.18 的曲线。这样的动线设计比较浪费超市面积，不适合一般超市使用，因此超市卖场布局设计和客流动线与超市经营商品的品种、经营方式及经营场地都有密切关系，不是简单地套用就可以的。

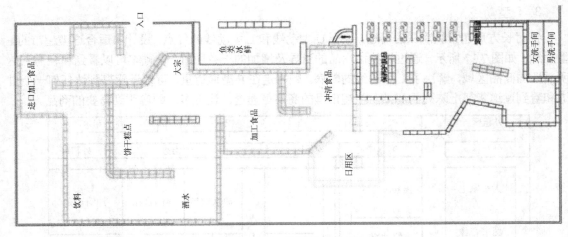

图 7.18　曲线型动线

　　一个良好的布局设计是超市经营者经营思想的最终体现，简单地把超市布局设计和动线理解成图纸的设计是完全错误的。客流动线的设计也是结合顾客购物习惯、商品属性、超市经营面积形状等多方面因素，通过设计者的合理规划而产生的。每个超市都是唯一的，适合它的最好布局和动线也是唯一的，我们可以借鉴一些好的动线和设计，来形成适合自己超市的客流动线，从而提高超市的销售额，合适的才是最好的。

 【相关链接】

### 商场如何"算计"顾客的行走路线？

　　很多人认为，逛街就是走到哪儿算哪儿的事儿！假如这么想，你可就错了。实际情况是，有人在算计着你的逛街路线！

　　让商家肯定的商场设计，就是进入商场很容易让顾客产生购物冲动的设计。或许顾客进来之前并没有打算买多少东西，甚至只是想从商场抄近道去另一个地方。但在商场的特定环境中，顾客可能会看到某家杂志上介绍过的新产品，看到早就想买而一直没碰到的某种商品，发现曾经不幸损坏的类似物件在角落里待着……不知不觉之间，顾客会随手拿起来看一看，然后埋单。

　　很多人一定想不到，在这一连串的偶然事件背后是商场的精心设计，包括顾客的抄近道行为，都在他们的考虑范围内。

　　（1）为什么一进百货商场，看见的总是化妆品柜台？人们去百货商场购物，进门先看到的总是化妆品。通常商场里购买化妆品的人不如购买服装的多，将化妆品专柜设在人流量大、进入商场的必经之地，容易增加它被购买的概率。因此，百货商场一层陈列的大都是需求弹性大（可买可不买）、利润高的化妆品，它们有能力、也愿意为这个黄金位置支付商场最高的租金。加上化妆品都包装精美、摆放整齐、形象好，无形中提高了商场的档次。就连充满嗅觉诱惑的香脂味也是吸引路人进入商场的秘密武器。

　　（2）为什么在商场的一层找不到洗手间？女孩们应该都有在商场排队上厕所的"苦难"经历吧。遇上周末或节假日，人气旺的商场洗手间里总是人满为患，甚至连不在商场购物的路人也可能排进来和你共享这有限的蹲位。开发商们很快就发现，设立在商场一层的洗手间无异于公共厕所。现在，那些新建的商场会尽量避免把洗手间建在一层，这样至少能促使消费者多逛到几个店铺。而稍老的商场也在努力改变自己公共厕所的角色。

　　（3）为什么扶梯总是设在离商场大门较远的背面？很多新建的商场，在进门处是看不见自动扶梯的，它离入口会有一定的距离，并且背对大门。如果想去二层，顾客沿途将经过从正门到乘扶梯上楼处的各个店铺，这增加了顾客在这些店铺消费的概率。

　　（4）为什么在服装区也能品尝到咖啡？品牌自身对于它的邻居是谁有着非常高的敏感度，所以，你会看到耐克旁边总是有一个阿迪达斯，那些果汁、咖啡等饮品也都是统一放在同一层。但这几年开发商们又渐渐发现，有时将服装和饮料穿插放置一下，效果可能更好，这不仅能带动饮料的额外消费，还能给消费者更好的购物体验。现在，当你逛街口渴时，不用再为了买一杯饮料跑到商场的地下一层或是外面的小铺去了，一些购物中心已经将饮料和服装混搭在了一起。

（5）为什么运动品牌一般摆放在地下或较高楼层？新兴的购物中心，通常会将一层和二层的店铺出租给那些有知名度的国际品牌，以此来体现购物中心的整体形象，三层更多的是一些在中国有影响力的本土品牌。但同样是国际品牌的耐克、阿迪达斯、彪马等，就不会出现在一层，而是被安排在了更高的楼层或者地下。原因是运动服饰的款式变化并不大，不管放在哪里，它们都有更为固定的消费群。

（6）为什么去吃大餐或者看场电影，总是要上到商场的最高层？商场的设计者通常会将餐饮、电影院、游戏厅等容易聚集人流的项目放置在高层，以此消化高层的面积和使人群向高层流动。这些项目的招商一般都在商场建设初期完成，因为餐饮、电影院等对排烟、层高等硬件设施都有着特殊的需求，如果到后期再调整的话，会造成建造成本上的巨额浪费。事实证明，除非品牌特别有号召力，否则那些摆放在五层的衣服总是不如一层的畅销。而去就餐和看电影的人群消费目的性强，这些项目放在高层并不会影响他们的热情。另外，一些品牌的特卖场也总是安排在商场的最高层、地下或是不容易找到的商场死角处，目的也是带动这些位置的人流。

（资料来源：泉州晚报，2009-10-28.）

## 任务三 连锁门店服务设施的设计

### 一、收银台的设计

#### （一）收银台的规划位置

收银台规划的摆放位置可归纳为门店前方、门店后方、门店中间及门店左右侧 4 种。规划在门店前方的收银台，如超级市场、便利店、书局、文具行等；设置在门店后方的收银台有面包店、速食店、运动用品店、精品店及药妆店；设于门店中间的收银台有电子专卖店及服饰门店；规划在门店左右两侧的收银台有珠宝金饰店、烟酒专卖店、眼镜行及钟表行。

1. 收银台规划在门店前方

设置在门店前方的收银台有两种设计方案，一为门店前方的中央位置，如大中型零售门店都设置多个收银台且靠近出口处（见图 7.19）。多个收银台的排列设计，根据现场空间情况采用单线排列或双线排列，依序从靠近出口处编号为 1、2、3……，当营业低峰时段应从 1 号台开始按顺序启用，尖峰时段则应全部开启。通常多数的大型门店还会在收银台后面设置包装台，以方便顾客结账后自行整理商品（见 7.20）。

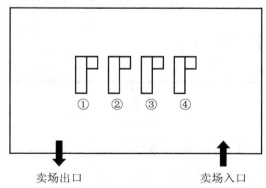

图 7.19 大中型零售门店都设置多个收银台且靠近出口处

图 7.20　收银台后面设置包装台

　　小型门店会直接将收银台与服务台一起设置在门店前方的出入口处，以招呼服务顾客及有效掌控整个卖场的营运作业。此种收银台大都以 L 形或长形柜台作为设计诉求，收银台下方设有抽屉、挂钩、置物柜及垃圾桶，并在收银台侧面设置储存矮柜，有些视需求连接调理设备和重点商品展示柜。甚至有些商店还会在收银台上方设置吊柜，以放置备存商品或器具。例如，超市以吊柜存放烟酒，餐饮店用以放置酒杯及其他餐饮器具等。

　　2．收银台规划在门店后方

　　将收银台规划在门店后方的设计，通常都是小型商店，而且是将收银与包装结合在一起的服务形态。如图 7.21 所示的服饰门店，其将收银台设置在后方的试衣间与小仓库中间。这种规划除了可以掌控整个门店营运动态之外，对于顾客试穿后的各项服务（如更换型号、款式或修改尺寸）都可以就近及时提供，以提高顾客购买意愿。还有补货和包装理货作业都集中在此区，可节省人力及不会与顾客动线混杂。

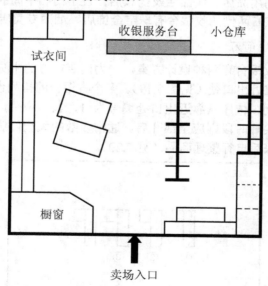

图 7.21　将收银台设置在后方的服饰卖场

　　另外一种小型商店的收银台位置规划，如图 7.22 所示的面包店。此种设计是将收银台规划在顾客动线的末端，顾客由右边选购完后，将面包交由服务员分装（为保持每个面包的完整性）。在分装等待结账的同时，顾客可经过收银台前的蛋糕柜选购精致食品。所以，这种收银台是结合冷藏食品展示与收银的双功能设计，故称之为"蛋糕柜收银台"。此种设计为将卧式蛋糕柜的高度降低到 90cm（方便与顾客传递结账），展示空间由 3 层降为两层，并将最上层台面改装成花岗石，使之成为收银台面，既实用又美丽。

3．收银台规划在门店中间

商品体积较大且常需提供顾客咨询、使用及维修说明等服务的中小型门店，如三 C 电子门店、中型服饰门店、家电用品门店、药妆品广场、健康器材门店、家具门店等。这些门店的空间设计都属于比较开放型，并将收银台结合服务区功能，规划在门店中央位置，以扩大整场的服务范围，其收银台形式大都设计为圆形、四边形及门字形等（见图 7.23）。另外，大型门店及百货公司的专柜或特贩区，也都将收银服务台设置在门店的中央位置，以单一形态方式服务该区的顾客。

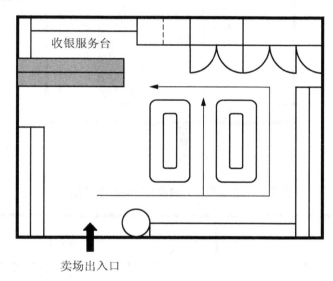

**图 7.22　将收银服务台设在后方的面包店**

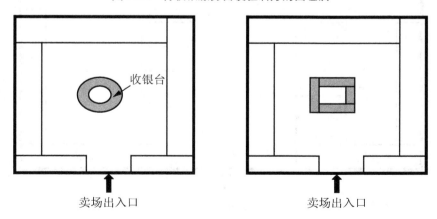

**图 7.23　规划在卖场中央的收银台**

### 4．收银台规划在门店左右侧

将收银台规划在门店左右两侧的商店，其柜台的功能除了收银之外，主要是展示商品及解说服务。如图 7.24 所示的珠宝金饰店将收银服务台设在入口右侧，柜台设计为玻璃平行柜以展示珠宝金饰，服务人员在内侧向顾客作详细说明服务。图 7.25 所示的眼镜行将收银服务台设在入口左侧，柜台设计为玻璃平行柜以展示眼镜框架，服务人员在内侧先了解顾客的需求，如需重新佩戴者，则由另一服务人员引领顾客到验光佩戴室；假如不需验光或者仅检修眼镜者，则可在柜台直接作业服务。

图 7.24　将收银服务台设在右侧的珠宝金饰店

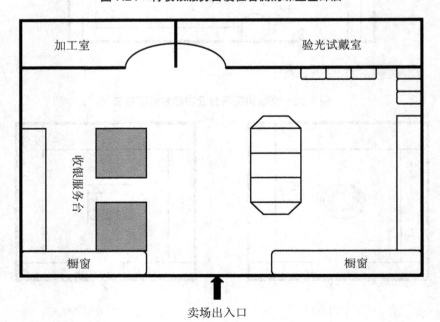

图 7.25　将收银服务台设在左侧的眼镜店

## （二）收银台的设计形式

门店收银台的设计随着行业的差别，有多种不同的形状，大致有长方形、L 形、弧形、四边形、冂边形、圆形等几种，如图 7.26 所示。

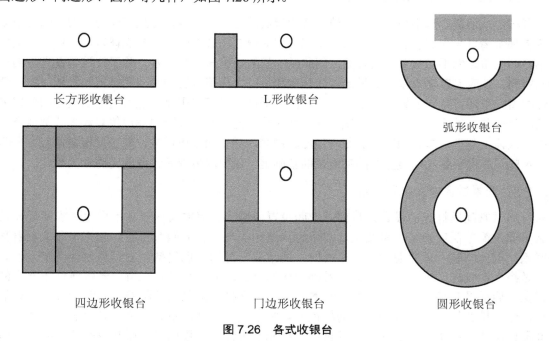

长方形收银台　　　　　　L形收银台

弧形收银台

四边形收银台　　　　冂边形收银台　　　　圆形收银台

**图 7.26　各式收银台**

## 二、试衣间的设计

对经营高端品牌的经销商，试衣间这种越是细小的空间越是能体现品牌的地位、形象、文化，马虎不得，要非常精心地对待。对经营中低档品牌的加盟商来说，一次把试衣间做得像高端品牌那么奢华，那么有创意，不是很现实，但这也并不意味着可以凑合了事。所以，细节化地管理试衣间，是大家都可以做到的，只是侧重点可以有所不同。

### （一）考虑顾客在试衣间的空间舒适度

在设计试衣间时，首先应从人体工效学考虑。要充分考虑顾客在空间里的肢体拘束程度，包括心理上的感受，不能使人有压抑感。其次是考虑在试衣过程中各个环节的舒适程度。试衣间要能基本满足顾客的肢体延展要求，有足够的恰当空间让顾客在试衣间里换穿衣物，一些较大的穿衣动作在空间里也应具有一定的舒适性。一般来说，要求试衣间的占地面积最低不能低于 $1.5m^2$，高度不低于 2m。

### （二）考虑顾客在试衣间的心理安全感

当每个人试衣服时都会有不愿示人的阶段，在试衣间布置方面就应着重考虑试衣间的私密性。例如，在门的设置方式和尺寸上要特别注意。从材质上尽量不用布帘做门，让顾客没有安全感。如果为了追求某些风格而选用布帘，则要体贴考虑布帘的幅度和闭合方式。在采用硬质材料做门时应采用方便安全的门锁，门锁的使用方法应简易明了，并在使用过程中销售人员或维修人员应及时检查门锁的损坏情况。值得关注的是，有的店面为了方便管理试穿的衣物，通常会在试衣间门的下端留出一段空间方便观察顾客是否在里面。这种方式相当不雅观，也令消费者非常没有安全感，建议考虑使用其他方法进行管理。

（三）设置周到的基本设施配备

同样，从消费心理学角度分析，消费者希望展示给别人的是自己最美丽的一面。因此很多消费者都希望自己在试衣过程中可以借助试衣间的设施完成对服装的初次评审，这样当穿上效果不好的衣服时就不必被其他人看见。因此试衣间的设施一定要完备。除了应该具备充足的光线和空间，还应设置穿衣镜、数量足够的挂钩和供顾客坐下脱鞋的沙发凳等基本设施。在条件允许的情况下还可考虑放置一个小型梳妆台面，提供梳子等日用品，也可考虑增设专门放置夹包的小平台等。其次，试衣间内的试衣镜、挂衣钩、挂架及试衣凳的摆放位置和方式都要充分考虑到人体工效学、考虑到顾客的便利程度。例如，凳子面不应过软，凳子面棱角不应太分明等，也就是在保证试衣间最基本的功能性的基础上，还要尽量保障设备的完整和人性化。

（四）配置适合的试衣间灯光

忽略试衣间里灯光的设置是目前试衣间设置的通病。有的卖场要么不设置试衣间灯光，要么只安装简单照明设备。事实上，消费者决定购买与否和他们对着装后的第一印象有着紧密联系，因此安装合理照明配置是必需的。通常电光源的光色包括色表和显色性两个方面。色表是指光源发光颜色，即从外观上看到的光的颜色；显色性是指在特定光照条件下产生的视错觉。店面经常使用的高压汞灯，它的发光又白又亮，但显色性不好，有利于吸引远处的顾客，但直接在灯光看，脸和衣服的颜色显得暗淡没有生气，不利于消费者对服装的欣赏，因此最好不要单独用在试衣间。并且试衣间灯光的设计应该根据实际服装及空间需要，从电光源的色表和显色性两个方面全面考虑搭配使用，将灯光设置调试到一个恰当的水平。同时还应考虑色光带来的心理感受。在夏季突出清凉、舒爽的冷色调；在寒冷的冬日，可以实行温暖、温馨的暖色调。

（五）考虑空间的色彩设置

色彩对消费者的心理作用影响巨大。前面也提到了不同色光带来的不同心理感受。可以根据实际品牌的风格和空间的大小设计试衣间色彩。总的来说，墙面色彩不可太浓烈、太刺激。试衣间温馨的色彩搭配可以舒缓消费者紧张的情绪，也使枯燥麻烦的试衣过程变得更有趣味性。而墙面色彩非常有特色的空间也会给消费者留下深刻的印象。

在终端店铺里，试衣间作为"提供给顾客试衣服的空间"，功能性不言而喻。但商家如果仅仅把它当作"试衣间"，已远远跟不上新时代环境下顾客的需求，更不符合文化营销、服务营销等营销观念对品牌经营的诠释。在日本，试衣间每平方米的装修投入是店铺每平方米投入的 3～5 倍，由此看出试衣间的重要性。可以说，试衣间就像品牌的"第二张脸"，商家对它重视与否，很大程度上影响着货品的销售，也影响着顾客对品牌和店铺的印象。

## 三、服务台的设计

在卖场中，服务台大多位于入口处。通常兼有寄存物品的功能。一般来说，服务台主要具备以下几种功能：受理退货、退款业务，为顾客办理送货服务，替顾客包装商品，投诉、索赔窗口，发行招待券，开发票，进行会员卡管理等。除此之外，还要解答顾客提出的各种疑问。

　　根据经营状态的差别，有的卖场没有设置服务台，而是由收银台代行服务台的部分职能。此时，就需要张贴 POP 广告（point of purchase advertising，购买点广告）向顾客宣传服务的具体内容。目前，卖场中服务台的作用与地位正在不断提高。服务与卖场商品的销售紧密相连，服务台作为与顾客交流、接触的窗口，其地位变得越来越重要。使自身卖场的服务台具有特色、创造与其他卖场不同的特点，是满足顾客需求、将顾客固定下来的好方法。像经营家用电器、家具这种需要送货上门及提供维修服务的卖场，必须通过服务台向顾客明确介绍送货的区域范围、送货费用、送货时间、维修内容等售后服务的具体事项。因此，服务台是与顾客进行沟通的最佳窗口。另外，对于经营礼品的卖场来说，包装服务直接关系到卖场的效益。总而言之，服务台的作用就是向顾客宣传除商品及本卖场在服务方面的特色。

## 四、存包处的设计

　　存包处一般设置在零售店铺的入口处。通常大型超市为前来购物的消费者提供人工寄存和自助寄存柜寄存两种方式。"寄存柜"就是让使用者可以实现自助式储存物品的储物柜。超市常见的寄存柜包括投币式机械自动寄存柜和机设条码多功能电子寄存柜。投币式机械自动寄存柜：该超市寄存柜采用投币式，顾客存包时，必须投入一枚面额为一元的硬币后方能上锁，打开寄存柜后，硬币会自动弹出来。机设条码多功能电子寄存柜的使用方法：①按"存"键（或投币），系统打印并送出一张条码纸；②从出纸口取出条码纸，系统将随机打开一门；③对照小票柜号、门号放入物品，请随手关门，门自动上锁。不论采用何种形式的存包方式，都应该是免费的，否则就会引起顾客的反感，直接影响到零售店铺的销售业绩。

## 五、标示设施的设计

　　标示设施是指在卖场内引导顾客行走、购买商品的设施。它们可以是悬挂在高于人头顶位置的纸质牌子，也可以是贴在墙上的箭头符号，还可以是直接放在过道两旁的导购图。总之，标志设施的形式是多样的，但目的只有一个，那就是方便顾客的购买、消费。良好的标示，可指引消费者轻松购物，也可避免卖场死角的产生。

　　卖场常见的标示：①入口处的卖场配置图，它可以让消费者在进门前就可以初步了解自己所要买的商品的大概位置；②商品的分类标示，目前很多卖场都使用较矮的陈列架，商品的确切位置一目了然；③各商品位置的机动性标示，如特价品销售处悬挂的各种促销海报；④店内广告或营造气氛用的设施；⑤介绍商品或装饰用的照片；⑥各部门的指示标示；⑦出入口、紧急出口等引导顾客出入的标示。

　　不管选用何种标示用设施，都应该注意出入口、紧急出口等引导顾客出入的标示要显而易见；各部门的指示标志要明显；广告海报避免要陈旧破烂。

## 六、洗手间的设计

　　卖场的洗手间是为顾客准备的，它给顾客留下的印象是卖场整体的一部分，洗手间里微小的瑕疵都特别容易给顾客造成不好的印象，因此，卖场的洗手间必须保持清洁卫生。特别是餐饮卖场中的洗手间，由于顾客使用的频率比较高，因此那里也成为宣传卖场形象的一个重要窗口。对于洗手间，企业经营者应该随时检查其位置是否有明确的标示、是否明亮整洁、卫生纸的补充是否及时、是否为顾客设置了放物品的地方、是否有不干净的地方。

　　另外，在使用洗手间的时候，不少顾客都会稍作休息，因此，许多卖场会在洗手间中张贴购物指南、宣传单等，向顾客进行宣传。这里张贴的宣传材料往往都会起到显著的效果。

连锁门店开发与设计

### 七、休息区

在一项公共项目调查中发现，一张椅子可以让顾客行走的距离加倍。在缺少休息区的环境下，顾客会选择离开，自己寻找"休息区"。多数卖场会设置收费的休息区，如卖一些咖啡、茶点的休闲驿站，但是顾客为了休息而付出的代价未免太昂贵了些，大多数人会望而却步。所以，商家必须考虑设立免费休息区，也许免费休息区的座位不能做到如咖啡屋般安静、舒适，但也要相对安静一些。只有这样，顾客才能"养精蓄锐"。经营者们可以充分利用卖场的布局，给顾客创造一个合适的座位区，如某片空地或某个角落，使它相对脱离于售卖区之外。如果休息区不能设置在顾客容易发现的地方，那就应该把它的位置标识清楚，以便为有需要的顾客提供服务。

 习题

#### 一、名词解释

方格型布局、跑道型布局、自由型布局、磁石点理论、主通道、副通道、直线式通道设计、回型式通道设计

#### 二、填空

1. 商店场地面积可分为（    ）、（    ）、（    ）三部分。

2. 根据顾客的流动路线，可以将门店布局分成（    ）、（    ）和（    ）。从柜台的摆放方式角度看，可以将门店布局分成（    ）、（    ）、（    ）、（    ）、（    ）、（    ）。

3. 根据磁石点理论，第一磁石点位于（    ），第二磁石点位于（    ），第三磁石点指的是（    ），第四磁石点指（    ），第五磁石点位于（    ）。

4. 门店的通道划分为主通道与副通道，（    ）是诱导顾客行动的主线，而（    ）是指顾客在店内移动的支流（    ）。

5. 直线式通道也被称为（    ），回型通道又分为（    ）和（    ）两种线路模型。门店动线的形式包括（    ）、（    ）、（    ）。

6. 收银台规划的摆放位置可归纳为（    ）、（    ）、（    ）及（    ）四种。

#### 三、简答

1. 门店空间布局形态应该怎么样？
2. 简述门店布局的基本类型。
3. 简述门店布局中磁石点理论的运用。
4. 门店通道设计的形式和原则是什么？
5. 收银台怎么设计更合理？
6. 试衣间的设计应该考虑哪些问题？

 实训项目

项目名称：本土超市和洋超市门店布局的比较

实训目的：通过考察洋超市和本土超市的门店布局，懂得本土超市和洋超市门店布局各自的优劣，培养学生的门店布局的设计能力，提高学生分析问题、解决问题的能力。

实训组织：（1）分组。将全班学生分成若干小组，小组成员根据分工确定各自的实训任务。（2）考察门店布局。各小组实地考察当地本土超市和洋超市门店布局，请教企业专家，收集门店布局的各种材料。（3）撰写报告。小组成员分工协作，认真撰写《本土超市和洋超市门店布局的比较》的实训报告。

实训成果：《本土超市和洋超市门店布局的比较》的实训报告

### 【案例分析】

#### 一只舒适的旧拖鞋

Tattered Cover 书店的店主将她的商店比喻成"一只舒适的旧拖鞋"。顾客们也很有同感，他们可以舒舒服服地躺在那些点缀在商店里的沙发和安乐椅上。但是如果你用零售商的一双行家的眼睛来看时，你就会发现这只"舒服的拖鞋"简直是由纯金打造的。Tattered Cover 书店的总经理说，他们书店的年营业额至少在 1 000 万美元以上，并且仍在增长。自从 1974 年开设这家书店以来，就非常受欢迎。

这家书店成功的秘密在于将家庭的气氛与书香气息有效地结合起来。书店的氛围有点像古典式的书店，书箱整齐地排列在用温暖的深色油漆漆成的松木书架上面。地毯是平和的深绿色，布局有致的椅子和沙发，便于顾客自由地休息和阅读。书店的员工坐在老式的图书馆用的木桌旁，使用深棕色的计算机工作。

书店也采取了一些营销技巧，如在烹饪书籍部，购书者可以在一个木制餐厅里翻阅最新的菜谱；心理学书籍部有一个"柔软的沙发椅"，类似于那只曾在弗洛伊德办公室里使用过的椅子；宗教书籍部有一个类似教堂里的那种木制长凳。

书店的总经理说：整个书店提供了一种"请进、请坐和请阅读"的真诚邀请的氛围。我们的唯一追求是使顾客在这里对书籍产生兴趣，为此我们不惜付出汗水和眼泪。

思考：

1. Tattered Cover 书店成功的秘密在于什么？

2. Tattered Cover 书店的店主为什么将她的商店比喻成"一只舒适的旧拖鞋"？

3. Tattered Cover 书店的成功对我们连锁门店的内部设计有什么借鉴意义？

# 项目八

## 连锁门店氛围设计

LIANSUO MENDIAN FENWEI SHEJI

### 【学习目标】

了解色彩的基本知识；掌握色彩营销策略在门店中的运用；了解门店照明分类；掌握门店播放音乐的技巧；了解门店气味、通风、温湿度等设计；掌握POP广告的类型和制作。

### 【案例引导】

#### 商店如剧院：耐克和索尼在芝加哥的密歇根大道上出售 pizzazz（魅力）

纽约现代艺术博物馆展览了一个知更鸟雕像，将它放置在一座纪念碑的顶部。索尼公司也有类似的想法。在芝加哥密歇根大街上新建的索尼艺术商店里，在类似的基座上，单独安放了一个亲切的索尼微型单放机。现代艺术博物馆在天花板上悬挂了一个 Calder 摩托车，而在耐克城（索尼商店的隔壁）里，屋梁上摇摆着一个真人大小的骑脚踏车的人的模型。为了在今天混乱的零售业环境中突出他们的产品，这两家公司都成为一半是艺术陈列室，一半是浏览广告的营业商店。

在索尼和耐克商店里，所有的东西在出售时都不打折。他们认为吸引顾客要靠商品的魅力，而不是折扣。他们发现大多数零售商在自己所经营的商品上花费的时间和给予的关注都很少，而他们不想这样做，他们要改变这种做法。在新建的画廊商店里，制造商可以特别展出他们带有的 pizzazz（魅力）的陶器，希望参观者即使不买，也能在离开商店时，给他们留下足够深刻的印象，以至于他们实际购买时仍会想起这里，而不是到别处去买。

68 000ft² （1ft²≈0.0929m²）的耐克城就如同是对运动鞋及其使用的一首赞美诗。在篮球区，是一幅耐克的代言人超级球星迈克·乔丹在篮球场上跑动的画面，在扬声器中还发出运动鞋与地面摩擦的吱吱声；在耐克泳装区，一个巨大的鱼缸嵌在墙上，顾客可站着观看海洋动物的录像。

这一方式似乎很有效。耐克商店每周都要吸引大约 50 000 名参观者。第一个星期六，要等候一个小时才能进入商店，这使得耐克商城成为芝加哥最具吸引力的地方之一。

在隔壁的索尼商店里，形象是最重要的，而销售额绝对是次要的。值班的 10 名销售人员并不赚取佣金，也没有推销商品的动机。他们的主要目的是演示商品的效果。模拟的卧室和起居室显示了索尼电子商品是如何适应家庭的装饰风格的。商店后面位置的沙发前放置了一套 12ft 屏幕的索尼新型家庭影院：由 10 个功放、4 个放大器、7 个扬声器组成，价值 2 万美元。销售人员按动遥控器，从天花板垂下的投影就可以播映 MTV 类型的录像带，并发出极具动感的音乐。

（资料来源：迈克尔·利维. 零售学精要.）

## 任务一　连锁门店色彩设计

在欧洲有这样一个经典故事：一个卖香蕉的伙计看到香蕉表面有些许黑斑，就对老板抱怨说，香蕉表面都黑了，肯定卖不出去。老板见状，毫不慌张，举起香蕉大声说："大家快来看呀，西班牙糊蕉，美味可口！"结果香蕉不仅畅销，而且价格还大大提升。这位老板的成功，正是得益于他对产品色彩的理解：黑斑向消费者传达出香蕉更成熟、更甜美的信息。

色彩是一把打开消费者心灵的钥匙。好的色彩不仅可以向消费者传达商品的信息，而且能吸引消费者的目光。美国流行色彩研究中心的一项调查表明，人们在挑选商品的时候存在一个"7 秒钟定律"：面对琳琅满目的商品，人们只需 7 秒钟就可以确定对这些商品是否感兴趣。在这短暂而关键的 7 秒钟内，色彩的作用占到 67%，成为决定人们对商品好恶的重要因素。

在商业上，色彩是第一卖点。在商品展览柜中，如果你的商品第一眼没能给顾客以美的吸引，那一定是你没把商品的颜色搭配好。因此商品质量再好，也会削弱它们的风采。色彩的这一作用在服装设计上表现得更为直接，在款式、面料、色彩 3 种服装的构成元素里，顾客第一眼看到的是色彩。

### 一、色彩的基本知识

#### （一）色彩的种类和色彩的三元色

1．色彩的种类

色彩是物体表面所呈现的颜色。丰富多样的颜色可以分成两个大类：无彩色系和有彩色系（简称彩色系）。①无彩色系是指白色、黑色和由白色黑色调合形成的各种深浅不同的灰色。无彩色按照一定的变化规律，可以排成一个系列，由白色渐变到浅灰、中灰、深灰到黑色，色度学上称此为黑白系列。②彩色系是指红色、橙色、黄色、绿色、青色、蓝色、紫色等颜色。不同明度和纯度的红橙黄绿青蓝紫色调都属于有彩色系。有彩色是由光的波长和振幅决定的，波长决定色相，振幅决定色调。

2．色彩的三元色

色彩的三元色，即红色、黄色、蓝色，是组成各种色彩的基础色，我们也称这 3 个颜色为基色或一次色，如图 8.1 所示。一次色通过不同程度混合就形成了二次色，二次色再混合形成三次色，依此类推，就形成了各式各样的颜色。

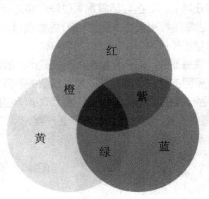

图 8.1　色彩的三元色

## （二）色彩的三要素

### 1. 色相

色相即色彩的相貌和特征，包括红色、橙色、黄色、绿色、青色、蓝色、紫色等，当然我们也可以把它们分得更细一些，如图 8.2 的两个色相环，一个是 12 色相环，一个是 24 色相环，如果再细分下去可以说色相是无穷无尽的。在我们生活中到处可见各种颜色，每一种颜色就是一种色相，色相是颜色最主要的特征。

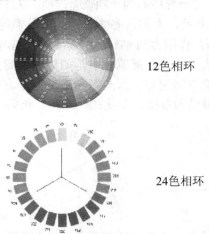

12色相环

24色相环

图 8.2　12 色相环和 24 色相环

### 2. 明度

明度是指颜色的明暗程度，如图 8.3 所示，左边的颜色明度高，右边的颜色明度低。其实某一个颜色的明度高低，是由这个颜色中所含无彩色的程度大小决定的。在图 8.3 中，将相同的色相中所加入的灰色的比重逐渐增加，则颜色的明度也有规律地逐渐降低。明度的有规律变化，可以引导顾客的视线流动，因此它是陈列色彩构成的一种方法。

明度色标

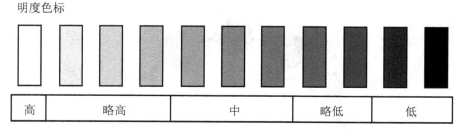

| 高 | 略高 | 中 | 略低 | 低 |

**图 8.3　明度的高低**

3．纯度

纯度即色彩的纯净度，也可以理解为色彩的鲜艳程度。图 8.4 的横向是纯度推移，左边纯度低、右边纯度高。色彩的纯度变化可以形象地理解为在颜色的颜料中不断加水稀释，水加得越多纯度越低。

纯度色标

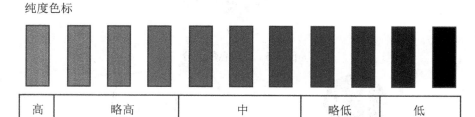

| 高 | 略高 | 中 | 略低 | 低 |

**图 8.4　纯度的高低**

（三）色彩的特征

1．色彩的冷暖感

大千世界，色彩无穷无尽，不同的颜色会给人不同的感觉，按照色彩给我们的冷暖感觉，我们把色彩分为冷色、暖色和中性色，如 8.5 所示。在冷暖色之间还间隔着中性色，主要是紫色、偏绿的黄绿色及无彩色。这些中性的色彩没有自己的冷暖感觉，把它们放到冷色系里面它就是偏冷的色系，放到暖色系里面就成了偏暖的色系，其中无彩色表现得最为突出。

我们可以利用色彩的冷暖色提高顾客的满意度。在阳光强又热的房间内涂上冷色系列，可使人们感到凉爽些，在一些背阴的房间内涂上暖色系列，可使人们有温暖感。卫生间热水龙头涂红色标记，冷水龙头涂蓝色标记，则直接引发人们对冷热的联想心理。在光线比较暗淡的走廊和休息室，以及超市等希望使人感到比较舒畅、比较明亮的场所应用效果最好。蓝色使人联想到辽阔的海洋和广阔的天空，给人以深邃开阔的心理感受，多用于海鲜类产品销售。绿色是"生命色"，给人以充满活力之感，表现生机盎然的大自然，多用于生鲜区的果蔬部门。

在沃尔玛和家乐福的某些店中，收款台周边经常使用蓝色等冷色调。因为在生意好的店，收款台前顾客的等候时间较长，为了使顾客感觉等候时间缩短，抑制烦躁，往往使用冷色。

2．色彩的轻重感

色彩的轻重感是由于不同的色彩刺激，而使人感觉事物或轻或重的一种心理感受。决定色彩轻重感觉的主要因素是明度，即明度高的色彩感觉轻，明度低的色彩感觉重。其次是纯度，在同明度、同色相条件下，纯度高的感觉轻，纯度低的感觉重。在所有色彩中，白色给人的感觉最轻，黑色给人的感觉最重。从色相方面看，暖色（黄色、橙色、红色）给人的感觉轻，冷色（蓝色、蓝绿色、蓝紫色）给人的感觉重，如图 8.6 所示。

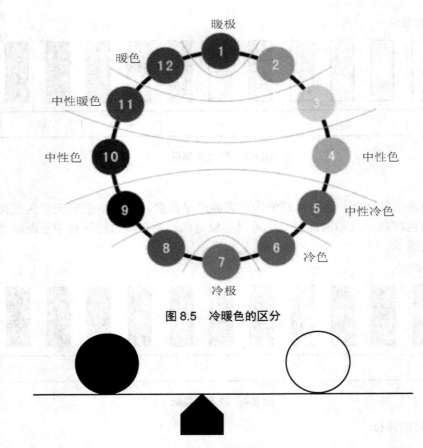

图 8.5　冷暖色的区分

图 8.6　色彩的轻重感

注：① 同样明度的情况下，暖色系的黄色比冷色系的绿色感觉要轻，且有膨胀的感觉；

② 白色是感觉最轻的，而黑色则是感觉最重的，也就是说明度越高，色彩感觉越轻，事物膨胀感越强，明度越低事物收缩感越强。

在陈列设计中，我们有时也运用色彩的轻重感觉来进行陈列设计，从而制造一种氛围或一种陈列色彩的构成方法。某眼镜店橱窗色彩设计如图 8.7 所示。

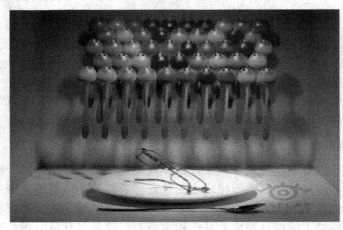

图 8.7　某眼镜店橱窗

在眼镜店橱窗设计中，绿色背景感觉较重，有向后收缩的感觉，红色和黄色等暖色的勺子感觉较轻，有像气球一样向上飘升的感觉，而白色的瓷盘相对于整个背景而言有更轻和更向前的感觉。橱窗除了造型创意外，运用不同轻重感觉的颜色，使整个画面有序而生动。

在门店设计中，对于要达到安定、稳重效果的场景，宜采用重感色，如台阶、基座、柱子等；为了要达到灵活的效果，宜采用轻感色，如天花板吊顶和悬挂在顶棚上的灯具等。对于室内的色彩处理而言，往往采用自上而下，由轻到重的处理手法。

3．色彩的距离感

所谓色彩的距离感，是指不同的颜色给人以后退或前进的感觉。色彩可以使人感觉进退、凹凸、远近的不同，一般暖色系和明度高的色彩具有前进、凸出、接近的效果，而冷色系和明度较低的色彩则具有后退、凹进、远离的效果。室内设计中常利用色彩的这些特点去改变空间的大小和高低。

一般说来，暖色给人温暖、快活的感觉；冷色给人以清凉、寒冷和沉静的感觉。如果将冷暖两色并列，给人的感觉是，暖色向外扩张，前移；冷色向内收缩，后退。了解了这些规律，对零售店铺购物环境设计中的色彩处理、装饰物品的大小、位置的前后、色彩的强弱等，都是很有帮助的，可以提高零售店铺购物环境的整体效果。

麦当劳快餐厅的内部环境设计就是以暖色为主，它能创造出温暖、活跃、热烈的心理感受，这主要是基于吸引快餐店的主要顾客——儿童、少年而考虑的。

（四）色彩的搭配

1．协调色搭配

（1）同色系相配：指深浅，明暗不同的两种。同一类颜色相配，如青色配天蓝色、墨绿色配浅绿色、咖啡色配米色、深红色配浅红色等。同类色配合的服装显得柔和文雅。

（2）近色系相配：指两个比较接近的颜色相配，如红色与橙红色或紫红色相配、黄色与草绿色或橙黄色相配等，相似色的配合效果也比较柔和。

2．对比色搭配

（1）强烈色配合：两个相隔较远的颜色的配合，如黄色与紫色、红色与青绿色，这种配色比较强烈。

（2）补色配合：两个相对的颜色的配合，如：红色与绿色、青色与橙色、黑色与白色等。补色相配能形成鲜明的对比，有时会收到较好的效果。

## 二、色彩营销策略在门店中的运用

（一）色彩营销的含义及特点

所谓色彩营销就是指企业根据市场的特点，充分利用色彩表现手法体现其产品的外部特征来进行营销组合，以满足顾客特殊需求的一种营销活动。它具有以下特点。

1．直观明了

心理学研究表明，人的视觉器官在观察物体时，最初的几秒内色彩感觉占 80%，而形体感觉只占 20%，两分钟后色彩占 60%，形体占 40%，5 分钟后各占一半，并持续这种状态。可见产品的色彩给人的印象鲜明、快速、客观、明了、深刻。因此，对于冲动型、激情型的顾客群体，鲜艳明了的产品会一下子满足他们的购买欲望，瞬间效应特别明显。

2．视觉涉及的范围广

色彩营销的载体是很广的，通过色彩来提升商品的商业价值的载体和途径较多。颜色可以在产品方面调配，也能（或同时）在商品的包装、广告、商业环境、企业形象、宗教民族等诸多方面加以考虑。这是因为市场上同质同类的产品很多，消费者对产品的颜色又百人百异，只有把握好产品（从广义上讲）颜色特征的表现形式，才能让顾客心爽、眼爽，在心情最佳的状态下抢购商品。

3．寓销于乐之中

色彩营销一般伴随着娱乐化营销。好娱趋乐是人的本性，色彩与娱乐气氛是一对孪生兄弟，现代科技的进步使色彩和娱乐正在进行着前所未有的亲密接触，两者结合起来，将能有效拉近产品与消费者之间的距离，加大产品的营销造势。

4．人性化贯穿始终

鲜明、生动、形象、时尚的色彩营销，最终都要落到人性化上面。人性化是色彩营销的根本所在。不同品牌的商品，面对不同的购销对象——人，色彩这个特殊的营销工具将扮演着沟通的重要角色，展示着产品的魅力和提升品牌价值的角色。色彩效应只有充分符合时代特征，深谙消费者时尚的人性化需求，才能在日趋激烈的竞争中，发挥它独特的功效。

（二）色彩营销策略在门店中的运用

1．色彩营销在门店标准色选取方面的运用

企业经过专门设计选定的某种特定色彩或一组色彩系统，运用于该企业所有视觉传达设计的媒体中，并通过这种色彩所制造的知觉刺激与心理反应，突出该企业的经营理念或产品的内容特质，这种特定的色彩称为企业的标准色。

在门店中标准色一般选一两种色彩为主，以不超过 3 种色彩为宜，可以广泛地应用于百货公司的标志、门头、POP 广告、建筑装饰、商品陈列、包装袋和其他事务用品的设计上，是用于视觉识别的重要的基本设计要素，标准色的运用最重要的就是做到统一。

例如，福建东百集团的标准色就是红色，该公司在导入视觉识别时在标志、标志应用组合、手提袋、遮阳伞等应用系统中均采用红色系。再如，沃尔玛、麦当劳的标准色。

2．色彩营销在商业设施中的运用

根据色彩给人的不同心理反应，可以利用色彩营造门店良好的购物环境。在门店里不同的商品区可以利用不同的色彩衬托商品，如在粮油区可以将货架设计成土黄色或橘黄色，给消费者丰盛、充实的感觉；电器区背景墙可设计成粉白色或粉蓝色，可以使消费者静心挑选，特别是空调卖区可设计成绿色、蓝色或白色，使消费者感到爽快、安静；另外在暖色系的货架上可摆放食品，冷色系的货架上可摆放清洁剂，色调高雅、素静的货架上可摆放化妆品。

有些色彩，会给人以酸、甜、苦、辣不同的味觉感受，以致不同的嗅觉感受。例如，淡红色、奶油色和橘黄色，点缀少量的绿色等，是促进食欲的颜色，因而食品类的陈列普遍采用暖色系的配色。如果要标新立异，用青绿色调设计饼干的陈列，用银灰色设计午餐肉的陈列，势必使人初看就产生误解，细看之后会产生厌恶感，食欲减退。例如，美国一家无人售货商店发现肉类的销售量下降了，经过调查才发现，店里新安了一扇蓝色的窗子，蓝色使消费者对肉类感到反胃。

3．色彩营销在商品陈列布置上的运用

在英国，有一家商场发现，在柜台上摆放红色、黄色、蓝色、绿色、白色 5 种颜色的海绵，前面 4 种的销售形势很好，唯独白色的销量少。于是营业人员干脆把白色的海绵撤下柜台，奇怪的事情发生了，各种其他颜色海绵的销量开始减少，营业员百思不得其解，又只好把白色的海绵重新摆上柜台，营业员惊奇地发现，各种彩色海绵的销量又开始回升。这个事例告诉我们：在商品的陈列布置上恰当搭配和运用色彩，在市场营销中起着不可忽视的促销作用，恰到好处的色彩，具有很强的市场销售力。

在色彩的运用中要注意对比度的协调，特别是在陈列商品与背景色之间及陈列的商品之间的颜色应该是对比较强的颜色。例如，背景为黄色的墙壁，若陈列同色系的黄色商品时，不但看起来奇怪，而且容易令人反感。如果陈列商品与背景色成相反色系的对比色，如黑色和白色、红色和白色、红色和绿色等，商品会更加鲜明，从而吸引消费者的视线。例如，肉食货柜的背景色偏红时，肉色给人的感觉就不太新鲜，如改成淡蓝色或草绿色，肉就显得新鲜红润。陈列的商品之间运用对比色强的颜色会令商品醒目，使消费者感到商品琳琅满目。例如，在陈列西红柿旁边陈列黄瓜，梨的旁边陈列香蕉等。

4．色彩营销在门店促销策略中的运用

色彩营销在节假日促销中的运用主要就是通过在商场内部的装饰上、店内促销、POP 广告等场合上恰当地运用色彩，渲染所在节日的气氛。红色是一种激奋的色彩，它具有刺激效果，能使人产生冲动、愤怒、热情、活力等感觉。因此在圣诞节、春节等节日促销中，可以选用红色来装饰商场，一方面可以渲染热闹和欢快的气氛，另一方面也可以刺激消费者的购物欲望，从而发生购物行为。蓝色是最具凉爽、清新、专业的色彩，它和白色混合，能体现柔顺、淡雅、浪漫的气氛（像天空的色彩）。情人追求的就是一种浪漫的气氛，在情人节中选用蓝色加白色来装饰商场可以让商场充满浪漫的情调，从而让情人们在浪漫的环境中购物，心情也会非常舒畅。

不同的色彩代表不同的含义，只要懂得运用这其中的奥妙，你就能够为顾客谱绘出一片独特的色彩之地。

【相关链接】

### 台湾微风超市的色彩设计

微风超市给人一种震撼感，就是"靓"。微风超市采用深色货架配合白色的灯光、褐红色地砖，使整个空间既沉着又亮丽，好像一个身穿黑色晚装的优雅美人，华丽中带有贵族气息。

从色彩学的角度说，光的作用是通过表象的变化引诱人的眼球，黑色给人以神秘、时髦、正式、邪恶的视觉感受，而白色给人以洁净、单纯、梦想、寒冷的感觉，本来黑白是不通融的对立，微风超市却通过这种大胆组合，使许多商品原有的色彩变得更加诱人。例如，蔬果的绿色加上白光，使绿色变得晶莹，红色的东西加上洁白的灯光会变得更加娇艳等。那些商品在原有的色彩上罩上一层洁白灯光，让人感觉到色彩的鲜艳不俗。色彩是开启人们心灵之门的无形钥匙。黄色使人振奋，红色使人心理活跃，绿色可缓解紧张，紫色使人压抑，灰色使人消沉，白色使人明快，淡蓝色使人凉爽等。色彩的这些效能，可以用来调节人的情绪、影响智力、改善沟通环境。从而可以将商品的特性通过色彩设计者的思想，淋漓尽致地传达给消费者。

　　从营销的角度来说，有品质优良的商品还是不够的，严峻的市场竞争需要你更精心地对待消费者，要使消费者了解商品的真实内涵，激发消费者的购买欲望。

　　但传统的营销手法中，包括广告、人员推销、价格等都采取灌输方式，不仅使日趋成熟的消费者反感，导致误解，还会让他们采取更为谨慎的购买行为甚至干脆拒绝购买。而色彩陈列在这方面会起到一种无形却又非常有效的沟通作用，色彩能使人产生联想和感情，利用色彩感情规律，可以更好地表达商品主题，唤起人们的情感，引起人们对商品的兴趣，最终影响人们的选择，让消费者能很自然地发生购买行为。

　　微风超市入口处摆放着鲜嫩欲滴的蔬菜，生鲜区就摆在正门口及右边的位置，促销的烤肉免费试食专柜向空中散发出诱人的香气，使顾客产生跑去尝鲜的欲望。左边都是深色的货架，在白色灯光的照耀下，深沉中显得高雅。

　　同样的商品由于不同的门店设计、不同的色彩设计、不同的经营理念，却产生了不同层次的销售效果。

 **任务二　连锁门店照明设计和声音设计**

## 一、门店照明设计

### （一）门店照明的分类

#### 1. 自然照明

　　自然照明是指自然光源。消费者接触最多的光源就是自然光源，其大部分生活与工作时间都是在自然光源下进行的，对自然光源的感觉是最为亲切、舒适的。门店照明应尽量利用自然光源，这样既能降低费用，又能使商品在自然光下保持原色，既可避免灯光对商品颜色的"曲解"，也可避免消费者进入门店后由于光的落差而感到不舒服。但自然光源受建筑物采光和天气变化影响，远远不能满足经营场所的需要，特别是大型商场，多以人工照明为主。

#### 2. 灯光照明

　　（1）基本照明。基本照明是确保整个门店获得一定的能见度，方便顾客选购商品和工作人员办公而进行的照明。门店的基本照明起着保持整个环境基本亮度的作用。如果整体亮度稍暗，会使人行为迟缓而且容易使人产生沉闷压抑的感觉，使消费者的心理活动趋于低靡，难以产生购物冲动。如果整体亮度过高则会刺激消费者的眼睛，使消费者容易感到疲劳，就会减少在超市逗留的时间。所以基本照明一般采用照度在 $500\sim750$ lx 之间的单色白光的日光灯为主，既保持一个基本亮度，也不会刺激消费者，而选用冷色是让消费者置身于简洁、明快、舒适的购物环境中，使消费者更加活跃于消费行为。在便利店、家电店、药店、文具店等小规模专卖店内通常使用基本照明。

　　（2）重点照明。重点照明也称为商品照明，它是为了突出商品优异的品质，增强商品的吸引力而设置的照明。在百货商店或专卖店，以聚光光束强调珠宝玉器、金银首饰、美术工艺品、手表等贵重精密商品的耀眼，不仅有助于顾客观看欣赏、选择比较，还可以显示出商品的珠光宝气，给顾客以强烈的高贵稀有的感觉。重点照明使商品处在很明亮的环境中，让顾客能够清楚地看到商品的特征、性能、说明，并以定向光表现光泽，突出商品的立体感和质感。

　　（3）装饰照明。装饰照明是门店为求得装饰效果或强调重点销售区域而设置的照明。装饰照明对店铺光线没有实质性的作用，主要是为了美化环境、渲染购物气氛而设置的，多采用彩灯、壁灯、落地灯和霓虹灯等照明设备。它是一种辅助照明，需要注意与内装装饰相协调。一般大型商店多采用装饰照明来显示富丽堂皇，而超级市场如果规模不大，就注重简洁明快，但若在节假日点缀一下，或在门面上设置企业形象识别标识特殊的霓虹灯广告牌，也能以其鲜明强烈的光亮及色彩给人留下深刻印象。

（二）门店照明的作用

连锁店铺照明的目的就是正确地传达商品信息、展现商品的魅力、吸引顾客进入店铺，达到促销的目的。

1. 间隔作用

间隔作用主要指空间的间隔，通过灯光的明暗变化，辅助店面里的柱子、展柜、展架、中岛等实物道具进行空间的虚拟间隔，在不同的区域进行不同的照明效果设计，从而更方便顾客选购商品。

2. 吸引作用

吸引作用指通过灯光的设计，以动感、灵活、可控制的光效让店面和商品变得格外有吸引力，从而吸引顾客进入商店，增加店面的人流量，同时引起顾客对商品的关注和兴趣。

3. 引导作用

引导作用指通过灯光的设计，辅助指示牌、POP 广告等指示性物料，帮助顾客选择最佳的选购路线，轻松引领顾客完成关注、比较、体验、付款等完整购物流程。

4. 互动作用

互动作用指针对自己的目标顾客群体，或者不同的季节、节日等，进行独特的灯光设计，最大程度地满足顾客感情需求，引起顾客情感共鸣，从而顺利向顾客传递品牌内涵，进一步建立品牌忠诚度。

5. 强调作用

强调作用是通过进行重点照明设计，运用灯光的明暗变化，配合店面布置和相关展示道具，突出商家力推的主打新品、利润产品、促销产品或者清货产品，使顾客更容易关注到该部分产品，更方便地挑选，从而达成预期销售。

（三）门店照明度的分配

门店内的照明度必须要有变化，有些地方亮一点，有些地方暗一点，这样就会使得消费者感到有层次感。如果到处都一样明亮就会给人单调的感觉。总的来说，中央货架区域的照明暗一些，而底壁与两侧壁的照明亮一些，橱窗和入口应该作重点照明以吸引消费者的视线。门店照明度的分配如图8.8。另外，对消费者挑选性强的商品，如妇幼用品、结婚用品、各式服装等，照明度要强一些；对消费者挑选不细的商品，如日用品、化学用品等，照明度可以弱一些；而珠宝首饰艺术品、钟表眼镜等贵重、精美商品，可用定向光束直射，以显示商品的灵秀、华贵、精细，使消费者产生稀有、珍贵的心理感觉。

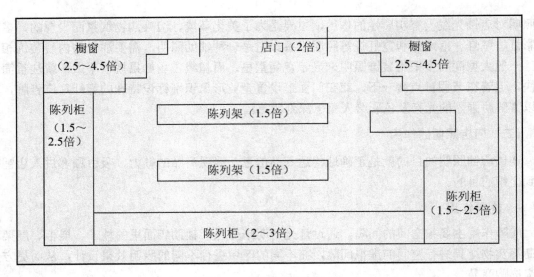

**图 8.8　商店照明度的分配**

注：假设店内平均照明度为 1，超过 1 表示尤应特别加强照明之处。

**（四）防止照明对商品的损害**

有时候，当顾客拿起商品时才发现商品有些部分已褪色、变色，这样不仅商品失去了销售的机会，同时也使卖场的信誉大打折扣。为防止因照明而引起商品变色、褪色、变质等类似事件的发生，在平时应经常留心以下事项：①商品与聚光性强的灯之间的距离不得少于30cm，以免灯光的热量灼烧导致商品褪色、变质；②要经常查看资料和印刷品是否有褪色和卷曲的现象；③由于食品在短时间内容易变色、变质，所以要远离电灯；④对逐渐暗淡的电灯要在其"寿终正寝"之前提前更换。

总之，门店的照明应与消费者的视觉心理感受相适应，这样才能增强感官刺激强度，渲染门店气氛，激发消费者的购物情绪，同时也会给消费者带来舒适、愉悦的心理感受。

**（五）门店的照明趋势**

1．更加注重光源的质量

主要表现在：①要有更高的照度水平；②更多的重点照明和明暗对比；③更高的显色性，没有频闪；④减少对商品褪色的影响。

2．追求自然光的照明效果

主要表现在：①改变光源的光通量、光强和颜色；②采用人造日光和动态照明。

3．绿色和环保

主要表现在：①增加对环保的考虑；②政府加强照明的立法；③首选可循环利用的产品包装；④节能，非常注意灯的功率和热损耗与冷却成本的考虑。

4．关注维护成本

主要表现在：①考虑光源的寿命及替换的成本；②考虑照明的灵活性，最好能在必要时，容易随时对照明进行调整。

## 二、门店声音设计

门店中的听觉环境包括消费者所听到的音乐与噪音。合适的音乐可以营造良好的购物气氛并且会使消费者心情舒畅，而过高的噪音会令消费者烦躁不安。

（一）门店音乐设计

门店音乐是每一个门店在设计阶段规划中最基本的一项工作。好的音乐不仅可以点缀零售门店的气氛，给消费者营造一种全方位舒适的购物享受，也能直观反映商场在听觉上给顾客留下的深刻印象。对于门店在以消费者为中心的营销体验中最能体现的细节值得每一个管理层重视。

1. 门店播放音乐的必要性

《法制晚报》与新浪网站生活频道曾经联合推出了消费者关于商场背景音乐感受的调查，结果显示：绝大多数消费者都喜欢商场有些背景音乐，但是，由于背景音乐声音过大、节奏过快等原因，有接近 80% 的消费者都表示曾对商场的背景音乐感到烦躁不安，甚至有很多消费者因为背景音乐过于吵闹而离开商场，放弃了消费。尽管很多消费者对多数商家的背景音乐不满意，但事实上，有 86% 以上的消费者还是希望商场播放背景音乐的，而且近 96% 的消费者认为商业背景音乐的质量对商场档次、形象有影响。

播放背景音乐是烘托门店气氛的一项有效措施。背景音乐的适合与否不仅会影响营业员的工作态度，还会影响消费者的购买情绪，进而会影响到门店的销售。因而，背景音乐的效果不容忽视。对于具体播放时间也有相应的管理制度。

2. 门店播放音乐的技巧

（1）与门店定位相匹配。音乐的选择一定要结合门店的特点和顾客特征，以形成一定的店内风格。门店播放的音乐必须根据产品和目标消费者的不同而设定。如果销售的商品是面向年轻人的，那么播放的音乐最好是轻快的、有节奏感的流行音乐；如果是销售儿童产品的就选择欢快活泼的儿童歌曲；目标消费者是中老年的，可以选用古典、悠扬的民族乐曲。

（2）灵活把握音乐节奏。慢节奏的音乐，能够使人放松、沉静，可以使人静下心来轻松购物。因而在顾客不是很多的情况下，播放慢节奏的音乐可以相对延长顾客在门店内停留的时间，增加顾客的消费。相反，节奏稍快的音乐，会加快人的运动节奏，同样也会提高人的购买欲，所以在客流高峰时适当播放节奏较快的音乐，可以鼓励顾客加速消费或采购动线，缩短顾客在店内的停留时间。

（3）注意音量高低的控制。音乐的音量大，虽然可以衬托出热闹的气氛，但是小音量的音乐，却可以鼓励顾客与销售人员进行对话，并作进一步的互动。因此，当商店需要人潮时（如大拍卖或遇节日庆典时），便可以播放稍大音量的音乐。相反地，如果销售已完成，需要顾客向服务人员进行多次咨询沟通时（如古董字画、家具，或高级服饰等），则小声量的音乐要来得恰当。

（4）播放与节日有关的主题背景音乐。不同节日播放与节日有关的主题背景音乐，如情人节播放情歌素材，父亲节、母亲节播放以节日为主题的歌曲，春节播放喜庆的音乐，让消费者一进门店就能感知今天是什么节日。

（5）不同时段播放不同风格的歌曲。门店不同的时段客流量是不同的。例如，门店在高峰期就要播放以轻快为主的流行音乐；在中午主要播放休闲音乐；平时的时段，可把音乐分为不同的风格，如流行男生、女生、休闲器乐、摇滚乐、怀旧金曲、古典等，并把这些按时间排列，首首之间穿插不同的风格滚动播放，会收到不同的听觉效果。

（6）精选开店音乐与打烊音乐。开店与打烊是每天固定的流程，同时对消费者也是一种提示，表明此时门店要开张或关门了，这时播放的音乐一般以比较规范和固定最好。例如，开门播放的迎宾曲、企业创作的歌，风格主要以流畅、激扬等类型为主，让人听到这首音乐就知道商场是什么时候开店，给顾客一种条件反射和暗示。一个有品位的商场一定要有两三首有代表性的音乐让人记忆深刻，我们经常播放的萨克斯（回家）（宝贝对不起）就是一个经典。

（7）不同区划播放不同风格的背景音乐。不同区划播放不同风格的背景音乐，这对于门店不同楼层不同商品区域较合适，如儿童区域、家电区域、书刊区域播放符合此消费群体的背景音乐会起到异曲同工的效果。

【相关链接】

### 沃尔玛播放什么音乐

沃尔玛属于大型超市类商场，参照其美式营运风格及管理模式，音乐可根据以下原则播放。

（1）从门店的性质来看，沃尔玛超市为非高档商品门店。从消费人群来看，以青年为主，虽然知识分子（白领）多，而打工青年为也不少。根据实际情况，消费者中虽然不乏知识分子，但受过严格音乐教育的的人很少，大多数人的音乐欣赏程度还停留在听听音乐放松情绪的初级阶段。因此不能构成音乐欣赏习惯和素质的差异。所以，各地区的沃尔玛都可按"多俗少雅无美声"的原则播放音乐。即多放通俗音乐，如克莱德曼的钢琴曲、雅尼的电子音乐、少播放古典音乐，主要是指海顿、贝多芬等古典派的音乐，而经过改编为流行形式的除外，尽量不要播放美声唱法演唱的歌曲，这样会跟顾客拉开距离。

（2）超市不同于游乐场，应按"多曲少唱无合唱"的原则播放音乐。即多播放器乐曲，少播放声乐曲，不要有大合唱，特别是雄伟壮丽的合唱曲、雄赳赳的军歌。因为到沃尔玛不是参加集会，沃尔玛也不是军营。

（3）商场都应该以器乐曲为主。沃尔玛应按"多乐少歌无摇滚"的原则播放音乐。即多播放器乐曲，少播放声乐曲（歌曲），无如重金属、工业摇滚等类的乐曲，不播放军歌、颂歌、企业歌等，而与"黑鸭子"演唱类似的小合唱，小天使童声合唱除外。尽量不播放企业歌曲，哪怕是该企业的产品在沃尔玛搞促销，而沃尔玛自己的企业歌每天开门迎客时可播放一次。需特别强调的是，沃尔玛自己的企业歌曲要根据自己企业的特点来谱写，至少不能是军歌风格。

（4）根据购物的心理应该遵循"多缓少快无悲腔"的原则。即多播放优美舒缓的乐曲（歌曲），少播放节奏快的乐曲，绝对不要播放《二泉映月》《江河水》之类的悲伤乐曲或歌曲，这样会破坏顾客享受购物的心情。

（5）多播放美式乡村音乐以突出品牌、风格及发源地，增进顾客的新鲜感及美誉度。

### （二）门店噪声的产生及控制

消费者对环境中的噪声都有一定的承受能力，但当噪声超过 55 分贝时，就会影响消费者的情绪，如果噪声超过 78 分贝，消费者就要提高说话音量，容易引起消费者的疲劳、烦躁，所以超市的噪声宜控制在 55 分贝以下。在大部分环境中都存在有不同程度的噪声。而卖场中的噪声主要来源于超市外噪声，即车辆、行人的喧闹声；作业噪声，即通气系统、空调系统、加工区等产生的声音；消费者噪声，即消费者之间、消费者与服务员之间的交谈声、走路声等。

门店里的噪声可以通过以下 3 个途径来减轻其不良影响。第一，加强环境的吸音能力。如加强地板、壁面、天花板的吸音能力，但一般情况下，这些地方的吸音能力加强的程度有限。另外，植物一般均有吸音效果，据测定，植物叶子能减弱噪声 26%左右。因此可在超市的休闲区、收银区等地方放置一些植物，既可以消除一定噪声又能绿化环境，增加美感。第二，音量恰当的背景可以减轻噪声对消费者的影响。当超市噪声控制在 55 分贝以下后，背景音乐可高出 3～5 分贝，这样消费者的听觉就会注意在背景音乐中，减弱了消费者对噪声的注意力。第三，营造一个宁静的氛围，整个环境宁静、音乐优雅，消费者的心情也较为舒展，交谈声也会降低。

 **任务三　连锁门店气味、通风、温湿度等设计**

## 一、门店气味的设计

零售店铺门店的气味，对创造最大限度的销售额来说，也是至关重要的。如果这些场所气味异常，那么，商品的销售不会达到可能达到的数量。研究表明，好的气味可以使人心情舒畅，产生购买欲望。

### （一）门店气味对顾客的影响

门店气味同声音一样有正面影响也有负面影响。零售店中，化妆品的香味，蛋糕食品的香味，糖果、巧克力的诱人味道都能对顾客产生积极的影响。商品与其气味的协调，对刺激顾客购买有积极的促销作用。不良气味会使人反感，有驱逐顾客的副作用。令人不愉快的气味包括地毯的霉味，吸纸烟的烟气，强烈的染料味，动物和昆虫的气味，残留的尚未完全熄灭的燃烧物的气味，汽油、油漆和保管不善的清洁用品的气味，洗手间的气味等，这些气味会让顾客产生不愉快的感觉，抵制顾客的消费欲望。

### （二）门店气味的设计技巧

#### 1．要与所售商品相协调

花卉的香气、化妆品货架的香味、面包的香甜味道、蜜饯的奶香味、皮具皮衣的皮革味、烟草部的烟草味，均是与这些商品协调的，对促进顾客的购买是有帮助的。美国国际香料公司采用高科技人工合成了许多让人垂涎的香味，包括巧克力饼干香味，热苹果派、新鲜的披萨饼、烤火腿的香味，甚至还有不油腻的薯条香味等，并将各种人工香料装在精美的罐子中用来销售。根据定时设置，香料罐子每隔一段时间会将香味洒在店内，引诱顾客上门，效果奇佳。

#### 2．严格控制不愉快的气味

不愉快的气味会把顾客赶走。在超市中会存在一些不良的气味，如装饰材料的气味、消毒液的气味、水产品的腥味、鲜肉的血腥味、洗手间的气味等。这些气味都会给超市带来不利的影响，使消费者产生不愉快的感觉。为此，门店可采用一些具体的措施，如在生鲜区放一些切开的柠檬片；在生鲜食品柜，特别是鱼、肉柜台附近要定时喷洒空气清新剂，以免异味引起消费者嗅觉上的反感。

#### 3．注意不同商品相邻气味的混合问题

邻近的不良气味，也像外部的声音一样，会给门店带来不好的影响，因此不要让两种或多种气味非常浓郁的商品做邻居。化妆品与食品，茶叶与鲜花共处一区的结果可能是，既闻不到香水味，也闻不到茶叶香，食品不再令人馋涎欲滴，鲜花也散发不出芬芳，甚至可能致

使空气中弥漫一种令人一秒钟也不想多待的混合怪味。同时，门店气味还与连锁店的环境、气氛也不协调。例如，医生或牙科医生诊室很浓药品气味飘入面包店等。

### 4．控制气味强度

对于不好的气味，门店应当用空气过滤设备力求降低它的密度。对正常的气味，密度可以大一些，以便促进顾客的购买，但是要适当控制，使它不至于扰乱顾客，甚至使顾客厌恶。例如，化妆品柜台周围，香水的香味会促进顾客对香水或其他化妆品的消费需要，但是，香水的香味过于强烈，也会使人厌恶，甚至引起反感，这样，反而会把顾客赶走。

总之，气味的运用在于使消费者产生一种舒畅的感觉，从而在购物的过程中显得轻松，所购货物也会更多。

【相关链接】

### 气味营销成就品牌

英国高档衬衫零售商托马斯·彼克耐心地研制一种个性化气味，他在纽约、旧金山、波士顿和圣弗朗西斯科新开的商店中放置传味器，当顾客经过时，传味器就会散发一种新鲜的、经过清洗的棉花味道。这种味觉享受让人迅速有了价值联想。

星巴克有家与办公室之外的"第三生活空间"之称，在这里可以享受到轻松闲适的气氛、迷人浪漫的味道、清静幽雅的环境及祥和随意的人际关系，体验到星巴克所塑造的文化。可见，味道、香味已经成为星巴克特有的一种文化。

以体验营销闻名的星巴克，对于咖啡的味道与香味要求近乎苛刻。在星巴克上班的员工，不管是谁，不管是什么日子，都不准使用香水。因为在星巴克，空气中飘溢的只能是纯正的咖啡香味，这要永远胜过其他的香味。

试想，如果星巴克每天发出来的是不一样的香味，或是混杂着其他香水的味道，谁又会把星巴克当成家与公司外的第三生活空间呢？

2007 年春节前后，熏香促销成为了重庆各大商场的流行趋势。服装店内使用了淡淡宜人的香味，香味延长了顾客在店里停留的时间，销售额比平时多了好几成。顾客们闻香止步，人随香动，寻香而来，纷纷对香味表示好奇，店内服务员在向其介绍香味的同时，又推荐了衣服，客流量、销售额远远大于其他未使用香味的服装店。有些香味特别的店面，喜爱这种香味的顾客在购买产品的同时，还能得到店主亲手调制的精油。这么做，会加深顾客在店内购物的感受，多些味道，为顾客添加几分愉悦，自然会多几分销售。

（资料来源：李光斗．气味营销：营销插位新利器．食品工业科技，2007，5．）

## 二、门店通风设计

为了保证店内空气清新通畅、冷暖适宜，门店应采用空气净化措施，加强通风系统的建设。

### （一）通风设施的分类

门店内顾客流量大，空气极易浑浊，为了保证店内空气清新通畅、冷暖适宜，应采用空气净化措施，加强通风系统的建设。通风来源可以分为自然风和机械通风。采用自然风可以节约能源，保证店内适宜的空气，一般小型门店多采用这种通风方式。有条件的大门店在建设之初就普遍采用紫外线灯光杀菌设施和空气调节设备，通过改善店铺内部的环境质量，为顾客提供舒适、清洁的购物环境。

（二）通风设施的配置原则

门店的空调配置应遵循舒适性的原则，冬季温暖而不燥热，夏季凉爽而不骤冷，否则，会对顾客和员工产生不利影响。冬季顾客从外面进店都会穿着厚厚的棉衣，若暖风开得很足，顾客就会感到燥热无比，可能会匆匆离开门店，无疑会影响门店的销售；夏季若门店的空调冷风习习，顾客会有乍暖还寒的不适感。总之，从服务的角度讲，使用空调时，维持适度的温度和湿度是至关重要的。

（三）空调设备的选择

（1）根据门店规模的大小来选择。大型门店应采取中央空调系统，中小型门店可设分立式空调。

（2）根据门店的空气湿度来选择。一般相对湿度保持在 40%～50%，更适宜的相对湿度是在 50%～60%，该湿度范围使人感觉比较舒适。

（3）根据门店的温度来选择。一般冬季不低于 16℃，夏季在 25℃左右。

## 三、门店地板、天花板和墙壁设计

（一）地板设计

门店内的地板是店堂基本装潢设施中和顾客接触最直接、最频繁的地方，要十分注意其带给顾客的良好触觉印象，还要顾及商品陈列与它的配合效果。

1．地板材料的选择

地板材质的基本要求是，能够承受住店铺内整个经营设施的重量（如岛式冰柜等），同时具备耐热、耐脏和容易清洁，并有一定的弹性、吸音性和防滑等特性。地板的装饰材料种类繁多，一般有瓷砖、塑胶地砖、石材、木地板及水泥等，可根据需要选用。主要考虑的因素是店铺形象设计的需要、材料的费用大小、材料的优缺点等几个因素。

2．地板图形的选择

店面地板在图形设计上有刚、柔两种选择。以正方形、矩形、多角形等直线条组合为特征的图案，带有阳刚之气，比较适合经营男性商品的零售店铺使用；而圆形、椭圆形、扇形和几何曲线形等以曲线组合为特征的图案，带有柔和之气，比较适合经营女性商品的零售店铺使用。

3．地板的颜色

地板选用优雅、感性的色彩为宜，要使商品显得高档并和顾客选购商品时的心情等气氛融合。地板颜色可与天花板、墙壁同一色系，也可略深。有时也可单独用色，只要显得舒适大方即可，通常采用白色、米色、粉色等，让人感觉很洁净。

（二）天花板设计

天花板的作用不仅仅是把店铺的梁、管道和电线等遮蔽起来，更重要的是创造美感，创造良好的购物环境。超市门店的天花板应力求简洁，在形状的设计上通常采用的是平面天花板，也可以是简便地设计成垂吊型或全面通风型天花板。

天花板的高度应根据门店的营业面积决定，如果天花板做得太高，顾客就无法在心平气和的气氛下购物，但做得太低，虽然可以使顾客在购物时感到亲切，但也会使其产生一种压抑感，无法享受视觉上和行动上舒适和自由浏览的乐趣。所以，合适的天花板高度对门店环境是甚为重要的。超市门店天花板高度标准如下（供参考）。

营业面积在 300m² 左右：天花板高度为 3～3.3m。

营业面积在 600m² 左右：天花板高度为 3.3～3.6m。

营业面积在 1000m² 左右：天花板高度为 3.6～4m。

天花板的设计装潢除了要考虑到其形式和高度之外，还必须将门店其他与之相关的设施结合起来考虑。例如，门店的色调与照明协调、空调机、监控设备（如确实需要）、报警装置、灭火器等经营设施的位置，都应列入考虑之列。

### （三）墙壁设计

超市门店内的壁面设计装潢与其他业态有所不同，总体要求是坚固、廉价与美观。其使用的材质一般是灰泥，再涂上涂料进行墙面喷塑。对壁面装潢的这种要求，是因为超级市场内的壁面绝大多数被陈列的货架遮挡。相比较其他商店而言，超市商品陈列与壁面配合的效果要低得多，所以在超市门店壁面装潢上可以尽可能节约一些，但必须坚固，因为大多数超市门店都经营冷冻类食品，由此产生的水汽对壁面会有侵蚀作用。

 **任务四 连锁门店 POP 的设计**

为了适应市场的变化和消费需求层次的提高，一些新的广告形式正在不断涌现，并且越来越受到企业和广告经营者的重视，其中 POP 广告就是其中一种。

## 一、POP 广告的含义

POP 广告是许多广告形式中的一种，它是英文 point of purchase 的缩写，意为"购买点广告"，简称 POP 广告。POP 广告的概念有广义的和狭义的两种。广义的 POP 广告的概念，指凡是在商业空间、购买场所、零售商店的周围、内部，以及在商品陈设的地方所设置的广告物，都属于 POP 广告。狭义的 POP 广告概念，仅指在购买场所和零售店内部设置的展销专柜，以及在商品周围悬挂、摆放与陈设的可以促进商品销售的广告媒体。

## 二、POP 广告的功能

### （一）新产品告知的功能

大部分的 POP 广告，都属于新产品的告知广告。当新产品出售之时，配合其他大众宣传媒体，在销售场所使用 POP 广告进行促销活动，可以吸引消费者视线，刺激其购买欲望。

### （二）唤起消费者潜在购买意识的功能

尽管各厂商已经利用各种大众传播媒体，对于本企业或本产品进行了广泛的宣传，但是有时当消费者步入商店时，已经将其他的大众传播媒体的广告内容所遗忘，此刻利用 POP 广告在现场展示，可以唤起消费者的潜在意识，重新忆起商品，促成购买行动。

### （三）取代售货员的功能

POP 广告有"无声的售货员"和"最忠实的推销员"的美名。POP 广告经常使用的环境是超市，而超市中是自选购买方式，在超市中，当消费者面对诸多商品而无从下手时，摆放在商品周围的一则杰出的 POP 广告，忠实地、不断地向消费者提供商品信息，可以起到吸引消费者，坚定其购买决心的作用。

### （四）创造销售气氛的功能

利用 POP 广告强烈的色彩、美丽的图案、突出的造型、幽默的动作、准确而生动的广告语言，可以创造强烈的销售气氛，吸引消费者的视线，促成其购买冲动。

在夏天，化妆品公司用被太阳晒成褐色的健美女郎躺卧在海边的图片做成 POP 广告，悬挂在店铺内部、化妆品专卖店里，使消费者有着强烈的季节感，意识到自己也需要到海边去轻松一天，但更必须记得携带某某化妆品公司的护肤产品以保护肌肤。

### （五）提升企业形象的功能

现在，国内的一些企业，不仅注意提高产品的知名度，同时也很注重企业形象的宣传。POP 广告同其他广告一样，在销售环境中可以起到树立和提升企业形象，进而保持与消费者的良好关系的作用。

## 三、POP 广告的类型

### （一）展示 POP 广告

展示 POP 广告是放在柜台上的小型 POP 广告。由于广告体与所展示商品的关系不同，柜台展示 POP 广告又可分为展示卡和展示架两种。

1. 展示卡

展示卡可放在柜台上或商品旁，也可以直接放在稍微大一些的商品上。展示卡的主要功能以标明商品的价格、产地、等级等为主，同时也可以简单说明商品的性能、特点、功能等，其文字的数量不宜太多，以简短的三五个字为好。

2. 展示架

展示架是放在柜台上起说明商品的价格、产地、等级等作用的。它与展示卡的区别在于：展示架上必须陈列少量的商品，但陈列商品的目的，不在于展示商品本身，而在于用商品来直接说明广告的内容，陈列的商品相当于展示卡上的图形要素。一旦把商品看成图片后，展示架和展示卡就没有什么区别了。值得注意的是，展示架因为是放在柜台上，放商品的目的在于说明，所以展架上放的商品一般都是体积比较小的商品，而且数量以少为好。适合用展示架展示的商品有珠宝首饰、药品、手表、钢笔等。

### （二）壁面 POP 广告

壁面 POP 广告是陈列在商场或商店的壁面上的 POP 广告形式。在商场的空间中，墙壁为主要的壁面，此外，活动的隔断、柜台和货架的立面、柱头的表面、门窗的玻璃等都是壁面POP 可以陈列的地方。

### （三）悬挂式 POP 广告

悬挂式 POP 广告是对商场或商店上部空间及顶界有效利用的一种 POP 广告类型。悬挂式 POP 广告是在各类 POP 广告中用量最大、使用效率最高的一种 POP 广告。悬挂式 POP 广告不仅在顶界面有完全利用的可能性，也在空间的向上发展上占有极大优势。即使地面和壁面上可以放置适当的广告体，但其视觉效果和可视的程度与悬挂式 POP 广告相比，也是有限的。可以设想，壁面 POP 广告在观看的角度和视觉上会受到很多限制，也就是说壁面 POP 广告常被商品及行人所遮挡，或没有足够的空间让顾客退开来观看。而悬挂式 POP 广告就不一样了，在商场内凡是顾客能看见的上部空间都可有效利用。另外，从展示的方式来看，悬挂式 POP 广告除能对顶界面直接利用外，还可以向下部空间进行适当的延伸利用。所以说悬挂式 POP 广告是使用最多、效率最高的 POP 广告形式。

悬挂式 POP 广告的种类繁多，从众多的悬挂式 POP 广告中可以分出两类最典型的悬挂式 POP 广告形式，即吊旗式和悬挂式两种基本种类。

### 1．吊旗式

吊旗式是在商场顶部吊的旗帜式的悬挂式 POP 广告，其特点是，以平面的形式在空间内作有规律的重复，从而加强广告信息的传递。

### 2．悬挂式

悬挂式相对于吊旗式来讲，是完全立体的悬挂式 POP 广告。其特点是以立体的造型来加强产品形象及广告信息的传递。

### （四）柜台 POP 广告

柜台 POP 广告是置于商场地面上的 POP 广告体。柜台 POP 广告的主要功能是陈放商品。与展示架相比，柜台 POP 广告以陈放商品为目，而且必须可供陈放大量的商品，在满足了商品陈放的功能后再考虑广告宣传的功能。由于柜台 POP 广告的造价一般都比较高，所以常用于以一个季度以上为周期的商品陈列，适合于一些专业销售商店，如钟表店、音响商店、珠宝店等。柜台 POP 广告的设计，从使用功能出发，还必须考虑与人体工程学有关的问题，如人体身高的尺度，站着取物的尺度及最佳的视线角度等尺度标准。

### （五）地面立式 POP 广告

地面立式 POP 广告是置于商场地面上的广告体。商场外的空间地面、商场门口、通往商场的主要街道等也可以作为地面立式 POP 广告所陈列的场地。柜台式 POP 广告的主要功能是陈列商品，而地面 POP 广告是完全以广告宣传为目的的纯粹的广告体。

由于地面立式 POP 广告是放于地上，而地面上又有柜台存在和行人流动，为了让地面立式 POP 广告有效地达到广告传达的目的，不被其他东西所淹没，所以要求地面立式 POP 广告的体积和高度有一定的规模，而高度一般要求要超过人的高度，在 1.8m 以上。另外，地面立式 POP 广告由于其体积庞大，为了支撑和具有良好的视觉传达效果，一般都为立体造型。因此在考虑立体造型时，必须从支撑和视觉传达的不同角度来考虑，才能使地面立式 POP 广告既稳定又具有广告效应。

## 四、POP 广告的制作要求

POP 广告的制作必须做到：醒目、简洁、易懂。

### （一）醒目

为了让 POP 广告醒目，应该从用纸的大小和颜色上想办法。在门店中都会陈列着各种大小不同、颜色各异的商品。在五光十色的环境中，如果将全部的 POP 广告都统一使用白纸制作，那当然不会引起顾客的特别注意。可尝试使用不同颜色的纸制作 POP 广告，一定会收到不同的效果。顾客对不同颜色有不同的感觉，黄色给顾客一种价格便宜的感觉，淡粉色和橘黄色的效果不错。与冷色系相比，顾客大多更喜欢暖色系。

另外，POP 广告的面积还应该根据商品的大小、书写的内容而发生变化。对于成堆摆放的特价商品，应该采用大型的 POP 广告，而对于货架摆放的小型商品，在制作 POP 广告时则要注意用纸的大小，不要将商品全部挡住为好。不同大小的 POP 广告都要准备。

（二）简洁

POP 广告不可能无限放大。此时，如何将想要宣传的内容全部准确地表达出来就是个问题。虽然传达给顾客的信息越详细越好，但是如果将很多的内容用很小的字写在 POP 广告上，如果顾客看不清，索性根本不去看。出于这样的考虑，应该尽量将商品的特点总结成条目，并且至多 3 条。POP 广告是吸引顾客注意商品的手段，将商品的特点总结成条目，便于顾客阅读，也就便于顾客了解商品。

书写 POP 广告用的笔，应该控制在 3 种颜色以内。如果字体的颜色太多，反而会令顾客眼花缭乱，不容易看清。

（三）易懂

介绍商品的语言要让顾客一目了然，不能含混晦涩。POP 广告是在一般广告形式的基础上发展起来的一种新型的商业广告形式。与一般的广告相比，其特点主要体现在广告展示和陈列的方式、地点和时间 3 个方面。这一点从 POP 广告的概念即可看出。

## 五、POP 广告的制作要点

### 1．优先使用总部的店内 POP 广告

总部已经印制的，要用总部的店内的 POP 广告；总部没有印制的，要在总部的指导下制作，以体现连锁企业的整体形象。

### 2．充分利用现有的资源

充分利用现有的资源，如厂家的人员和经费、商品的包装、实习的学生、赠送的设备等。

### 3．POP 广告的设计力求简单、直接

门店的顾客一般流动性比较大，很少在一个地方长时间停留，所以在 POP 广告的设计上，应力求简单、直接，要把表达的信息直接设计在 POP 广告上，避免复杂的图形和文字。

 习题

## 一、名词解释

色相、明度、纯度、色彩的轻重感、色彩营销、自然照明、灯光照明、POP 广告

## 二、填空

1．颜色可以分成两个大类：（　　　）和（　　　）。色彩的三元色，即（　　　）、（　　　）、（　　　），色彩的三要素包括（　　　）、（　　　）、（　　　），色彩的特征包括（　　　）、（　　　）、（　　　）。

2．门店的灯光照明包括（　　　）、（　　　）、（　　　）。

3．门店通风来源可以分为（　　　）和（　　　）。

4．POP 广告的类型包括（　　　）、（　　　）、（　　　）、（　　　）。POP 广告的制作必须做到：（　　　）、（　　　）、（　　　）。

### 三、简答

1．简述色彩营销策略在门店中的运用。

2．门店照明怎么分类？

3．门店应该怎么播放音乐的技巧？

4．POP 广告制作中会注意哪些问题？

 **实训项目**

项目名称：不同百货店音乐设计的比较

实训目的：通过实训，促进学生了解百货店播放音乐的特点和技巧，提高学生分析问题、解决问题的能力。

实训组织：（1）分组。将全班学生分成若干小组，小组成员根据分工确定各自的实训任务。（2）实地调研。各小组成员到当地各百货店调研百货店音乐设计，了解不同百货音乐设计的特点和技巧。（3）成果展示。各小组展示《不同百货店背景音乐设计的比较》的调研报告并且现场演示。

实训成果：《不同百货店音乐设计的比较》的实训报告

### 【案例分析】

### SPAR 超市门店设计的基本理念

SPAR 成立于 1932 年，总部位于荷兰，目前在全球 35 个国家经营 1.5 万家超市，年营业额超过 340 亿美元，是世界最大的自愿连锁组织。国际 SPAR 于 2004 年正式进入中国，在中国以省区为基本单位接纳成员。

凡是接触过 SPAR 在世界各地的超市，尤其是其最近几年推出的新型超市的国内业界人士无不对其高贵的格调和热烈的卖场气氛印象深刻。甚至从 SPAR 在世界各地统一宣传的电视广告片中也可以看出，SPAR 极为注重店面层次和品位的要求。在先进的 SPAR 卖场中，很多新颖独特的人性化服务设施，在寸土寸金的卖场中似乎有些不可理解。但实际上，正是这些看似有些冒险的举动为商家赢来了大批的忠实顾客，自然也带来了令人羡慕的收益。

在欧洲的某个 SPAR 店中，顾客能够见到一个分类回收生活废弃物的小玩具，当顾客将废弃纸板、瓶罐投入时，它能"吐出"相应金额的购物券或现金。旁边还有一棵"能说会吃"的大树，在接受儿童投入的废电池时可以开口说话，甚至陪儿童做游戏，还会根据投入废电池的数量"吐出"一定的奖券或礼品。在普通大众环保意识极强的欧洲，这种让孩子们在愉快的玩乐中提高参与环保实践，学习环保知识的设施，让年轻的父母感到由衷的欣喜。抓住了孩子们幼小的心，也就影响了妈妈们对购物场所的选择。

SPAR 对中国市场确定的目标顾客群是 20～35 岁的女性消费者，结合中国市场的现实情况，在每一个 SPAR 大卖场中，设计配置了一个儿童乐园。一个专为孩子们准备的环境亮丽、气氛活泼的免费游乐小屋，不仅解除了年轻妈妈们购物时带孩子不便的烦恼，还创造了欢乐和温馨的氛围，从而把一个简简单单购买日常生活用品的场所变成了享受生活乐趣的地点。

零售业经营的最基本定理无疑应该是"销售额＝交易数×单价"。一个零售企业能够创造多少忠诚的目标顾客，是决定其效益的基本问题。所谓超市设计，应该是如何使一个店铺从视、闻、尝、听、触等各种角度让目标顾客全方位体验和感受店铺"人格"，并获取他们"芳心"（常来购物）的一套系统方法。

在与目标顾客互相沟通的过程中，抓住并利用好以下几大要素可以使整个卖场的设计达到事半功倍的效果。

（1）视觉要素。这好比是店堂的衣着和言谈举止。SPAR 有一套"柔性指示"体系，用具体、优美的图像来代替文字说明。例如，婴儿用品区不用文字"婴儿用品"标明，一个活泼可爱的婴儿照片则形象生动得多；女性内衣首先安排在卖场较为私密的区域，并采用亲密、略显性感的大幅照片，配以温暖、柔和的灯光，温馨、浪漫的氛围吸引了诸多女性流连忘返。灯光的设计在视觉要素中极为重要，突出了商品的特性，将商品的功能性价值提升到了生活质量的层次。例如，蔬菜水果区采用舞台射灯，商品摆放突出和谐的农场氛围，使顾客犹如身在新鲜农场中采购，其中的畅快与自在不言自明。店铺的外观是要在顾客还没进店之前，就吸引顾客，远远的一瞥，顾客的心就被那一份优雅强烈地吸引了。欧洲的 SPAR 外观设计非常艺术，大多采用全透明设计，门头的稻草和落地玻璃窗设计使得整个 SPAR 既古香古色又充满现代气息。店内商品琳琅满目，透过玻璃窗看得一清二楚，强烈刺激消费者的眼球和购买欲望。颜色的使用在 SPAR 店内店外，也有严格的规定：红色和绿色，而且这两种颜色的搭配比例为 8：2。经过科学实验表明，这两种颜色的合理搭配不仅能使人感觉舒服，更会首先联想到新鲜的生鲜和熟食。

（2）嗅觉要素。这是消除了距离以后的沟通。尤其在面包、水果、化妆品区，恰到好处的气味会对顾客的购买行为产生极大的影响。

（3）味觉要素。百闻不如一见，百见不如一尝，能让顾客尝在嘴里并心服口服就是促销最大的成功。欧洲的 SPAR 大多在熟食区设置专供顾客品尝的位置，类似于快餐店，但会更新鲜、更健康。

（4）听觉要素。这是要在合适的季节、时间，配上恰当的背景音乐和宣传语言，不但能迅速告知顾客店内最新消息，也会使顾客更有宾至如归的亲切感。

（5）触觉要素。在欧洲 SPAR 店，不管蔬菜水果多么高档，一律采用敞开式摆放，顾客可以轻松触摸到这些商品，充分感受商品的质感，更便于选购。

一个好的店铺设计，始终要围绕目标顾客来进行，调动顾客积极性并与其进行有效沟通，始终保持自己的独特个性。虽然常变常新，但始终让商品做主角，货架、背景等都作为商品的配件出现。

思考：

1．SPAR 超市利用哪些要素提高卖场的设计效果？

2．SPAR 超市的门店设计理念有什么特点？

# 模块四　连锁门店陈列设计

# 项目九

## 连锁门店商品的陈列设计

LIANSUO MENDIAN SHANGPIN DE CHENLIE SHEJI

【学习目标】

　　了解陈列的基本要素和基本构成形式；掌握商品陈列与顾客购物心理、销售额之间的关系；掌握陈列的原则和技巧；了解商品配置规划的因素；掌握商品配置表的制作。

【案例引导】

### 化妆品店——屈臣氏商品陈列技巧

　　据最新数据表明，屈臣氏的捕捉率平均在 15% 左右，即走过它的每 100 位目标消费者大概有 15 人走进他的店铺买东西……种种迹象说明，屈臣氏创造了化妆品零售业的一个奇迹，成为了个人护理用品店的标杆。本文以屈臣氏为例，从商品陈列的角度，探求屈臣氏的成功之道。

　　一、发现式店铺布局

　　为业内人士熟知的是，屈臣氏在中国平均的租赁成本是每天 10～20 元/m²。而现在日益增长的租金成本成为困扰很多专营店店主的难题。如何利用好有限的店铺空间，使之发挥最大能量？事实证明，屈臣氏的发现式店铺布局是一个值得借鉴的成功案例。

　　首先是清晰的店铺布局。研究屈臣氏的专家白云虎认为，屈臣氏把店铺划分为 4 个大的区域，即"想要区域""服务区域""必要区域"和"冲动与推动"区域。屈臣氏店铺是敞开式设计，没有门和橱窗，这样能把有限的店铺空间利用至最大。最靠近入口的地方是"想要区域"，陈列的是顾客最想要的商品，当然什么是顾客最想要的商品也是屈臣氏根据科学调查、综合各种因素得出的，并且会不断变化。通过顾客最想要的商品把他们吸引进店，接下来往里走是"冲动和推动"区域，主要通过花样翻新的各式促销活动，如"sale周年庆""加1元多一件""全线八折""买一送一""免费加量33%不加价"等，调动顾客的消费情绪。再往里走就是必要区域了，即一些生活必需品，如洗护用品等，也就是只要顾客需要就会有高购买率的商品。可能很多店主认为，必要的商品应当放在橱窗，吸引顾客入店。而屈臣氏反其道而行之，取得了很好的战绩。

收银台是顾客付款交易的地方，也是顾客在商店最后停留的地方，这里给顾客留下的印象好坏，决定顾客是否会第二次光临，对于任何一家零售卖场来说，收银台的重要性都是不言而喻的。很多专卖店习惯于把收银台设置在店铺门口或是店铺的人口靠墙的地方，事实证明，把收银台设置在店铺门口会给顾客造成压力，不愿意进入店铺；设置在店铺的人口靠墙的地方，方便顾客付款，但对客流会造成阻碍。屈臣氏的选择是把收银台放在店铺的中间，这样就避免了以上两种做法的弊端。

此外，屈臣氏还通过颜色分割店铺，一个个的色彩代码犹如隐形的导购，告诉顾客各类商品的位置。屈臣氏最常用的颜色是代表健康的粉色、绿色、蓝色和黄色。

二、独特的货架陈列方式

据了解，为了方便顾客，以女性为目标客户的屈臣氏将货架的高度从1.65m降低到1.40m，并且主销产品在货架的陈列高度一般为1.3m~1.5m，同时货架设计也足够人性化。在商品的陈列方面，屈臣氏注重其内在的联系和逻辑性，按化妆品—护肤品—美容用品—护发用品—时尚用品—药品—饰品化妆工具—女性日用品的分类顺序摆放。据统计，在屈臣氏销售的产品中，药品占15%，化妆品及护肤用品占35%，个人护理品占30%，剩余的20%是食品、美容产品及衣饰品等。

屈臣氏在对店铺的商品陈列上有非常严格的要求，每个固定货架上的商品陈列都是按总部的要求来执行的。例如，可供陈列的正常货架、促销货架、收银台、网架、挂链、堆头、胶箱等各类陈列都会受到不同标准的指导，有着专门的陈列图。独特的货架设计与作用还包括屈臣氏自创了九格图、四方格等陈列道具，用于陈列当期促销货品或租给供应商作促销。屈臣氏一般选定正常货架的顶层，当然这也是由总部安排位置，规定要插上显示当期促销主题的色带长条。靠墙的货架，离地面起1540mm起，规定顶上的一层必须统一从上面第6孔开始放第一层货架层板，同样用于陈列促销商品，但必须是体积较大、顾客容易看见、有吸引力的商品。

屈臣氏收银台的货架陈列也颇有学问。在收银台前面摆放有3类商品，一是当顾客在付款的时候，收银员会在适当的时候向顾客推介优惠的促销商品，让顾客充分感受到实惠；二是在屈臣氏经常举行商品的销售比赛活动，这是一种非常成功的促销方式，这些商品也会在收银台进行销售；第三，在付款处范围内，我们还可以发现一些轻便货品，如糖果、口香糖、电池等一些可以刺激顾客即时购买意欲的商品；第四，在收银台的背后靠墙位置，主要陈列一些贵重、高价值的商品，或者是销售排名前10名的商品。

 **任务一　连锁企业商品陈列概述**

商品陈列技术是超市销售的基本技术，如果运用得好会大大地提高销售量。据资料表明，正确地运用好商品的陈列技术，销售量可在原有的基础上提高30%。可见商品陈列技术在销售中所产生的作用。

# 一、陈列定义及目的

## （一）商品陈列的含义

所谓商品陈列，指的是运用一定的技术和方法摆放商品、展示商品，创造理想购物空间的工作。

（二）商品陈列的目的

进行商品陈列的根本目的是为了吸引顾客的眼光，引起顾客的兴趣和购买的欲望。将商品摆放得漂亮只是商品陈列的一个方面，商品陈列必须做到 5 个"利于"。

1．利于商品的展示

要使顾客一进门，就知道店里有哪些商品，有没有自己所需要的商品。

2．利于商品的销售

使顾客在最短时间里，以最直接的方式，找到自己所需要的商品。

3．利于刺激顾客的购买欲望

将重点商品、新进商品、稀有商品、流行商品摆在顾客一进门就可以看到的区域内，可以达到良好的刺激购买的作用。

4．利于提供商品最新信息

有经验的经营者都会将最新商品摆在最前面、最上面，目的就是为了将最新信息告知顾客，以一种无声的方式对顾客进行引导。

5．利于提升商家和商铺形象

一个良好的、陈列有序的、易于购买的商品环境，使顾客看着高兴，拿着方便，容易引起顾客的好感，提升商家和商铺的形象。

## 二、陈列的基本要素

在商品陈列前，要考虑其数量、方向等几个问题后，才能选择正确的陈列方式。这些基本要素也是不可缺少的执行业务事项。

（一）陈列数量

各种商品都会有所谓的"最低陈列量"，陈列商品一旦低于这个数量，其销路就会极端恶化。因此，考虑陈列数量时，要以各商品的"最低陈列量"为前提。陈列要有一定的数量，这样才易引起顾客的购买欲，从而达到销售商品的目的。假如陈列未达到一定的数额，则销售量就会显著的降低。所以，要充分考虑陈列的数量，使其达到一定标准，既能吸引顾客又不会显得商品不够丰富。

店员小王曾经做过如下的实验：她把红色、黄色、蓝色、绿色、褐色 5 种颜色的特价衬衫，堆成一堆放在店门口附近，每个星期检查一次，想要看到底哪一种颜色的衬衫销路最好。过了几个星期后，她得到了一个结论，那就是红色衬衫最易销售，而且，当红衬衫卖完之后，其他 4 种颜色的衣服销售就直线下降了。然后，她又做了另一个试验。将衬衫分成两堆，放在店门口的左右两边，其中一堆红衬衫加多，另一堆则没有红衬衫。经过比较之后，发现加多红衬衫的那一堆，销售竟比没有红衬衫的那一堆高 6.5 倍。为什么会得出这种结果？总结之后，她发现了两项结论：红色比其他颜色更引人注意；没有红衬衫的那一堆，显得黯然无光，使顾客的兴趣因之大减。

因此，在商品陈列时，除了数量之外，还应该同时注意到商品的颜色、式样、大小的搭配。这样才能吸引顾客的注意力，从而提高商品的销售量。

（二）陈列方向

1．迎合顾客对于商品的选购重点

商品标牌多半一面贴商品名称与商标图案，另一面则注明注意事项和成分计量。商品，特别是毛料服饰，对于标牌的展示要明显。总之，要以顾客感觉具吸引力的方向进行展示，这是陈列方向的重要所在。

2．以宽大面示人

为了突显商品"量感"，也有必要考虑向哪个面展示，才能让商品群看起来容量大。若是漫无章法地堆放商品，尽管陈列量大，也无法给人商品丰富的印象。采用宽大的商品面向，利用内衬来陈列，才是具有"量感"的陈列法。

3．以配色漂亮面示人

商品可利用漂亮的配色，给顾客排场壮观、商品丰富的印象。

4．便于陈列

采取何种方向陈列最具稳定感，这个问题也应重点考虑。要在补货时最省事、最安全，这才是最佳的方向。

（三）陈列形态

陈列形态包括陈列的各种方式。由不同方式展示不同风格，一般有以下 4 种。

1．对比

颜色鲜明的商品旁边放一个颜色较暗的商品，使之形成明显的对比。这样，两件商品必定会因互相衬托，而显得更有吸引力。而且，对比陈列有强烈的震撼力，不仅给人安定感，而且能加深顾客的印象。

2．对称

对称陈列没有力量，却有安全感。所以，在商品数量多时，可以采用此种方式。

3．节奏

以大、小、大、小的方式，将商品做间隔排列，便会产生一种有节奏的动感，这样能吸引顾客的目光。但服饰用这种方式陈列会很麻烦，不易达到想要的效果。

4．调和

大小的搭配，有时会有一种调和的感觉，它适用商品数量较少时。

## 三、陈列的基本构成形式

良好的构成形式主要能给人们的视觉带来稳定感和立体感，令人感到舒适。为了达到这种平衡效果，在表现上就应遵守一些基本的构成原则。

（一）直线构成

将商品按一定的规律进行分类，具有相同因素的商品用"线"（横线、斜线）的形式排列。通过点、线、面组合的原理使商品更具吸引力。这种形式适于在货柜或柜架的展示空间里，强调同类商品间的差异时采用，效果最佳。

### （二）非对称构成

以中心线为基准，将商品以左右非对称的组合形式出现。这种形式饱满有活力，充满动感，适用于休闲、有新意的商品。

### （三）三角形构成

在橱窗中经常要使用到 POP。为了避免挡住它，在陈列商品时注意 POP 与商品的摆放关系。一般在这种情况下，较适合使用三角形构成。所谓三角形构成，是指以中心线为基准，将全部商品以三角形的位置摆放，使立体感增强，可以将商品的组合与分配表现得很清晰。

### （四）韵律构成

韵律构成指将商品以一种相同的样式进行重复的方式表现。这种方式有强烈的协调感和节奏感，识认性很强，适合在窄而长的空间内使用。

## 四、商品陈列与顾客购物心理之间的关系

### （一）商品视觉陈列计划——VMD

VMD 是一个外来语，是英文 visual merchandising 的缩写，我们一般把它叫作"视觉营销"或者"商品计划视觉化"。VMD 是企业的商品计划、流通、销售等商品战略的一种视觉的表现系统，是指在舒适的卖场环境中，准确和有魅力地提供商品及其信息的一种销售和展示的手法，它对于卖场的运营及商品的组织起着重要作用，所以也是一种企业的经营管理活动。具体的方法包括 VP（visual presentation，视觉陈列）、PP（point of presentation，售点陈列）、IP（item presentation，单品陈列）等。

1. VP

作用：表达店铺卖场的整体印象，引导顾客进入店内卖场，注重情景氛围营造，强调主题。提示：VP 是吸引顾客第一视线的重要演示空间。地点：橱窗、卖场入口、中岛展台、平面展桌等。担当：设计师/陈列师。

2. PP

作用：表达区域卖场的印象，引导顾客进入各专柜卖场深处，展示商品的特征和搭配，展示与实际销售商品的关联性。提示：PP 是顾客进入店铺后视线主要集中的区域，是商品卖点的主要展示区域。地点：展柜、展架、模特、卖场柱体等。担当：售货员、导购员。

3. IP

作用：将实际销售商品分类、整理，以商品摆放为主，清晰、易接触、易选择、易销售的陈列。提示：IP 是主要的储存空间，是顾客最后形成消费的必要触及的空间，也叫作容量区。地点：展柜、展架等。担当：售货员、导购员。

### （二）消费者购物心理变化法则

商家通过完美的陈列手法来引起消费者对商品的注意，顾客会在繁多的商品中一眼就看到某个商品，停下脚步，感到新奇，从而对商品发生兴趣，表示喜欢与产生想试一试的想法。由兴趣到进一步产生购买的欲望，然后迅速搜索与此相关的记忆，并联想出拥有此商品的情景，最终产生购物行动。

### 五、商品陈列与销售额之间的关系

#### （一）商品陈列面积大小变化引起的销售额变化

对于相同的商品来说，店铺改变顾客能见到的商品陈列面，会使商品销售额发生变化。陈列的商品越少，顾客见到的商品的可能性就越小，购买概率就越低，即使见到了，如果没有形成聚焦点，也不会形成购买冲动。

实践证明：货位由 4 个减少到 2 个，销售额减少 48%，货位由 3 个减少到 1 个，销售额减少 68%。货位由两个增加到 4 个，销售额增加 40%，并且某种商品的陈列面积与其市场占有率成正比。

#### （二）商品陈列高低变化引起的销售额变化

商品陈列高低不同，会有不同的销售额。依陈列的高度可将货架分为 3 段，中段为手最容易拿到的高度，男性为 70～160cm，女性为 60～150cm，有人称这个高度为"黄金位置"，一般的用于陈列主力商品或有意推广的商品。次上下端为手可以拿到的高度，次上端男性为 160～180cm，女性为 150～170cm，次下端男性为 40～70cm，女性为 30～60cm，一般用于陈列次主力商品，其中次下端为顾客屈膝弯腰才能拿到的高度。上端男性为 180cm 以上，女性为 170cm 以上，下端男性为 40cm 以下，女性为 30cm 以下，一般用于陈列低毛利、补充性和体现量感的商品，上端还可以有一些色彩调节和装饰陈列。

根据实践经验证明：在平视及伸手可及的高度商品售出概率约为 50%；在头上及腰间高度，售出概率为 30%；高或低于视线之外，售出可能性仅为 15%。不同的层面陈列会引起销售量的变化，如表 9-1 所示。

表 9-1    不同的层面陈列所引起的销售量的变化

| 层面陈列 | 销售量 | 销售量百分比 |
| --- | --- | --- |
| 上段 | 通常陈列一些推荐品或有心培育的商品 | 10% |
| 黄金线 | 通常陈列高利润的商品/自有品牌/独家进口商或重点销售商品，但不能陈列低毛利商品 | 40% |
| 中段 | 通常陈列一些低利润但顾客需要的商品 | 25% |
| 下段 | 通常陈列一些回转率很快、易碎、体积大、分量重或毛利很低的商品 | 25% |

#### （三）陈列时间变化引起的销售额变化

陈列时间的变化，也会引起销售额的变化。一项调查结果显示：店铺陈列的促销效果第一天为 100%，第二天 90%，第三天降为 80%，第四天为 60%，第五天为 35%，第六天仅为30%。可见，保持陈列新鲜感很有必要。

### 六、商品排面的陈列制作

排面是每个商品在货架上朝顾客陈列的面，是商品在货架上的组合排列。

#### （一）组合商品

为了方便顾客和商品管理，商品常常是按照分类来陈列的，即同类别的商品陈列在一起，称之为商品组合。一般按商品的组织分类表来陈列商品。因为如果不这样做的话，顾客就会浪费很多时间去寻找他们想要购买的商品。而当商品组合在一起时，顾客就很容易寻找到他们想要的商品。当商品组合在一起时，顾客很清楚商品陈列的方式，同时有利于商品的管理。组合商品时要考虑以下几个因素。

1．以顾客的角度考虑排面方案

①商品的价格；②商品的颜色；③商品的大小；④商品的重量；⑤商品的属性；⑥商品的分类；⑦商品的品牌。

2．按照商品的重要与次要性陈列排面

①商品的销售量；②商品在组织结构表中的地位。

3．商品组织结构表

①商品部门的组织机构划分；②商品的大分类；③商品的中分类；④商品的小分类。

（二）货架层面

货架有 4 个不同的层面。尽管知道同类商品要放在一起，但货架有不同的层面，究竟放在哪一个层面上呢？一般而言，货架上这 4 个不同的层面分别为，地板——0.5 米，手——1.2 米，眼睛——1.6 米，眼睛以上——1.7 米。货架 4 个层面不同的销售情况为，顶端（1.7m 以上）——10%、眼高（1.6m）——40%、手高（1.2m）——25%、底层（0.5m）——25%。

（三）排面原则

了解排面情况后，则应调整好商品陈列，不同的商品应占用相应的空间。因此，进行商品排面设计时必须遵循以下 3 个原则。

1．第一原则

商品依据销售价格陈列。同一小分类的商品依售价由低到高、由左至右、由下而上于货架上进行陈列，便于顾客寻找某价格带的商品。

2．第二原则

商品的陈列要按照不同部门的商品组织结构分类。单组货架商品的纵向陈列必须为商品的小、中分类，商品的单品陈列横向陈列于同一分类的纵向排面中，便于顾客寻找商品，节约时间。

3．第三原则

货架下方因为不便于取商品，所以作为整箱商品销售专用，便于顾客购买。给顾客盈满的感觉，增加销售量。

（四）排面实施

进行商品排面陈列制作的方法如下。

（1）依照销售量制作排面图，给每个商品一个位置，给每个商品一个空间。

（2）用实物在货架上做排面宽度的试验。为使商品能高度回转，因此所设计的商品排面必须能配合销售量的回转。要在货架上针对每一种商品做完整的排面测试，先依照商品的大小和不同的高度调整货架，尽量不要浪费多余的空间，与此同时要确保所有的货架器材必须适用于商品，且顾客易于拿取。

（3）排面实施。通常地，在进行商品排面设计时要做好一些前期的准备工作，如决定日期、通知相关人员、准备器材（器具）的介绍、器具的清洁、考虑工作的需求（如装饰品、标签）等。

（4）排面追踪。排面的制作并非是一成不变的，而是要进行排面的跟踪，观察排面是否有助于销售，在必要时需及时修改，依照商品的销售量来调整排面位置与面积空间的大小。

## 七、商品陈列的基本工具

### （一）货架

超市的货架大多以可拆卸组合的钢制货架为主，高度可分别为 1.35m、1.52m、1.65m、1.80m，长度以 0.9m、1.20m 等为最常用的规格。至于使用哪种规格的货架则视各超市的门店设计理念及门店现状而定。一般来说，采用较高货架可陈列较多品种的商品，但商品的损耗率会较高，而采用低矮货架视野较为良好，而且较无压迫感。

### （二）隔物板

隔物板主要用来区分隔离两种不同的商品，避免混淆不清。而在长度的选择上，通常货架上段多使用较低且短的隔物板，货架下段则多使用较高且长的隔物板。

### （三）护栏

为避免顾客在选购某些易碎物品时失手打破造成伤害或损失，超市多会在栅板的前缘加上护栏，严格说来，护栏并非绝对必需品，但对高单价或易碎商品，加上护栏，较有安全感。

### （四）垫板

为避免商品直接与地面接触受潮，必须使用垫板垫在最低层，垫板最好使用木制，规格为正方形，也可依场地所需任意组合，较为理想。

### （五）端架

在整排货架的最前端及最后端，也就是顾客支线的转弯处，所设置的货架即为端架，是顾客在门店之中经过频率最高的地方，也是最佳的陈列位置。

### （六）价格卡

价格卡用来标示商品的售价，并用来进行定位管理。若超市使用 EOS（electronic ordering system，电子订货系统）订货，应用价格卡会比较方便。价格卡一般均用计算机打印，其内容包括商品的号码、条码、售价、排面数，常贴在陈列该商品的货架凹槽内，除非商品配置改变，否则价格卡不必移动。价格卡也可采用不同的颜色，以便区分库存是否有存货，使订货、盘点更迅速。

## 任务二　连锁门店陈列的原则和技巧

## 一、陈列的原则

衡量商品陈列的超市标准主要看超市货架、柜台布局，商品陈列是否科学合理、是否具有艺术性。具体地说包括方便顾客挑选和利于营业员服务两方面。

　　从顾客角度说，要充分利用人的视觉感受力。据科学实验表明，人接受外界信息的60%是通过视觉获得的。商品的物质直观性特征，恰恰是吸引人们视觉感受力的极好对象。因此，商品陈列就应该让顾客一进商店就产生商品琳琅满目、丰富多彩、清新明快、心情舒畅、精神焕发的感觉，并引导顾客走遍商场的每一个角落，去领略人类创造的商品世界。

　　（一）分区定位原则

　　所谓分区定位，就是要求每一类、每一项商品都必须有一个相对固定的陈列位置，考虑商品的相互影响，根据季节、时令、特卖等因素可做调整，但幅度不要过大，如图9.1所示。

图9.1　分区定位陈列

　　商品一经配置后，商品陈列的位置和陈列面就很少变动，除非因某种营销目的，而修正配置图表，这既是为了商品陈列标准化，也是为了便于顾客选购商品。商品陈列应注意以下两个方面问题。

　　（1）要向顾客公布货位布置图，并按商品大类或商品群的大概位置陈列。我国目前大部分超市和便利商店的商标标示牌一般都是平面式的，如果能改为斜面式的更能让顾客一目了然，同时，标示牌的形式也可以灵活多样，依商品类别与陈列位置的不同，设立便民服务柜，实施面对面销售。

　　（2）把商品货位勤调整。分区定位并不是一成不变的，要根据时间、商品流行期的变化，随时调整，但调整幅度不宜过大，除了根据季节及重大的促销活动而进行整体布局调整外，大多数情况不做大的变动，以便利老顾客凭印象找到商品位置。

　　（二）关联性原则

　　超市内的商品陈列，特别强调商品之间的关联性。这种关联不是简单地把服装鞋帽归类集中在一个区域陈列，而是可以以一个主题，如"情人节""火锅节"等组合商品陈列。关联性陈列要求在尽可能的情况下，端头陈列的商品与相邻货架商品有关联，让端头发挥一定的导购作用，就是相邻地堆之间陈列也要注意关联陈列和平稳过渡，如洁厕灵地堆不应紧挨饮料地堆，否则会让人看了不舒服。好的关联陈列很容易在激发顾客购买A商品的同时，又购买了计划外的B商品，甚至C商品。

　　（1）要将相关商品的货位布置在邻近位置或对面位置，以便顾客相互比较，促进连带购买，如水桶与拖把，DVD机与影碟，蔬菜、肉禽蛋、调味品与肉制品等，如图9.2所示。

图9.2 关联性陈列

（2）要把相互影响大的商品货位适当隔开，如串味食品、熟食制品与生鲜食品、化妆品与烟酒、茶叶、糖果饼干等。

【相关链接】

### 超市的关联陈列让你不禁多掏钱

把纸尿裤和啤酒两种风马牛不相及的商品放在一起，居然能强烈刺激两者的销售。这个著名的沃尔玛关联陈列案例给不少超市以启发。最近，温州市区世纪联华、卜蜂莲花、好又多超市都在局部调整陈列，关联陈列也逐渐被运用起来。逛超市的你可能会不知不觉多掏不少钱哦。

在国外，一些男人下班后一边要赶着买啤酒回家看比赛，一边要完成老婆布置的买纸尿裤的任务。自从沃尔玛超市把这两样东西放在一起后，男人们不必跑大半个超市去找，所以销量大增。温州市区超市目前还没有出现过这类搭配，但商品的摆放陈列已经越来越不走寻常路。

在市区世纪联华南国店，方便面区域被调整到二楼电梯口，而香肠、鸡翅、鸡腿、榨菜等食品则被放在方便面货架的最底层。原本摆放在三楼小家电区的果蔬清洗机，被巧妙安置在水果蔬菜区。"原来一个月也卖不了一台，摆在这里一个月，就销售了15台。"世纪联华南国店的有关负责人告诉记者，超市的此次调整规模挺大。关联性陈列是此次调整的重点，他们就是运用商品之间的互补性，可以使顾客在购买某商品后，也顺便购买旁边的商品。在方便顾客的同时提高了顾客购买商品的概率。

除超市调整外，很多厂家也注意到了关联陈列在商品销售中的作用。

一家调味品厂家在陈列商品时，非常注重自身产品同蔬果和散装海鲜的关联性。例如，在火锅产品销售区域，集中陈列了骨汤产品，因为骨汤是火锅的上乘底料；在蔬菜销售区域，主推味精产品，用来炒菜、炖菜；在冰柜的上方，则会放些保质期较短的鸡精、蚝油产品……"通过这种关联陈列，一个月下来，销售额实现了近50%的增长。"一家超市的百货部主管这样告诉记者。

业内人士分析，很多时候，精明的商家却早已从一串串的数据中分析出我们的消费习惯。于是，我们不经意间会多掏些钱，这也是关联陈列被超市广泛运用的根本原因。

### （三）易见易取原则

#### 1. 显而易见

超级市场出售的商品绝大部分是包装商品，包装物上都附有商品的品名、成分、分量、价格等说明资料，商品在货架上的显而易见，是销售达成的首要条件。如果商品陈列使顾客稍微有些看不清楚，就完全不会引起顾客的注意，商品就无法销售出去。因此，顾客看不清楚什么商品在什么位置是陈列的大忌。超市不应有顾客看不到的地方或商品被其他东西遮挡的情形出现。要做到商品陈列使顾客显而易见，要做到以下 3 条。

（1）贴有价格标签的商品正面要面向顾客，在使用了 POS 系统的超级市场中，一般都不直接在商品上打贴价格标签，所以必须要做好该商品价格牌的准确制作和位置的摆放。

（2）每一种商品不能被其他商品挡住视线。

（3）货架下层不易看清的陈列商品，可以倾斜式陈列，如图 9.3 所示。

**图 9.3　倾斜式陈列**

2．伸手可取

商品陈列在做到"显而易见"的同时，还必须能使顾客自由方便地拿到手，如图 9.4 所示。在超级市场陈列的商品，不能将带有盖子的箱子陈列在货架上（仓储式销售货架除外），因为顾客要打开盖子才能拿到放在箱子里的商品，这样对顾客是十分不方便的。另外，对一些挑选性强、又易脏手的商品，如分割的鲜肉、鲜鱼等，应该有一个简单的前包装或配有简单的拿取工具，方便顾客挑选。要使顾客伸手可取到商品，最重要的是要注意商品陈列的高度。例如，超市中高个子的男工作人员常常将商品陈列到自己的手够得着的地方，而到超市购物的顾客大多数是女性，因而会拿不到商品。

**图 9.4　伸手可取的陈列**

货架上商品的陈列要放满，但不是说不留一点空隙，如不留一点空隙，顾客在挑选商品时就会感到很不方便，应该在陈列商品时与上隔板之间留有 3～5cm 的空隙，让顾客的手容易进入。

### （四）前进梯状原则

前进梯状原则包括前进陈列和梯状陈列。

所谓前进陈列，就是要按照先进先出（first in first out，FIFO）的原则来补货。营业高峰过后，货架陈列的前层商品被买走，会使商品凹到货架的里层，这时商场营业员就必须把凹到里层的商品往外移，从后面开始补充陈列商品，这个动作叫做前进陈列。如果暂无补充货源，就应空缺，以提醒采购部门及时补充货源，如此货不再销售，则应进行前进陈列，以保持陈列的丰满。在做前进陈列时应注意做好商品的收集、整理及清洁工作，把商品干干净净地呈现在顾客面前。

所谓梯状陈列，就是要求商品的排列应前低后高，呈现梯状，使商品陈列既有立体感和丰富感，又不会使顾客产生被商品压迫的感觉，如图 9.5 所示。一般来说，过分强调丰满陈列和连续性，被商品压迫的感觉就会增强，采取倾斜、阶梯、突出、凹进、悬挂、吊篮等方法，适当打破商品陈列的连续性，反而能使顾客产生舒适感和亲切感。

图 9.5　梯状陈列

### （五）纵向陈列原则

系列商品的垂直陈列，也叫纵向陈列，不可横向陈列，两者关系不可颠倒。实践证明，两种陈列所带来的效果是不一样的。纵向陈列能使系列商品体现出直线式的系列化，使顾客一目了然，系列商品纵向陈列会使 20%～80%的商品销售量提高，如图 9.6 所示。

实践证明，人的视线上下移动夹角为 25°，左右移动夹角为 50°，消费者站在离货架 30～50cm 远的距离挑选商品时能清楚看到 1～5 层货架上陈列的商品，却只能看到横向 1m 左右距离内陈列的商品。消费者在纵向陈列的商品面前一次性通过时，就可看清楚整个系列商品，从而起到很好的销售效果。

纵向陈列法可将更多的商品同时展现于顾客面前。例如，某超市原来许多奶粉制品都是横向陈列，即一个品牌占一层货架，这样突出的只能是一两种品牌，销售成绩不理想。而采用纵向排列将几种品牌的畅销品种置于黄金层后，同时增加了几种品牌奶粉的销售量，总利润也明显上升。

图 9.6　纵向陈列

（六）丰满陈列原则

超市的商品做到放满陈列，可以给顾客一个商品丰富、品种齐全的直观印象，如图 9.7 所示。同时，也可以提高货架的销售能力和储存功能，还相应地减少了超市的库存量，加速商品周转速度。因此，商品丰满陈列要做到以下几点。

（1）货架每一格至少陈列 3 个品种（目前，国内货架长度一般是 1～1.2m）。畅销商品的陈列可少于 3 个品种，保证其量感。一般商品可多于 3 个品种，保证品种数量。当畅销商品暂时缺货时，要采用销售频率高的商品来临时填补空缺商品的位置，但应注意商品的品种和结构之间关联性的配合。

（2）货架上商品数量要充足。超市或便利店的经营者对每种商品每天的时段销售量要有准确的统计数字，尤其要考虑平日与周六、周日的区别，注意及时增减商品数量。使商品的陈列量与商品的销售量协调一致，并根据商品的销售量确定每种商品的最低陈列量和最高陈列量，以避免货架上"开天窗"（脱销）和无计划地堆放商品，给顾客单调的感觉。

（3）货架上商品品种要丰富。商品品种丰富是提高销售额的主要原因之一。品种单调、货架空荡的商店，顾客是不愿意进来的。超市的一个货架上每一层要陈列三四个品种，便利店则要更多一些。从国内超市经营情况看，店堂营业面积每平方米商品的品种陈列量平均要达到十一二个品种。

图 9.7　丰满陈列

（七）按业绩分配陈列原则

超市货架宝贵，商品陈列不可能平均分配。销售好的商品排面大，陈列段位好，销售差的相反，这样才能实现销售最大化。同时，销售陈列是个动态过程，要不断分析销售情况，做陈列调整。陈列排面和位置只有以销售说话，才能杜绝人情关。商品陈列权和调整权，以及商品的下架和新品的上架权要控制好，注意让适合的专人控制监督。对做特价优惠的商品，如果陈列在货架上，应适当扩大排面和调整到好位置，以实现预期效果。

（八）整齐清洁的原则

（1）做好货架的清理、清扫工作。这是商品陈列的基本工作，要随时保持货架的干净整齐。

（2）陈列的商品要清洁、干净，没有破损、污物、灰尘。尤其对生鲜食品，其内在质量及外部包装要求更加严格。不合格的商品要及时从货架上撤下。

（3）商品的陈列要有感染力，要引起顾客的兴趣。要注意突出本地区主要顾客层的商品品种、季节性商品品种、主题性商品品种，用各种各样的陈列方式，平面的、立体的，全方位展现商品的魅力，最大限度地运用录像、模型、宣传板等，使商品与顾客对话。

（九）安全原则

商品摆放要考虑货架的承重能力，注意安全，轻小的商品放在货架的上方，较重、较大的商品放货架的下方等。货架高处的商品、易碎的商品，要注意检查，并采取防护措施，地堆商品要注意不要超高超大，以不超过 1.4m 高为宜，地堆、货架附近不要堆放库存，这样做一是店堂不清爽，二是存在容易拌倒顾客等安全隐患。

总之，商品陈列没有不变的法则，它的组合要以顾客需求变化为中心，当然，好的销售气氛也不是靠懂一些陈列原则和技巧做出来的。它需要整合很多资源和在各部门的相互配合下才可能营造出来。但如果商家不懂一些基本陈列原则和技巧，陈列组合创新也就无从谈起，让商品自己演好自己的角色就不能成为现实。

## 二、陈列的方法

门店商品陈列的基本方法可分为正常陈列法和特殊陈列法。

（一）正常陈列法

正常陈列是指正常货架陈列，包括厂商的专用货架陈列。正常陈列法是门店商品陈列中最常用和使用范围最广的方法。以下几点是在正常陈列作业中要引起特别注意的。

1. 商品集团按纵向原则陈列

商品集团可以把它理解成商品类别的中分类，而中分类的商品不管其有多少小分类和单品项，都可以认同是一种商品，如蔬菜是一个大分类，芹菜是一个中分类，西芹、药芹和水芹是它的小分类。在实施集中陈列时应按纵向原则陈列，纵向陈列要比横向陈列效果好。因为顾客在挑选商品时，如果是横向陈列，顾客要全部看清楚一个货架或一组货架上的各商品集团，必须要在陈列架前往返数次，如果是不往返，一次通过的话，就必然会将某些商品漏看掉，而如果是纵向陈列的话，顾客就会在一次性通过时，同时看清各集团的商品，这样就会起到良好的销售效果。

2. 明确商品集团的轮廓

相邻商品之间的轮廓不明确，顾客在选购商品时就会难以判断商品的位置，从而为挑选带来了障碍，这种障碍必须排除。除了在陈列上可以把各商品群区分出来外，对一些造型、包装、色彩相似的不同商品群，可采用不同颜色的价格广告牌加以明确区分。采用带颜色的不干胶纸色带或按商品色差陈列也不失为一种好的区分方法。

3．给周转快的商品安排好的位置

对于周转快的商品或商品集团，要给予好的陈列位置，这是一种极其有效的促进销售的手段。在超市中所谓好的陈列位置是指"上段"，即与顾客的视线高度相平的地方，其高度一般为 130～145cm。其次是"中段"，即与腰的高度齐平的地方，高度一般为 80～90cm。最不利的位置是处于接近地面的地方，即"下段"。

【相关链接】

陈列的黄金线

实际上目前普遍使用的较多的陈列货架一般高 165cm，长 100cm。在这种货架上最佳的陈列段位不是上段，而是处于上段与中段之间的段位，这种段位称为陈列的黄金线。图 9.8 以高度为 165cm 的货架为例，将商品的陈列段位分为 4 个区分，并对每一个段位上应陈列什么样的商品进行了设定。

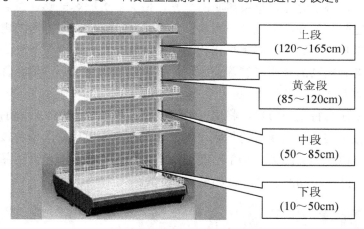

上段
(120～165cm)

黄金段
(85～120cm)

中段
(50～85cm)

下段
(10～50cm)

图 9.8　陈列的黄金线

上段，即货架的最上层，高度在 120～160cm，该段位置通常陈列一些推荐商品，或有意培养的商品，该商品到一定时间可移至下一层，即黄金线。

黄金陈列线的高度一般在 85～120cm，它是货架的第二层，是人眼最易看到，手最易拿取商品的陈列位置，所以是最佳陈列位置。此位置一般用来陈列高利润商品、自有品牌商品、独家代理或经销的商品。该位置最忌讳陈列无毛利或低毛利的商品，那样的话对超市来讲是利益上的一个重大损失。

中段。货架的第三层是中段，其高度约为 50～85cm，此位置一般用来陈列一些低利润商品或为了保证商品的齐全性，及因顾客的需要而不得不卖的商品。也可陈列原来放在上段和黄金线上的已进入商品衰退期的商品。

下段。货架的最下层为下段，高度一般在离地 10～50cm 左右。这个位置通常陈列一些体积较大、重量较重、易碎、毛利较低，但周转相对较快的商品，也可陈列一些消费者认定品牌的商品或消费弹性低的商品。

4．要将必需品与刺激商品有机配合陈列

为了自然地引导门店内的顾客流量，在各重要地方要配置陈列必需商品，其旁边陈列刺激商品,这是超级市场商品平面布置的原则之一,也是刺激顾客扩大购买量的陈列方法。这种原则的贯彻可以用两种方法来表现,第一种方法是根据顾客自然流向,以刺激商品引起顾客的注意,然后陈列准必需商品和必需商品;第二种方法与第一种方法顺序相反,将刺激商品放在顾客自然流向的深处。

### (二)特殊陈列法

门店在采用正常陈列的基础上,还可以运用一些变化性的陈列方法,即特殊陈列法,以此打破陈列架的单调感,活跃门店气氛。尤其对不处在主通道上的中央陈列货架,特殊陈列法更显重要。因为它能够把顾客吸引过去。变化性的陈列是打动顾客购物心、刺激其购物欲的利器,超市经营者必须多动脑筋。以下介绍几种常用的表现手法。

#### 1.主题陈列法

主题陈列法又叫专题陈列法,即在布置商品陈列时采用各种艺术手段、宣传手段、陈列用具,并利用声音、色彩,突出某一商品。对于一些新产品,或者是某一时期的流行产品,以及由于各种原因要大量推销的商品,可以在陈列时利用特定的展台、平台、陈列道具台、陈列具等突出宣传,必要时配以集束照明的灯光,使大多数顾客能够注意到,从而产生宣传推广的效果。主题陈列的商品可以是一种商品,如某一品牌的某一型号的电视机,某一品牌的服装等,也可以是一类商品,如系列化妆品、工艺礼品等。不论是一种还是一类,应尽量少而精地摆放,与其他商品有明显的陈列区别,以突出推销重点。一般在陈列时,有推销人员配以解说,会加大商品的吸引力。

主题陈列可以配合特定的节日,将这一节日畅销品单独陈列,在热闹的节日气氛中,加上热烈的色彩点缀,突出陈列场所的气氛,将使这类商品取得良好的销售效果。例如,八月十五中秋节中秋月饼的销售陈列、端午节粽子的销售陈列、圣诞节圣诞用品和圣诞礼物的陈列、儿童节儿童用品和礼品的陈列等,如图9.9所示。

图 9.9　主题陈列

　　另外，商店还可与生产厂家合作，利用主题陈列的形式，共同开展某种商品的展销促销活动，将工厂主产的主要产品专门辟出一块场地，配以适当的用具展示出来，使这类商品同其他类商品明显区分开来。一方面给商品陈列带来变化，另一方面又促进了这类商品的销售，扩大了市场。

　　2．整齐陈列法

　　整齐陈列法是将单个商品整齐地堆积起来的方法，如图9.10所示。只要按货架的尺寸确定商品长、宽、高的排面数，将商品的整齐地排列就可完成。整齐排列法突出了商品的量感，从而给顾客一种刺激的印象，所以整齐陈列的商品是企业欲大量推销给顾客的商品、折扣率高的商品或因季节性需要顾客购买量大、购买频率高的商品，如夏季的清凉饮料等。整齐陈列的货架一般可配置在中央陈列货架的尾端，即靠超市里面的中央陈列货架的一端，但要注意高度的适宜，便于顾客拿取。对于大型综合超市和仓储式商场来说，一般在中央陈列货架的两端进行大量促销商品的整齐陈列。

图9.10　整齐陈列

　　3．随机陈列法

　　随机陈列法是将商品随机堆积的方法。与整齐陈列法不同，该陈列法只要在确定的货架上随意地将商品堆积上去就可，如图9.11所示。随机陈列法所占的陈列作业时间很少，这种方法主要是陈列"特价商品"，它的表现手法是为了给顾客一种"特卖品就是便宜品"的印象。采用随机陈列法所使用的陈列用具，一般是一种圆形或四角形的网状筐（也有的下面有轮子），另外还要带有表示特价销售的牌子。随机陈列的网筐的配置位置基本上与整齐陈列一样，但是也可配置在中央陈列架的走道内，也可以根据需要配置在其需要吸引顾客的地方，其目的是带动这些地方陈列商品的销售。

图 9.11　随机陈列

4．兼用随机陈列法

这是一种结合整齐陈列和随机陈列两种陈列方法的陈列方法，其功能也同时体现以上两种方法的优点，但是兼用随机陈列架所配置的位置应与整齐陈列一致，而不能像随机陈列架有时也要配置在中央陈列架的过道内或其他地方。

5．盘式陈列法

盘式陈列法即把非透明包装商品（如整箱的饮料、啤酒、调味品等）的包装箱的上部切除（可用斜切方式），将包装箱的底部切下来作为商品陈列的托盘，以显示商品包装的促销效果，如图 9.12 所示。盘式陈列实际上是一种整齐陈列的变化陈列法。它表现的也是商品的量感，与整齐陈列不同的是，盘式陈列不是将商品从纸箱中取出来，一个一个整齐地堆积上去，甚至是整箱整箱地堆积上去。这样可以加快商品陈列的速度，也在一定程度上提示顾客可以整箱购买，所以有些盘式陈列，只在上面一层作盘式陈列，而下面的则不打开包装箱，整箱地陈列上去。盘式陈列的位置可与整齐陈列架一致，也可陈列在进出口处特别展示区。

图 9.12　盘式陈列

6．端头陈列法

端头陈列质量的优劣，是关系到成功连锁店形象的一个主要方面。所谓端头是指双面的中央陈列架的两头，在超级市场中，中央陈列架的两端是顾客通过流量最大、往返频率最高的地方，从视角上说，顾客可以从 3 个方面看见陈列在这一位置的商品。因此，端头是商品陈列极佳的黄金位置，是门店内最能引起顾客注意力的重要场所，如图 9.13 所示。同时端架还能起到接力棒的作用，吸引和引导顾客按店铺设计安排不停地向前走。引导、提示、诉求可以说是其主要功能，所以端头一般用来陈列特价品，或要推荐给顾客的新商品，以及利润高的商品。由此可见，端头陈列商品的多样性，必须要使我们改变特殊陈列都是陈列特价品的观念。这就要求在端头陈列架商品的配置上，一部分放置跌幅很大的特价品，另一部分放置高利润的商品或新商品。

端头陈列法可以是进行单一商品的大量陈列，也可以是几种商品的组合陈列。由于中央陈列架的端头是非常引人注目的主要场所，所以如果将几种商品组合陈列就能够将更多的顾客注意力引向更多的商品。在美国曾进行过一项调查，调查资料显示，将单一的商品陈列改为复合商品组合陈列，销售额就会有很大的提高。尽管销售额的提高会因商品的不同而有所差异，但销售额在任何情况下都会有相当大的增加。这个调查资料显示，可以将同一个商品在不同的中央陈列架内组合陈列，也就是说同一个商品可以在不同的货架上重复出现，但这种重复陈列必须是要将有关联的商品组合陈列在一起。目前国内许多超市所使用的中央陈列架有许多是半圆形端头，这样等于白白浪费了黄金的陈列空间。发挥端头的商品陈列优势，可以将这半这圆形的端头去掉，放上一个单面货架，就可以进行端头陈列了。在有些超市和便利店中的陈列货架是没有端头的，这往往是由于受其面积与货架条件的限制所造成。然而从销售这一原则出发，我们强调宁可牺牲中央陈列货架的长度，也要为端头陈列争取出一定的门店空间来。

**图 9.13 端头陈列**

7. 岛式陈列法

在超级市场的进口处、中部或者底部不设置中央陈列架，而配置特殊陈列用的展台，这样的陈列方法叫作岛式陈列法，如图 9.14 所示。如果说端头陈列架使顾客可以从 3 个方面观看的话，那么岛式陈列则可以从 4 个方向观看到商品，这就意味着，岛式陈列的效果在超市内也是相当好的。岛式陈列的用具一般有冰柜、平台或大型的货柜和网状货筐。要注意的是，用于岛式陈列的用具不能过分高，如太高的话，就会影响整个超市门店的视野，也会影响顾客从 4 个方向对岛式陈列的商品的透视度。为了使顾客能够环绕岛式陈列台（架、柜、筐）选购商品，应给予岛式陈列以较大的空间。相对于岛式陈列要求的较大空间来说，在空间不大的通道中间也可以进行随机的、活动式的岛式陈列。这种岛式陈列的用具是投入台、配上轮子的散装筐等。这种活动式的货架可以在商店内自由活动，以便根据需要进行调整，所以能简单方便地配置在各种通道里的任何地方（只要是需要的话）。这种岛式陈列的商品量虽然有限，但可被广泛地利用来促进销售。采用活动式的货架作随机型的岛式陈列，其促销效果是相当明显的，尤其是在门店没有竞争商品的时候，效果尤其显著。它会带动超市整体的销售额上扬，即使撤下了活动货架，其促销的效果还会有一个延续的效应。

图 9.14　岛式陈列

8．窄缝陈列法

在中央陈列架上撤去几层隔板，只留下底部的隔板形成一个窄长的空间进行特殊陈列，这种陈列叫作窄缝陈列，如图 9.15 所示。窄缝陈列的商品只能是一两个单品项商品，它所要表现的是商品的量感，陈列量是平常的 4～5 倍。窄缝陈列能打破中央陈列架定位陈列的单调感，以吸引顾客的注意力。窄缝陈列的商品最好是要介绍给顾客的新商品或利润高的商品，这样就能起到较好的促销效果。窄缝陈列可使超市门店的陈列活性化，但不宜在整个门店出现太多的窄缝陈列，否则，推荐给顾客的新商品和高利润商品太多，反而会影响该类商品的销售。

图 9.15　窄缝陈列

### 9．悬挂式陈列法

将无立体感扁平或细长型的商品悬挂在固定的或可以转动的装有挂钩的陈列架上，就叫悬挂式陈列，图 9.16 所示。悬挂式陈列能使这些无立体感的商品产生很好的立体感效果，并且能增添其他的特殊陈列方法所没有的变化。目前工厂生产的许多商品都采用悬挂式陈列的有孔型包装，如糖果、剃须刀、铅笔、玩具、小五金工具、头饰、袜子、电池等。

**图 9.16　悬挂式陈列**

### 10．突出陈列法

突出陈列法是将商品放在篮子、车子、箱子、存物筐或突出延伸板（货架底部可自由抽动的隔板）内，陈列在相关商品的旁边销售。其主要目的是打破单调感，诱导和招揽顾客。突出陈列的位置一般在中央陈列架的前面，将特殊陈列突出安置。

 **任务三　商品配置规划**

## 一、商品配置规划的意义和因素

### （一）商品配置规划的意义

卖场商品配置规划就是将所有的商品根据一定的规律在卖场中进行合理的安排。商品经过科学的商品配置后，会对整个卖场的营销活动起到推动的作用。

商品配置规划要从两个角度进行综合考虑，并保证两个角度都能达到满意的程度。这两个角度就是顾客的角度和管理的角度。

### 1．顾客的角度

（1）方便顾客。卖场中的商品要根据顾客的消费层次、品牌定位和商品特性进行灵活调整。要按照顾客的购物习惯或商品特点进行排列和分类，使卖场呈现一种整齐的秩序感。无论是在标题陈列或一般陈列，排列和分类都要求简单易懂，具有一定的规律性，以便于引导顾客选择。顾客可以轻易找到所需的商品，使购物变得更简捷、轻松。

（2）吸引顾客。在商品配置中要充分考虑卖场色彩及造型的协调性和美感，在视觉上给顾客一种愉悦的美感，刺激顾客的消费欲望，使整个购物活动不仅成为顾客的一次商业性的消费行为，同时也成为一次愉快的时尚之旅。

2．管理的角度

（1）便捷管理。经过分类配置之后，卖场空间可以得到充分利用。此外，将商品按照一定的类别进行划分，能够使商品的管理具有规律性，方便导购员的管理，同时提高工作效率。导购员可以清晰地了解畅销商品、进行每日盘存、防止货品损失等管理活动。另外，使整个卖场的管理工作标准化，还便于管理和监督，以及进行流程化的推广。

（2）促进销售。在配置中由于考虑的商品营销规划，使卖场中的营销活动具有更多的针对性。例如，通过有目的推销性配置，将主推款放在卖场的主要位置，通过搭配陈列连带消费增加销售额，根据不同时间对卖场商品进行位置的调整等。

**（二）商品配置规划的因素**

对卖场的货品进行有计划的配置，就是使一个卖场在符合顾客消费习惯和商品属性的前提下，有目的地对卖场陈列进行组织性的视觉营销活动，它必须考虑以下一些因素。

1．秩序

目前各个零售店为了更细化地为顾客服务，商品品种也开发得越来越多。卖场中商品如果不进行分类，就会一片混乱，不仅使顾客觉得令人心烦，很难寻找自己需要的东西，而且对卖场的管理也造成了很大的难度，更谈不上进行有计划的营销活动。

秩序可以使人们的生活和工作环境变得井井有条，卖场也不例外。每个顾客都喜欢在一个分类清楚、货品整理得整整齐齐的卖场中选购商品。有秩序的卖场可以使顾客轻松地寻找他们所选购的物品，使卖场的管理便捷化。做好商品有秩序地分类工作也是搞好卖场陈列的最基本保证。

卖场中的秩序就是将卖场的商品按一定规律进行排列和分布，即便是以打折形式随意丢放在货车中的商品，通常也可以采用价格或其他分类方式进行分类。这样才能使卖场有规则、分类清楚、容易寻找。

秩序着重考虑顾客购物中的理性思维特点，适合以下情况：①顾客需要进一步了解寻找商品的种类、规格、价格等；②事先有购物计划或比较理性的顾客；③设计感不强，比较注重功能性的商品，如内衣、羽绒衣等。

秩序性的分类方法偏理性，其分类形式和销售报表的分类比较接近，统计和管理都比较便捷。这种分类方法便于顾客集中挑选和比较，现场管理比较简洁。例如，先按商品的大类划分，然后在每一大类中，再按商品的规格、面料、价格等不同分类方法进行二次划分。这类的分类方式适合服装设计感较弱的基础型或功能性服装，如内衣、打折物品等。也适应大多数顾客的一般购物心理，特别是理性认识占主导的顾客。但对于感性认识占主导的顾客来说，当他们站在许多同类商品前时，却反而觉得无从着手。

2．美感

在卖场商品配置规划中考虑美感，目的是使卖场中的变得更吸引人，是一种偏感性的思维。一个商品仓库可能很有秩序感，但不一定有美感。对于时尚性强的商品来说，人们对其在美感上的要求比任何商品都要高。美是最能打动人的，顾客对一件商品做出购买决定时，商品是否有美感会在整个购买决定中占到很大的部分。同样一个卖场整体和陈列面是否有美感，都会影响顾客进入、停留和做出购物的决定。因此卖场的商品配置要充分考虑是否能尽情展示卖场和商品的美感。把美感放在商品配置时首要考虑的问题，常常可以收到非常好的销售效果。

美感优先的商品配置法，实际上就是按美的规律进行组织性的视觉营销，使商品在视觉上最大程度地展示其美感。这种配置着重考虑顾客购物中的感性思维特点，激发顾客购物情绪，引起顾客有冲动的消费。其方式可以通过对色彩系列和款式的合理安排来达到，也可以通过平衡、重复、呼应等搭配手法使卖场呈现节奏感。特点是容易进行组合陈列，创造卖场氛围，迅速打动顾客，并能引起连带销售。

由于这种配置方法比较着重商品色彩和造型，在产品的管理上会容易混乱，因此必须用其他分类法进行辅助。

### 3. 促销

卖场中的商品配置规划，还必须充分考虑和商品促销计划的融合。每个成熟的商品品牌在其初期的设计和规划阶段，一般都会对商品进行销售上的分类。例如，通常服装品牌都会将每季的商品分为形象款、主推款、辅助款等类别。同时在实际的销售中还会出现一些真正名列前茅的畅销款。因此陈列商品配置的工作就是要合理地安排这些货品，如卖场的前半场一般是黄金区，后半场则要差些。我们可以有意识地将主推款放在黄金区，以促进其销售业绩。而当主推款完成一定的销售任务后，则可以将一些滞销的货品调到黄金区，进行有意识地促销活动。

我们还可以通过有意识地商品组合，如进行系列性的组合，开展连带性的销售，使整个陈列的工作和服装营销有机地结合在一起，真正地起到为销售服务的目的。

## 二、商品配置表的运用

### （一）商品配置表的含义

商品配置表，英文名称为"facing"，日文名称为"棚割表"，是商品排面做恰当管理的意思，而在日文"棚割表"的字面上，棚意指货架，割则是适当的分割配置，也就是商品在货架上获得适当配置的意思。因此如将商品配置表定义为"把商品的排面在货架上做一个最有效的分配，以书面表格规划出来"，就可轻易了解商品配置表的意义了。

### （二）商品配置表的功能

#### 1. 有效控制商品品项

每一个超级市场的门店面积是有限的，所能陈列的商品品项数目也是有限的，为此就要有效地控制商品的品项数，这就要使用商品配置表，才能获得有效的控制效果，使门店效率得以正常发挥。

#### 2. 商品定位管理

超市门店内的商品定位，就是要确定商品在门店中的陈列方位和在货架上的陈列位置，这是超市营业现场管理的重要工作。如不事先规划好商品配置表，无规则地进行商品陈列，就无法保证商品的有序有效的定位陈列，而有了商品配置表，就能做好商品的定位管理。

### 3. 商品陈列排面管理

商品的陈列排面管理就是规划好商品陈列的有效货架空间范围。在超市商品销售中有的商品销售量很大，有的则很小，因此可用商品配置表来安排商品的排面数，即根据商品销售量的多少，来决定商品的排面数。畅销商品给予多的排面数，也就是占的陈列空间大；销售量较少的商品则给予较少的排面数，其所占的陈列空间也小；对滞销商品则不给排面，可将其淘汰出去。商品陈列的排面管理对提高超级市场的门店效率，具有很大的作用。

### 4. 畅销商品保护管理

在有的超市中畅销商品销售速度很快，若没有商品配置表对畅销商品排面的保护管理，常常会发生这种现象，当畅销商品卖完了，又得不到及时补充时，就易导致较不畅销商品甚至滞销品占据畅销商品的排面，形成了滞销品驱逐畅销品的状况。这种状况一会降低商店对顾客的吸引力，二会使商店失去了售货的机会并降低了竞争力。可以说，在没有商品配置表管理的超市，这种状况时常会发生，有了商品配置表管理，畅销商品的排面就会得到保护，滞销品驱逐畅销品的现象会得到有效控制和避免。

### 5. 商品利润的控制管理

在超级市场销售的商品中，有高利润商品和低利润商品之分，每一个经营者总是希望把利润高的商品放在好的陈列位置销售，利润高的商品销售量提高了，超市的整体赢利水平就会上升，而把利润低的商品配置在差一点的位置来销售，来控制商品的销售品种结构，以保证商品供应的齐全性。这种商品利润控制的管理法，就需要依靠商品配置表来给予各种商品妥当贴切的配置陈列，以达到提高商店整个利润水平的目的。

### 6. 超市连锁经营标准化管理的工具

连锁制的超市公司有众多的门店，达到各门店的商品陈列的一致，是连锁超市公司标准化管理的重要内容，有了一套标准的商品配置表来进行陈列一致的管理，整个连锁体系内的陈列管理就比较易于开展。同时，商品陈列的调整和新产品的增设，以及滞销品的淘汰等管理工作的统一执行，就会有计划、有蓝本、高效率地开展。

## （三）商品配置表的制作

### 1. 商品配置表的制作原理

每一个商品都应给予一个相对稳定的空间，主要考虑该商品在商品结构中的地位，又要考虑商品配置会影响商品的销售效果，同时也应注意商品的关联性配置对销售效率的影响。制作商品配置图最重要的依据是商品的基本特征及其潜在的获利能力，应考虑的因素有以下5个方面。

（1）周转率：高周转率的商品一般都是顾客要寻找的商品，即必需品，其位置应放在商品配置图较明显的位置，尤其要与低周转率的商品有关系。

（2）毛利：毛利高的商品通常也是高单价的商品，其位置应放在较明显位置。

（3）单价：高单价商品的毛利可能高也可能低，高单价又高毛利的商品应放在明显位置。

（4）需求程度：在非重点商品中，具有高需求、高冲动性、随机性需求特征的商品，一般陈列在明显位置。销售力越强的必需品，给顾客的视觉效果应越好。其主要包括根据顾客的视线移动，一般由左到右排列的商品；视线焦点一般在视线水平的商品；最不容易注意到最底层商品。

（5）空间分配：运用高需求或高周转商品来拉顾客的视线焦点，纵横贯穿整个商品配置图，避免将高需求商品放在视线第一焦点，除非该商品具有高毛利的特性；高毛利且具有较强销售潜力的商品，应摆在主要视线焦点区内；潜在的销售业绩较大的商品，就应该给予其最多的排面。

2．商品配置表的制作责权

商品配置表分为商品平面配置图和商品立体陈列表，具体包括货架决定、门店内各类商品的部门配置、各部门所占面积的划分、商品价格、商品排面数、最小订货单位、商品空间位置、商品品项构成等决定，以及实际陈列和配置表的印制。其制作主要由采购人员来主导，其他部门充分配合。

3．商品配置表的制作程序

（1）消费者调查。新店在决定设立与否时，需进行商圈调查。如果商圈调查完成，决定要设立新店，紧接着就是消费者调查。消费者调查的内容包括商圈内的收入、职业、家庭结构、购物习惯，希望店铺能提供何种类型商品及服务。根据这些调查所得的资料，商品人员应做更深入的分析，了解商圈内对商品的潜在需求，并了解竞争态势，来构思要卖些什么商品。

（2）部门构成。了解到商圈内消费者对商品的需求后，商品部门要提案，决定这个店要经营哪几大类（部门）的商品。例如，要不要设立玩具部门、餐饮部门、鲜花部门，把适合商圈内贩卖的大类做几种形态的组合，提供给上级来裁决。

（3）部门配置。决策单位决定要经营何种大类后，商品人员会同营业部、开发部共同讨论决定部门的配置，每一个部门所占的面积尺数，都要有一个最妥善的安排及配置。

（4）中分类配置。部门配置完成后，根据部门配置图，采购人员要动脑筋将部门中的每一中分类安排到中分类配置表里，并由采购（商品）经理做确认及决定。

（5）品项资料收集。到这一步骤，才真正进入制作配置表的实际工作，采购人员要详细收集每一中分类内可能贩卖品项的资料，包括商品的价格、规格、尺寸、成分、包材等资料，这些资料尽可能有系统、齐全地收集，最好能一类一类地建立在计算机档案内，便于比较分析及随时调阅。

（6）品项挑选及决定。品项资料收集齐全后，将所有中分类里的商品价格、包装规格及设计，依商品的品质及用途分别做一个详细的比较，将最符合商圈顾客需要及能衬托出公司优势的商品，依其优先顺序挑选出来，依次排列，筛选出需要的品项，列印出商品台账。

（7）商品构成的决定。一经商品品项挑选决定后，把商品的陈列面依研判的畅销度做一个适当的安排，并把这些商品与附近竞争店的商品结构做一个比较，是否我们的商品品项数、陈列面、优势商品、价格比主要竞争对手来得强势，否则就应再调整到最佳的情况。

（8）品项配置规划。这一步骤是把决定的品项及排面数实际配置到货架上，这也是最耗时的一个步骤，什么商品要配置到上段或黄金线，什么商品要配置到中段或下段，这些都要应用到陈列的原则及经营理念，以及供应商的合作情况，同时也需考虑到竞争对手的情况、自身的采购能力与配送调度的能力，才能把配置的工作做好。例如，有的连锁超市设有本身的配送中心，其采购的条件优越，商品的调度能力也强，在配置时就优先考虑配置这些商品；又有些连锁商店，自己发展自己的品牌及自行进口商品，像这种情况，在配置时这些商品皆会被优先安排到好的位置。所以说，商品配置是灵活的东西，好与坏全看能否灵活运用。

（9）执行的实际工作。配置完成，也就完成了一套商品配置表。根据这张表来订货、陈列，然后把价格卡贴好，也就大功告成了，但最好能把实际陈列的结果进行拍照或录影，以作为修改辨认的依据。

### （四）商品配置表的修正

任何一家新开的超市，商品配置并不是永久不变的，而是必须根据市场和商品的变化做出调整，这种调整就是对原来的商品配置表进行修正。商品配置表的修正一般是固定在一定的时间来进行，可以是一个月、一个季度修正一次，但不宜随意进行修正，因为随意进行修正会出现商品配置凌乱和不易控制的现象。商品配置表的修正可按如下程序进行。

#### 1．统计分析

超市不管是单体店、附属店还是连锁店，都必须每月对商品的销售情况进行统计分析，统计的目的是要找出哪些商品畅销、哪些商品滞销。

#### 2．滞销商品的淘汰

经销售统计可确定出滞销商品，但商品滞销的原因很多，可能是商品质量问题，也可能是销售淡季的影响、商品价格不当、商品陈列得不好，更有可能是供应商的促销配合不好等。当商品滞销原因查清楚之后，要确定滞销的状况是否可能改善，如无法进行改善就必须坚决淘汰，不能让滞销品占据货架而产生不了效益。

#### 3．畅销商品的调整和新商品的导入

对畅销商品的调整，一是增加其陈列的排面，二是调整其位置及在货架上的段位。对由于淘汰滞销商品而空出的货架排面，应导入新商品，以保证货架陈列充实。

#### 4．商品配置表的最后修正

在确定了滞销商品的淘汰、畅销商品的调整和新商品的导入之后，这些修正必须以新的商品配置表的制定来完成。新下发的商品配置表，就是超市门店进行商品调整的依据。

 习题

### 一、名词解释

商品陈列、VMD、排面、端架、商品配置规划、商品配置表、分区定位原则、关联性原则、易见易取原则、前进梯状原则。

### 二、填空

1．陈列的基本要素包括（　　）、（　　）、（　　）。陈列形态包括（　　）、（　　）、（　　）、（　　）。

2．陈列的基本构成形式包括（　　）、（　　）、（　　）、（　　）。

3．VMD 包括（　　）、（　　）、（　　）。

4．商品陈列的基本工具包括（　　）、（　　）、（　　）、（　　）、（　　）。

5．前进梯状原则包括（　　）和（　　）。

6．实践证明，人的视线上下移动夹角（　　），左右移动夹角为（　　）。

7．商品配置规划的因素包括（　　）、（　　）、（　　）。

### 三、简答

1．简述陈列的基本要素和基本构成形式。
2．商品陈列与顾客购物心理、销售额之间存在什么关系？
3．简述陈列的原则和技巧。
4．影响商品配置规划的因素有哪些？

 实训项目

项目名称：大卖场陈列调研

实训目的：通过调研，拓宽学生的陈列知识，培养学生观察问题、分析问题和解决问题的能力。

实训要求：（1）分组。将全班学生分成若干小组，小组成员根据分工确定各自的实训任务。（2）大卖场陈列调查。选择当地的大卖场，对大卖场的陈列状况进行调查分析，找出优劣和不足，并指出改进意见。（3）撰写报告。小组成员分工协作，撰写《某大卖场的陈列调研报告》，并在课堂上进行展示。

实训成果：《某大卖场陈列调研报告》

### 【案例分析】

#### 西利亚品牌饰品加盟店的店面陈列

充满了美感和艺术气息的店面陈列不仅可以方便消费者挑选饰品，还可以激发他们的购买欲望，并且提升企业的品牌形象。据统计，店面如能恰当运用商品的配置和陈列技术，销售额可以提高 25% 以上。

西利亚饰品的管理者对此深有同感，因为西利亚饰品自身也拥有一套极其讲究的店面陈列策略。这些策略为其发展成为饰品大腕做出了不可小觑的贡献。

在饰品的陈列方式上，西利亚饰品与商场里传统的陈列方式迥然不同。它摒弃了封闭式的陈列柜形式，完全采用开放式陈列格局。各种饰品整整齐齐地摆放在陈列架上，让顾客看得见、摸得着，并且可以随心所欲地试戴。这种没有障碍的零距离接触，让消费者的感官最大程度地受到刺激，无疑大大增加了销售机会。饰品店看上去整齐、美观是店面陈列最基本的要求。地面要始终保持整洁，玻璃要一尘不染，只有达到了这些最起码的要求，才谈得上利用相关策略进一步吸引消费者。

在具体谈到饰品的陈列上，西利亚饰品在深入地分析了消费者的消费心理和购物习惯而得出的操作规范成为业内的标准，也成为其对体系内加盟连锁店进行指导和培训的重要组成部分。我们现将其部分陈列规范总结如下。

第一，作为西利亚饰品陈列的首要原则来说，开始要讲求"量"的概念。俗话说："货卖堆山"，意思就是说商品陈列要有量感才能引起顾客足够的注意与兴趣，同时量感的陈列也是使西利亚饰品门店形象生动化的一个重要条件。例如，当你看到一排色彩各异、设计独特的发夹时，你会觉得还不错，但是当你看到各种款式的发夹只有一款的时候，你就会觉得它很漂亮或者很独特，忍不住想要拥有它。这就是"量"在起作用。另外，根据西利亚饰品的调查发现，彩钻类的发夹和白钻类发夹分开摆放，远比把它们混在一起好卖；60 元以上的发夹和 20 元以下的分开摆放，远比混在一起好卖。

因此，在店面陈列上，西利亚饰品要求加盟商尽可能把相同商品按类别予以分类，然后陈列在一起，以产生"量"的概念。

第二，西利亚饰品要求同类别商品要集中陈列在邻近的货架或位置上。一方面，将用途相同、相关或类似的商品集中陈列，以凸显出饰品群的气势，也是为了符合"量感陈列"的原则；另一方面，可以让顾客按照集中的类别更容易地找到自己想要的饰品。当然，在一些小细节上，也可以有意采用一下不规则的陈列法，将一些特价饰品凸显出来，让顾客产生购买的冲动。各系列饰品之间还可通过腰线形成自然的视觉上的过渡，造成对消费者较强的视觉冲击力，以吸引他们的注意，激发其购买欲。在此基础上，还可以专门辟出一处作为整体陈列区：将饰品搭配成套，并把修眉、化妆、整体形象设计等服务展示出来，为消费者提供完美的、成套的服务。同时，根据不同的饰品流行趋势或不同的节日，西利亚饰品还将推出一些主题陈列。例如，六一儿童节的时候，将喜羊羊与灰太狼等装饰品融入店面的陈列中，并免费为儿童节演出的小朋友们化妆，设计发型等；根据春夏秋冬不同季节，西利亚还专门推出"夏日枫情""春舞飞扬""秋季魅惑"与"冬的饰界"等一系列新发型和新饰品，吸引了消费者的注意力，全新打造西利亚的"饰"界品牌。

第三，西利亚饰品要求讲求色的搭配。很多顾客在购物时都属于冲动型消费者，而引起他们购买冲动的因素除了价格、品种、量感等原因外，西利亚饰品的色彩冲击也是重要因素。因此，在陈列饰品时，要注意各种饰品的色彩搭配，将冷暖色调恰当地组合在一起，以吸引消费者的眼球。

第四，西利亚饰品要求左右结合，吸引顾客。一般来说，顾客进入饰品店后，眼睛会不由自主地首先转向左侧，再慢慢移到右侧。这是因为人们看东西时总是习惯性地依照从左到右的顺序。因此，西利亚饰品店店面左侧陈列的饰品应尽可能地具有吸引力，使顾客停留。同时，由于人们习惯于用右手写字，靠右边走路，所以在人们的潜意识里，右侧的东西是安全可靠的。因此，利用人们的这个购物习惯，店面应该将一些主打饰品放在右侧，加速销售。

第五，西利亚饰品易拿、易取、易还原也是饰品陈列的要求之一。因为即使再美观、大气的陈列，若顾客拿取不方便，或者拿了再放回去极为麻烦，那么再好看的陈列也无法起到促进销售的目的。同时，西利亚饰品的陈列还要求符合人体尺寸。以高度为165cm的货架为例，黄金陈列线的高度一般在85～120cm之间，是眼睛最容易看到、手最容易拿到的商品位置，所以也是最佳陈列位置。因此，西利亚连锁饰品店通常会在此位置上陈列一些高利润饰品。

第六，西利亚饰品店陈列规范要求饰品摆放的位置要相对固定，但是又要不定期地略作变动。有些顾客喜欢饰品摆放的位置相对固定，这样下次再光顾时，可减少寻找饰品的时间，不过如果饰品长时期摆放在固定的位置，则会给顾客带来一种陈旧呆板的感觉。综合两者，西利亚饰品连锁店会在饰品摆放一段时间后，对其位置稍作调整，以给人耳目一新的感觉。尤其是推出新品或促销方式改变时，饰品的陈列位置更要进行相应的调整，以增加顾客的新鲜感并延长其停留在店面的时间，增加他们购买的机会。同时，在摆放饰品时，可以故意拿掉几件饰品，向消费者暗示其良好的销售状况，进一步激发其购物欲。

第七，充分利用西利亚饰品店面的灯光，将饰品衬托得更加耀眼夺目。首先，要将饰品陈列在光线较好、视觉效果好、亮度足够的位置，以保证西利亚饰品的易见易找；其次，要合理利用射灯，将西利亚饰品的优点放大，而不应该打在地板上或其他无意义的地方。当饰品周围充满柔和明亮的灯光时，会使得消费者不由自主地喜欢上那么一两件饰品。

第八，合理设置西利亚饰品店收银台的位置。对于很多女孩子来讲，进店来逛时，对自己想要买的东西并没有清晰的想法，往往是看到什么好看了，就很想买下来。因此，让顾客尽可能地将小店逛一圈，往往能增加很多销售的机会。而收银台的位置就显得极其重要了。有时候，顾客其实已经选好了饰品，准备去交款，但是在去往收银台的那几步路上，往往又看到了一些心仪的东西，产生了购买欲。另外，将一些特价的西利亚饰品摆放在收银台附近也是很好的促销手段。很多顾客在等待交款的时候，也喜欢左顾右盼，这个时候，顺便捎上一两件特价饰品也是很理所当然的了。

综上所述，店面陈列的方法有很多种，各有千秋。在西利亚饰品连锁加盟体系看来，总部最重要的工作就是要勤于总结和推广，并将多种方法整理成一系列的操作规范，不断对旗下的饰品连锁店给予培训传授，以使各西利亚饰品连锁店达到吸引消费者的注意力，激发消费者的潜在购买欲，促使消费者尽快完成购买行为的最终目的。

思考：

1. 西利亚品牌饰品加盟店的店面陈列有哪些特别的地方？

2. 西利亚饰品店如何利用灯光将饰品衬托得更加耀眼夺目？

# 项目十

## 连锁门店不同类型商品的陈列设计

LIANSUO MENDIAN BUTONG LEIXING SHANGPIN DE CHENLIE SHEJI

【学习目标】

掌握商品分类的标准；掌握蔬果陈列的要素和基本方式；了解肉品、水产品、面点类食品、熟食等食品类商品的陈列；掌握服装陈列的基本形式；了解电器产品的陈列技巧。

【案例引导】

### 杰尼亚陈列：精心呵护的优雅哲学

杰尼亚 （Zegna）是世界闻名的意大利男装品牌，其最著名的是剪裁一流的西装，亦庄亦谐的风格令许多成功男士对杰尼亚钟爱有加。

2009 年杰尼亚的店内陈列依然是以黑、白、灰为主色调。优雅的色调贯穿店面陈列的始终。店门人口处，没有设置多余的陈列作品。透明的玻璃大门直接敞开，欢迎顾客的到来。领带采用了垂挂展示。消费者可以很直观地了解杰尼亚品牌的色系、格调、质料和设计理念。色彩上，从浅入深营造出渐变效果，引人注目。

位于北京东方新天地的杰尼亚店是该品牌在中国开设的第一家专卖店。经过多年的发展，凭借超群卓越的品质和精心讲究的店面陈列，杰尼亚受到国内消费者的青睐。

衣柜式的陈列，是杰尼亚常用的手法。目的就是让顾客感觉像在家里挑选自己的衣服，同时也方便展示杰尼亚考究的细节。杰尼亚的西服体现意大利裁剪风格，尽显男士风采。高雅的色彩、精致的原料，再辅以卓越的饰品，让顾客酣畅淋漓地感受杰尼亚的优雅大餐。

杰尼亚的产品涵盖类别十分广泛，从正装到休闲装，从大衣到 T 恤、毛衣、内衣、领带、饰品，产品系列感极强。体现在杰尼亚的陈列工作中，就是整个卖场的销售思路非常明确，产品类别的分类、色系的搭配、品类的组合均井然有序。

陈列讲究曲径幽深，用道具等隔开以制造效果。杰尼亚店铺中采用展示台巧妙地隔开了卖场与休息区，并很好地加强了店铺的层次感。舒适性、美观性是陈列的原则。利用各种隔断效果，顾客不会感到视觉疲劳。展示台、沙发、茶几、花瓶是营造隔断效果的经典道具。

展示台除了划分卖场格局，也可以整齐地摆放毛衣与内衣。这样，消费者可以方便地触摸精致的面料，体验到杰尼亚精心选用的天然材质。

杰尼亚是优雅男士的专属，当然精心呵护到每一个细节。佩饰的开发与展示，是杰尼亚从不忽视的环节。金属的袖扣被精心摆放在皮料小盒上，质感对比明显，愈发突出杰尼亚将简单的元素用到了极致。

 **任务一　连锁企业商品分类**

## 一、商品分类的内涵

商品分类是指根据一定的管理目的，为满足商品生产、流通、消费活动的全部或部分需要，将管理范围内的商品集合总体，以所选择的适当的商品基本特征作为分类标志，逐次归纳为若干个范围更小、特质更趋一致的子集合体（类目），如大类、中类、小类、细目，直至品种、细目等，从而使该范围内所有商品得以明确区分与体系化的过程。

超市的商品有许多种，可以分为食品、生鲜和百货。

## 二、商品分类的意义

### （一）便于顾客选购商品

商品分类基本上是根据顾客的购买动机来布置的。日化品及超市百货每个人每天都要用，购买率很高，所以这类商品可以放在离出入口较近的地方。合理地设计商品布局和陈列，有助于商店科学地指导商品的消费方法，从而便于消费者选购和消费商品。

### （二）便于商店经营管理

在商品经营管理中，通过科学的分类能使经营者容易实施科学、有效的商品采购管理、陈列管理、销售管理，以及较好地掌握企业经营业绩，达到易于统计、分析和决策的效果。

### （三）有利于商品研究

商品种类繁多、用途不同、性能各异，对包装、运输、储存的要求也各不相同，只有在科学分类的基础上才能深入分析和了解商品的性质和使用性能，研究商品质量和品种及变化规律，从而才能正确地对商品进行包装、运输、检验和保养。

### （四）有利于商店实现信息化管理

商品品种繁多，只有将商品进行科学分类，统一商品用语，才能利于编制商品代码，运用计算机处理，从而推动经济的发展，提高管理水平。

## 三、商品分类的标准

连锁企业商品的分类，对于构筑商品结构和进行有效的分类管理有着重要的作用，即使是实行单品管理，也必须在一定的分类基础上进行。目的不同、标准不同，连锁企业商品分类也不同。

（一）按商品特性分类

所谓按商品特性分类，是以商品自身的特性为标志，进行分类。这种分类对于商品货源的组织、主辅安排、定位的实现，都有重要的指导作用。

（1）按经营商品的构成划分，可分为主力商品、辅助商品和关联商品。

（2）根据商品促销特性，可划分为销售性商品、诱导性商品和观赏性商品。

（3）根据商品寿命特性，可划分为正规品（鸡蛋）和流行品（即季节性商品，如凉席）。

（二）按卖场结构分类

所谓卖场结构分类，是根据卖场设置陈列所进行的商品分类。其分类主要是为商品布局服务的。

（1）在制订开店规划时，可根据目标对象进行商品分类，如男士用品、女士用品、青年用品、老年用品、儿童用品等。

（2）在筹划卖场结构时，可以根据商品用途进行商品分类。卖场商品根据商品用途可以分为食品、非食品和生鲜，所以很多卖场的部门分为食品部门、非食品部门和生鲜部门。

（3）在进行商品陈列时，可根据顾客对商品的关注点进行分类，如价格高低、颜色、规格、款式。

（三）按多属性分类

所谓多属性分类，是指按多重属性进行大、中、小、细 4 个层次的分类。

1. 大分类

在超级市场里，大分类的划分最好不要超过 10 个，这样比较容易管理。不过，这仍须视经营者的经营理念而定，经营者若想把事业范围扩增到很广的领域，可能就要使用比较多的大分类。大分类的原则通常依商品的特性来划分，如生产来源、生产方式、处理方式、保存方式等，类似的一大群商品集合起来作为一个大分类。例如，水产就是一个大分类，原因是这个分类的商品来源皆与水、海或河有关，保存方式及处理方式也皆相近，因此可以归成一大类。

2. 中分类

（1）依商品的功能、用途划分。依商品在消费者使用时的功能或用途来分类，如在糖果饼干这个大分类中，划分出一个"早餐关联"的中分类。早餐关联是一种功能及用途的概念，提供这些商品在于解决消费者有一顿"丰富的早餐"，因此在分类里就可以集合吐司、面包、果酱、花生酱、麦片等商品来构成这个中分类。如日配品这个大分类下，可分出牛奶、豆制品、冰品、冷冻食品等中分类。

（2）依商品的制造方法划分。有时某些商品的用途并非完全相同，若硬要以用途、功能来划分略显困难，此时我们可以就商品制造的方法近似来加以网罗划分。例如，在畜产的大分类中，有一个称为"加工肉"的中分类，这个中分类网罗了火腿、香肠、热狗、炸鸡块、熏肉、腊肉等商品，它们的功能和用途不尽相同，但在制造上却近似，因此"经过加工再制的肉品"就成了一个中分类。

（3）依商品的产地来划分。在经营策略中，有时候会希望将某些商品的特性加以突出，又必须特别加以管理，因而发展出以商品的产地来源作为分类的依据。例如，有的商店很重视商圈内的外国顾客，因而特别注重进口商品的经营，而列了"进口饼干"这个中分类，把属于国外来的饼干皆收集在这一个中分类中，便于进货或销售的统计，也有利于门店的管理。再如，水果蔬菜这个大分类下，可细分出国产水果与进口水果的中分类。

3．小分类

（1）依功能用途分类。此种分类与中分类原理相同，也是以功能用途来做更细分的分类。例如畜产大分类中，猪肉中分类下，可进一步细分出排骨、肉糜、里脊肉等小分类。

（2）依规格包装形态分类。分类时，规格、包装形态可作为分类的原则。例如，铝箔包饮料、碗装速食面、6kg 米，都是这种分类原则下的产物。再如，一般食品大分类中，饮料中分类下，可进一步细分出听装饮料、瓶装饮料、盒装饮料等小分类。

（3）以商品的成分分类。有些商品也可以商品的成分来归类，如 100%的果汁，"凡成分100%的果汁"就归类在这一个分类。再如，日用百货大分类中，鞋中分类下，可进一步细分出皮鞋、人造革鞋、布鞋、塑料鞋等小分类。

（4）以商品的口味分类。以口味来做商品的分类，如牛肉面也可以作为一个小分类，凡牛肉口味的面，就归到这一分类来。再如，糖果饼干大分类中，饼干中分类下，可进一步细分出甜味饼干、咸味饼干、奶油饼干、果味饼干等小分类。

3．单品

单品是商品分类中不能进一步细分的，完整独立的商品品项，如上海申美饮料有限公司生产的"355 毫升听装可口可乐""1.25 升瓶装可口可乐""2 升瓶装可口可乐""2 升瓶装雪碧"就属于 4 个不同单品。

 **任务二  生鲜类商品的陈列**

超市生鲜区的管理水平和经营效果，一直以来都被看作超市聚客能力的直接体现。因此，使每一位员工都清楚生鲜商品如何陈列尤为重要。

## 一、生鲜商品的类型

生鲜商品按照加工程度和保存方式的不同，可分为初级生鲜商品、冷冻冷藏生鲜商品和加工生鲜商品三大类。

（1）初级生鲜商品：凡属于新鲜的、未经烹饪等热加工的蔬菜和水果，家禽和家畜，水产品中的鱼类、贝类等，经简单处理后在冷藏、冷冻或常温陈列架上销售的商品。

（2）冷冻冷藏生鲜商品：其中包括冷冻食品和冷藏调理食品两类。

① 冷冻食品：以农、畜、水产原料经加工调理，急速冷冻及严密包装在-18℃以下储存及销售的食品。

② 冷藏调理食品：以农、畜、水产原料经加工调理，急速冷却严密包装在 7℃以下储存及销售的食品。

（3）加工生鲜商品：经过烹饪等热加工处理后的熟食、面包点心和其他加工食品。

① 熟食调理食品：农、畜、水产原料经油或脂烹煮或烟熏或注入特殊原料配方，腌渍的各种即食品。

② 面包、糕点食品：凡经面粉制造的面包、蛋糕、馒头、面条等主食及糕点类食品。

## 二、生鲜商品陈列的原则

生鲜商品的陈列是指将经营的生鲜商品按照不同的商品分类、属性组合在一起，集中体现品类齐全、商品新鲜与物美价廉。生鲜商品陈列主要体现的原则有以下几种。

### （一）分类的原则

生鲜按照部门、大类、中类、小类陈列，相同品类的品种要陈列在一起。

### （二）新鲜感

新鲜感是指产品质感和陈列创新的新鲜感。通过陈列要表现出刚出炉的产品、刚采摘的果菜、鲜活的水产。这要求陈列应按照生鲜品项不同的特性，通过分类保存陈列，达到很好的效果，在鲜度巡检和陈列整理时，要求员工工作达标。

### （三）量感

量感是指丰满有序、品种齐全、数量充足。有时商品陈列位的大小可根据商品销量规律安排，但不管陈列位大与小，每种商品在陈列位都需要充足丰满。有序是指商品分类清晰，布局关联性较强，商品陈列容易看见、方便挑选，管理上是有序的。

### （四）色彩搭配

生鲜商品的颜色丰富、色彩鲜艳，陈列的颜色适当组合、搭配，能充分体现出生鲜商品的丰富性、变化性，既能给顾客赏心悦目、不停变化的新鲜感，又能较好地促销所陈列的商品。例如，绿色的黄瓜、紫色的茄子、红色的西红柿的搭配，红色的苹果、金黄色的橙子、绿色的啤梨的搭配将产生五彩缤纷的色彩效果。

### （五）气氛布置

生鲜的一个重要职能是营造良好的气氛，生鲜的各区域都要配有特色的商品布置，包括装饰、宣传、试吃、现场加工与现场顾客服务等。

### （六）先进先出

先进先出是指先进的货物先陈列销售，特别是同一品种在不同时间分几批进货时，先进先出是判断哪一批商品先陈列销售的原则。生鲜商品的周转期短、质量变化快，坚持这一原则至关重要。

### （七）季节性

季节性商品可使用端架、堆头或扩大正常陈列面，以突出该商品；要陈列在相应品类附近；水果、月饼、粽子等特殊的季节性商品要集中陈列，做好装饰、宣传。

### （八）质检

商品在上货架前要检查品质，陈列的商品都是要符合该商品的品质要求，变质、腐败、规格不符的要及时挑拣出来。

### （九）降低损耗

监控每个商品的报损，商品的陈列面要跟周转量匹配，对报损率大的商品要及时调整陈列，需要打包的就要打包，需要放进冷柜的就要放进冷柜。

（十）清洁、卫生

卖场地板、货架、堆头、价格牌要及时清洁，有污渍要及时去除，保持干净卫生的购物环境，会给顾客以可靠感，反映生鲜区的管理水平。

## 三、生鲜商品的陈列技巧

（1）生鲜商品陈列环境装饰：图片、样品（面包、蛋糕、水果、海鲜等）、灯光、服装、货架和陈列柜色彩与商品之间的配合与烘托作用。

（2）生鲜商品组合：在超市布局中要强调各大生鲜商品部门的组合和相互之间的关联关系，在生鲜部门内的商品陈列也要讲求商品陈列组合，甚至是跨部门的商品陈列组合，把关联性较强的商品进行交叉陈列，同时要强调商品组合的变化。例如，调味品与冻品、肉类产品；蛋糕和生日蜡烛；厨具和肉制品。商品组合方式包括：①季节组合法，如煲汤料、腊肠；②节庆组合法，如情人节蛋糕和卡片；③消费便利组合法，如调味品；④商品用途组合法，如牛奶和面包；⑤主题促销组合法，如烧烤节（调味肉、料、用具）。

## 四、蔬果的陈列

蔬果是保证人类健康的重要食品，是维生素和无机盐的主要来源。蔬果包括蔬菜和水果。

### （一）蔬果的分类

1. 蔬菜的分类

蔬菜植物的产品器官有根、茎、叶、花、果等 5 类，因此按产品器官分类也分成 5 种。但是在商业活动中，按农业生物学分类方法中涉及的食用菌类和野生菜类作为特殊类别常与以上 5 类同时出现。因此，蔬菜具体可分为以下 7 类。

（1）根菜类。这类菜的产品（食用）器官为肉质根或块根。①肉质根类菜：萝卜、胡萝卜、大头菜（根用芥菜）、芜菁、芜菁甘蓝和根用甜菜等。②块根类菜：豆薯和葛等。

（2）茎菜类。这类蔬菜食用部分为茎或茎的变态。①地下茎类：马铃薯、菊芋、莲藕、姜、荸荠、慈菇和芋等。②地上茎类：茭白、石刁柏、竹笋、莴苣笋、球茎甘蓝和榨菜等。

（3）叶菜类。这类蔬菜以普通叶片或叶球、叶丛、变态叶为产品器官。①普通叶菜类：小白菜、芥菜、菠菜、芹菜和苋菜等。②结球叶菜类：结球甘蓝、大白菜、结球莴苣和包心芥菜等。③辛香叶菜类：葱、韭菜、芫荽和茴香等。④鳞茎菜类：洋葱、大蒜和百合等。

（4）花菜类。这类蔬菜以花、肥大的花茎或花球为产品器官，如花椰菜、金针菜、青花菜、紫菜薹、朝鲜蓟和芥蓝等。

（5）果菜类。这类蔬菜以嫩果实或成熟的果实为产品器官。①茄果类：茄子、番茄和辣椒等。②荚果类：豆类菜，菜豆、豇豆、刀豆、毛豆、豌豆、蚕豆、眉豆、扁豆和四棱豆等。③瓠果类：黄瓜、南瓜、冬瓜、丝瓜、菜瓜、瓠瓜和蛇瓜等，以及西瓜和甜瓜等鲜食的瓜类。

（6）食用菌类。包括蘑菇、草菇、香菇、木耳、银耳（白木耳）和竹荪等。

（7）野生蔬菜。野生蔬菜种类很多，现在较大量采集的有发菜、木耳、蘑菇、荠菜和菌陈等，有些野生蔬菜已渐渐栽培化，如苋菜和地肤（扫帚菜）等。

2. 水果的分类

按照果实的构造不同，鲜果可以分为仁果类、核果类、浆果类、坚果类、柑橘类、复果类、瓜果类 7 类。

（1）仁果类。本类水果属于蔷薇科，果实的食用部分为花托、子房形成的果心，所以从植物学上称为假果，如苹果、梨、海棠、沙果、山楂、木瓜等。其中苹果和梨是北方的主要果品。

（2）核果类。本类水果属于蔷薇科，食用部分是中果皮。因其内果皮硬化而成为核，故称为核果。例如桃、李、杏、梅、樱桃等。

（3）坚果类。这类水果的食用部分是种子（种仁）。在食用部分的外面有坚硬的壳，所以又称为壳果或干果。例如栗子、核桃、山核桃、榛子、开心果、银杏、香榧等。

（4）浆果类。果实含有丰富的浆液，故称浆果。例如葡萄、醋栗、树莓、猕猴桃、草莓、番木瓜、石榴、人参果等，其中葡萄是我国北方的主要果品之一。

（5）柑橘类。柑橘类包括柑、橘、橙、柚、柠檬五大品种。此类果实是由若干枚子房联合发育而成的，其中果皮具有油胞，是其他果实所没有的特征。食用部分为若干枚内果皮发育而成的囊瓣、内生汁囊。

（6）复果类。复果类果实由整个花序组成，肉质的花序、轴及苞片、花托、子房等作为食用部分，果肉柔嫩多汁，味道甜酸适口。复果类果实主要是热带的菠萝、菠萝蜜和砚果等。

（7）瓜类。瓜类水果的果实水分含量高、种子多、香甜、酥脆、爽口，其主要品种有西瓜、香瓜、甜瓜、哈密瓜等。

（二）蔬果陈列的要素

蔬果陈列必须配合其他要素来考虑，一般来说，蔬果的陈列由底面（base）、前面（front）、曲面（curve）、顶面（top）、边面（border）、中央面（center）、中间段（middle）七要素组合而成。

（1）底面。所谓底面是指商品陈列时最底下一层。底面的形态非常重要，底面的形态若改变，会使果菜的陈列形式完全改观。随着底面的不同，陈列的方式、展示方法和格子形态也大为不同。以下为 7 种不同形态的底面：倾斜直线形、平面直线形、二段阶梯形、三段阶梯形、曲线形、堆积形和侧面堆积形。

（2）前面。所谓前面是指陈列商品时最前端的一排或几排。前面如果排列不整齐，陈列面看起来就会很不美观。

（3）曲面。所谓曲面是指陈列商品时，从侧面看前面部分形成的线。这条线是否要弯曲，或是要呈现何种曲线须慎重考虑。

（4）顶面。顶面是陈列商品时最上面的部分。从侧面看它有倾斜和直线两种情形，有而且它们各自的陈列方法也不同。

（5）边面。所谓边面是指从上面来看陈列时与左右商品之间的界线部分。边面的部分，有时会使用隔物板。

（6）中央面。中央面是指从上面来看陈列商品的中央部分。中央面的部分，无论是要同底面的商品一样堆积，或是要做成与底面不同的形状，都将使得陈列大异其趣。也可考虑在底面部分整整齐齐地排上商品，而在中央面的地方以混合陈列的方式来进行。

（7）中间段。中间段是指陈列商品的中间部分。在陈列商品时，中间段的部分必须切实做好，中间段的部分若不确实做好，整个陈列就容易松垮下来，而且也会使曲面和顶面都无法做好。

（三）蔬果陈列的基本方式

门店中蔬果的陈列主要有排列、堆积、置放、交叠、装饰 5 种基本方式。

（1）排列。将蔬果有顺序地并排放置在一起，称为排列。陈列重点是将蔬果的根茎分别对齐，使其根齐叶顺，给人留下美观整洁的印象。

（2）堆积。将商品自下而上放置在一起，称为堆积。顶层商品数量较少，底层商品数量最多，这种商品陈列既稳妥，又有一定的立体感，以体现出商品纯正的自然色。

（3）置放。将商品散开放置在容器中称为置放。容器一般是敞口的。由于容器 4 个侧面和底部有隔板，商品不会散落，只要将上面一层的商品放置整齐就可以了。

（4）交叠。将大小不一、形状各异的商品进行交错排列，称为交叠。交叠的目的就是为了使商品看起来整齐美观一些。

（5）装饰。将一些商品放在另外一些商品上，起陪衬的作用，称为装饰。例如，用水草装饰水产品，用假叶装饰水果，用小树枝装饰荔枝等。装饰的目的就是为了产生良好的视觉效果，使商品显得更新鲜一点，更整齐一点，以达到促销的目的。

（四）蔬果陈列的形态

门店中蔬果陈列的类型可分为 18 种。

（1）圆积型。常使用于柚、苹果等圆形的水果陈列，但像高丽菜、莴苣等蔬菜也可使用这种陈列形态。陈列方法如图 10.1 所示：首先要决定底面最下层的前面部分，接下来排边面，然后才排中央面第一层的部分，第二层要排在第一层商品与商品的中心点，接下来再排第三层、第四层。

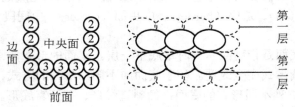

图 10.1　圆积型陈列

（2）圆排型。在并排或堆积圆形的蔬菜和水果时，可用隔物板等来支撑邻接的商品，将容易松垮的圆形叠成不容易松垮的形态。凤梨、莴苣、高丽菜等常采用此种陈列形态，但务必记住，凤梨的叶子要朝内侧，高丽菜的叶子、莴苣的芯要朝下。陈列方法如图 10.2 所示：排好前面的部分，决定底面的第一层，因为有隔物板等来固定边面，所以商品与商品之间不要留有空隙。

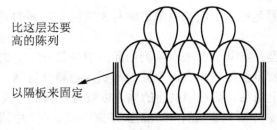

图 10.2　圆排型陈列

（3）茎排型。将葱等长形的蔬果朝一定的方向排列时，边面的地方就会形成一条直线。这种陈列称为"茎排型"。陈列方法如图 10.3 所示：决定了蔬果的根或叶子的排列方向后，就可以整整齐齐紧密地堆起来。堆的时候要注意让商品互相重叠。边面的部分若摆得整齐，商品就可保持一定的长度。

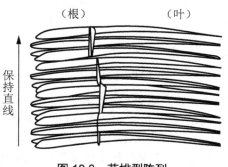

图 10.3　茎排型陈列

（4）交叉型（互相配合型）。用于陈列像梨山芹菜或葱那种长度较长、但厚度不同的蔬果。陈列方法如图 10.4 所示：一层根（较粗的部分）一层叶（较细的部分）地交互堆积。如每一层中的两列都以相同的方向来排列，所陈列出来的效果将会相当的完美。

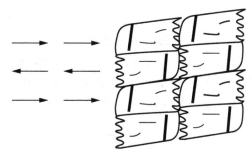

图 10.4　交叉型陈列

（5）格子型。葱、胡萝卜等长形的商品或装入袋子里的商品，彼此交错组叠成类似格子的陈列，称为"格子型"。陈列方法如图 10.5 所示：先决定好第一层商品的排列方向，然后陈列底面的部分，接着排前面和边面的部分。排第二层的商品时，要与第一层的商品保持直角，形成格子状。胡萝卜或萝卜，要将根或叶子的部分保持一定的方向，交互堆积成格子状或"井"字状。

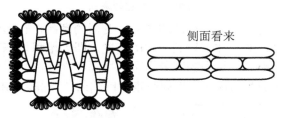

侧面看来

图 10.5　格子型陈列

（6）段积型。这是商品陈列完成后，顶面的线会呈现阶梯状的一种陈列形态，可用来陈列包装品或装入纸盒的商品及零散的、形状较固定的果菜。陈列方法如图 10.6 所示：决定好前面和底面后，接着排中央面的部分，做好第一层的陈列。陈列第二层的商品时，要比第一层的商品后退约 1 个或 1/2 个，从前面的部分陈列起（随着商品软硬程度的不同，第二层以上的位置也会随之改变）。

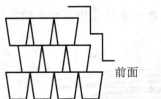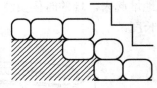

前面

图 10.6　段积型陈列

（7）投入型。比较小的果菜（如高丽菜心、红辣椒等）或形状不一致的果菜（如四季豆、豆芽菜等），利用容器或隔物板将前面及边面固定后，就可将此类商品任意地投入，这种陈列形态就是"投入型"。陈列的顺序及不容易松散的方法如图 10.7 所示：以隔物板来固定周围时，可将商品堆放到不会掉出的高度为止。四季豆等比较长的变形蔬果，多装入一些也不容易松散。

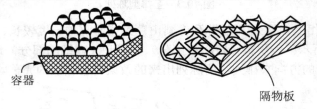

容器

隔物板

图 10.7　投入型陈列

（8）并立型。利用板架等器具，让商品呈站立式的并排陈列，就是并立型陈列。陈列大白菜、梨山芹菜时，为了使陈列富于变化，可采用此种形态。陈列方法如图 10.8 所示：先排好前面的部分，然后将商品以直角或稍微向后倾斜的方式排列。商品若稍微倒向板架（阶梯式的台子），则较容易整理。

白菜

梨山芹菜

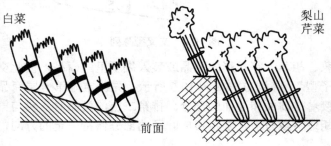

前面

图 10.8　并立型陈列

（9）堆积型。将包装过的商品、袋装的商品、变形的商品、长形的商品等非圆形的商品先排好前面和边面的部分，然后往上堆到一定的高度，即为堆积型陈列。陈列方法如图 10.9 所示：前面的部分要排列整齐，边面的部分则可利用隔物板或商品本身来固定、堆积。若是变形的商品，则可将上层的商品摆在下层商品本身的凹处或商品之间的间隙中。

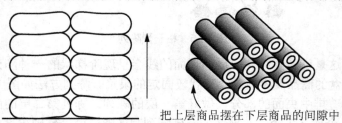

把上层商品摆在下层商品的间隙中

图 10.9　堆积型陈列

（10）植入型。将叶菜类蔬果陈列得宛如栽种在田里的形态，即为植入型。陈列方法如图 10.10 所示：叶子朝前，根或茎朝内，排好前面的部分，由最前面陈列起。从前面看只能看到叶子的部分，可堆放到 2～3 层。比较大把的商品若堆积 3 层以上，会给人一种宛如层层山丘的感觉。

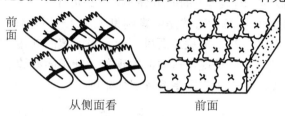

图 10.10　植入型陈列

（11）散置型。形状不一致的根菜类或香蕉等，只在前面和底面的部分排列整齐，中央面的部分任意地排列，就是散置型陈列。陈列方法如图 10.11 所示：先在底面的前面部分排好商品，接着再排边面的部分。在陈列第二、第三层时，前面和边面的部分都要注意使商品的面排列整齐。中央面的部分，不论在上段或底面，只要没必要留出空间，就可任意堆积。

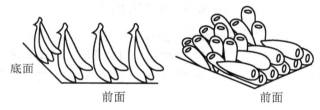

图 10.11　散置型陈列

（12）茎积型。将根茎类蔬果的面排列整齐，堆积起来，就成为茎积型的陈列形态（勿与茎排型混淆）。陈列方法如图 10.12 所示：先决定边面或前面的部分商品应该朝哪个方向陈列，然后再摆底面的商品。在前面的线上，将商品的展示排列整齐并往上堆。

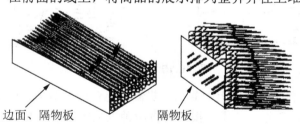

图 10.12　茎积型陈列

（13）围绕型。这是一种将某种商品用别的商品来围绕，或利用隔物板、容器等围起来的一种陈列方式。陈列方法如图 10.13 所示：一边排列前面和边面的部分，一边决定底面的商品（包围商品）。将被包围的商品并排堆高。最重要的是选择商品时，要考虑到色彩的效果。

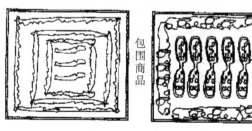

图 10.13　围绕型陈列

（14）面对面型。面对面型陈列方法常在陈列叶菜类时使用。一方面利用叶菜类商品所拥有的深浅不一的绿色系列来产生对比的效果，呈现出新鲜感与丰富感，另一方面也可保护脆弱的茎或叶。叶菜类（菠菜、油菜等）的面可分为只考虑叶子部分（植入型陈列）；考虑到叶、茎叶根两个陈列面。面对面型的陈列方式是考虑到第2点的一种陈列形态。陈列方法如图10.14所示：先决定以哪一个面来相对后，从前面排列起。根或茎面向边面时，要注意两侧边面的地方必须排列成一条直线，不可呈现弯弯曲曲的现象。叶子面向边面时，根或是茎相对中央界线应在中心成一条直线，叶子部分只要不特别乱即可。

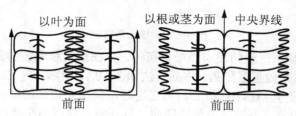

**图 10.14　面对面型陈列**

（15）背向型。把比较长的叶菜类按一定的面朝一定的方向排列，可依此方法逐渐堆高，也可以每层交换方向，逐渐堆高。陈列方法如图10.15所示：叶菜类的面可分成叶、茎或根两种。决定一个面后按一定的方向从前面的部分排列起。边面的地方面要注意使茎或根排成一条直线。

**图 10.15　背向型陈列**

（16）搭配型。即利用两种以上的商品来提高对比色彩的效果，以特殊的组合方式来加以陈列的形态。所谓对比色彩的效果，指的是将两种以上的颜色互相调和，让彼此的色彩能显得更鲜明、更引人注目。陈列方法如图 10.16 所示：根据目的来决定商品的配置，决定每种商品的最佳陈列形态。从前面的部分开始检查是否按计划陈列出特殊的效果来，也可利用隔物板来达到边面的整齐排列。

（17）组合型。将各种同系统的品种组合起来制造一个门店，即所谓的组合型陈列，一般多用于陈列水果和根菜类。若要造成大量陈列的效果，可将两三个展示平台组合起来陈列，如同一系统而品种很多的水果（如苹果）就可采用此种大型的陈列方式。陈列方法如图10.17所示：同一系统、两种以上商品的颜色与形状不同时，首先要决定配置的顺序。从前面和边面排列起，接着再填好中央面，以配合每个品种的陈列形态的方法，继续往上堆高。

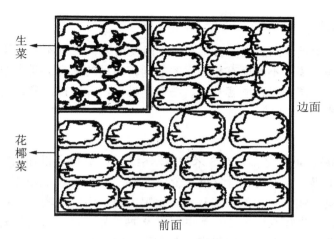

生菜

花椰菜

边面

前面

**图 10.16　搭配型陈列**

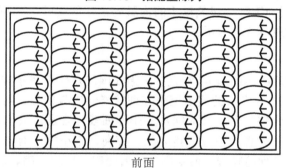

前面

**图 10.17　组合型陈列**

（18）阶梯型。事先准备好阶梯式的陈列架，将不可以堆积的柔软水果陈列在架上的方式，称为阶梯型。此种方法适宜在盛产期大量展示的情况下使用。陈列方法：以适合商品尺寸、形状的阶梯式陈列架来陈列商品，陈列前应决定好商品的展示面。铺上与商品呈对比色彩的垫底物，可制造出鲜明的效果，如红色衬绿色，红色衬黄色，绿色衬黄色等。

## 五、肉品的分类和陈列

肉类食品含有丰富的蛋白质和脂肪等营养成分，对人体生长发及增强体质具有重要作用。

### （一）肉品的分类

1．畜肉及其制品的分类

（1）畜肉的分类。畜肉根据种类可分为猪肉、牛肉、羊肉等。

（2）畜肉制品的分类。①畜肉按加工方法分类，可分为炸制品、烧制品、烤制品、腌腊制品、灌肠制品、咸肉、脱水制品等。②按地方特色分类，可分为京式肉制品、苏式肉制品、广式肉制品、西式肉制品、蜀湘式肉制品等。

2．禽肉及其制品的分类

（1）禽肉的分类。禽肉可分为鸡肉、鸭肉、鹅肉、鹌鹑肉、肉鸽肉等。

（2）禽肉制品的分类。禽肉制品主要包括传统的腌、腊制品，传统的烘烤制品，传统的卤、熏制品。

（二）肉品的陈列

肉品种类很多，食用的肉品主要有猪肉、牛肉及鸡肉、鸭肉 4 种。不过，每个人对肉品的喜好会随着地域与供需的不同而有相当大的差异。肉品的陈列仍要遵守系列化原则，体积大且重的商品要置于下层，以使顾客易选、易拿、易看，并应按家禽、猪肉、牛羊肉三大类来陈列，其陈列方式如下。

1. 家禽类

家禽类的单品共有 36 种之多，对 3 米的展示柜而言，其底层以陈列体积大、较重的全鸡及全鸭为主，如全土鸡、半土鸡、乌骨鸡、全仿土鸡、半肉鸡、土生鸭等 6 种单品。第二层则以切块或切半的鸡、鸭为主，如土鸡八块、土鸡大腿、肉鸡八块、肉鸡大腿、鸡腿排、乌骨牛鸡、乌骨八块、土生鸭八块及 1/4 土生鸭等 9 种单品。第三层则陈列小部位肉品，如棒棒腿、翅小腿、三节翅、二节翅、鸡里脊、鸡胸肉、鸡胸骨、鸭翅、火鸡腿、火鸡翅及鸡肉丝等 11 种单品。最上层则以陈列包装量小的内脏为主，如鸡肝、鸡肫、鸡肠、鸡脚、鸭掌、鸭心、鸭肫、鸭肠、鸭血等 9 种单品。

2. 猪肉

猪肉经商品化处理后的单品有 42 种之多，因我国民众较喜爱猪肉，因此其陈列面须比家禽类宽。一般而言，以 3.6 米长的展示柜来陈列较能促进其销售。其中猪肉火锅片及梅花肉片属于火锅类，与牛肉火锅片及羊肉火锅片并排陈列较为合适，其他的单品则宜依陈列原则来摆设。底层陈列龙骨、大骨、小骨、猪肉丝、绞肉、猪小排、前腿红烧肉块、后腿红烧肉块等 8 项单品，第二层陈列前腿肉、前腿赤肉、后腿肉、后腿赤肉、后腿猪排、后腿赤肉片、五花肉片、五花扣肉、五花肉、猪肉丁等 10 项单品，第三层则陈列猪脚、蹄膀、小里脊、小里脊切半、小里脊切块、里脊肉、里脊肉片、里脊猪排、猪耳等 9 项单品。最上层则陈列猪内脏类，如猪肝、猪血、猪心、猪腰、猪肚、猪大肠、猪小肠、粉肠、猪尾、蹄筋、大肠头、猪舌等 12 种单品。

3. 牛、羊肉类

牛、羊肉的单价比其他肉类高，但在生活品质日渐提高、消费日趋多样化的时代中，牛、羊肉的需求量显然有提高的空间，值得超市业者开拓，因此在陈列上就须多加留神，以开发新客源。以 1.8 米长的展示柜为例，其下层可摆设火锅类的肉片，如猪肉火锅片、梅花肉片、牛肉火锅片、羊肉火锅片等 4 项单品；第二层则陈列红烧类的红烧牛腩块、红烧里脊、红烧牛肋块、长条牛腩、羊腱块、红烧羊腩块、带骨羊肉块等 7 种单品；第三层则陈列牛排类，如纽约牛排、沙朗牛排、丁骨牛排、腓力牛排、薄片牛排等 5 种单品；第四层则陈列牛腩、牛尾、毛肚、牛筋、牛腱肉、羊肉丝、牛肉丝等 7 种单品。

## 六、水产品的分类和陈列

随着经济的发展，居民收入水平不断提高，水产品由于其自身富有不饱和脂肪酸的特点，也日益受到消费者的青睐。这类产品已成为超级市场中最具市场潜力的产品之一。

（一）水产品的分类

水产品包括鲜活水产品和水产制品。

（1）鲜活水产品。鲜活水产品包括：①鱼类。a.淡水鱼。淡水鱼又称家鱼，是利用池塘、水库、湖沼人工养殖的水产品，包括鲤鱼、草鱼、青鱼、鲢鱼、鲫鱼等。b.海水鱼。超市里常见的海水鱼包括墨鱼、小黄鱼、大黄鱼、带鱼等。②虾类。虾类包括龙虾、对虾、美人虾、白虾等。③蟹类。蟹类包括三疣梭子蟹（海蟹）、锯缘青蟹、中华绒螯蟹（螃蟹）等。④贝类。贝类包括牡蛎、河蚌、毛蛤、文蛤等。⑤其他类。其他类包括鲍鱼、海参、红螺、田螺等。

（2）水产制品。①按加工方法不同进行分类，可分为水产腌制品、水产干制品、熏制品、烹制品、复合加工制品等。②按原料各类不同进行分类，可分为鱼制品、蟹制品、海藻制品、贝制品、海珍品等。

（二）水产品的陈列

超级市场中的水产品可以分为三大类：新鲜的水产品、冷冻的水产品及盐干类水产品。新鲜的水产品又可以分为活着的水产品和非活着的水产品。不同类型的水产品其陈列方式各不相同。

（1）鲜活的水产品陈列法。活鱼、活虾、活蟹等水产品要以五色的玻璃水箱进行陈列，水中游曳的鱼虾常常备受消费者的喜爱，它们的价格明显高于死去的水产品。

（2）新鲜的非活着的水产品陈列法。新鲜的非活着的水产品是指死亡出水时间较短，新鲜度比较高的水产品。这种水产品一般用白色托盘或平面木板进行陈列。陈列时在水产品的周围撒上一些碎冰，以确保其质量和新鲜度。摆放时整鱼鱼头朝里，鱼肚向上，碎冰覆盖的部分不应超过鱼身长的1/2，不求整齐划一，但要有序，给人一种鱼在微动的感觉，以突出鱼的新鲜感。

（3）段、块、片鱼陈列法。一些形体较大的鱼无法以整鱼的形式来陈列，则可分段、块、片来陈列，以符合消费者的消费量。例如，1999年春节，北京某家超级市场出售小型鲨鱼，就采取了这种陈列方法。对这种鱼，应该用白色深度托盘来陈列，盘底铺上3～5cm厚的碎冰，冰上摆鱼。

（4）冷冻水产品陈列法。冷冻水产品食用时需要解冻，一般陈列在冷冻柜中。产品的外包装应该留有窗口，或者用透明的塑料纸包装，使消费者能够透过包装清楚地看到产品实体。冷柜一般应是敞口的，并连续制冷，以确保冷柜内必要的温度水平。

（5）盐干类水产品陈列法。盐干类水产品用食盐腌制过，短期不会变质，如盐干贝类、壳类等。这类水产品应使用平台陈列，以突出其新鲜感。由于地域的差异，我国北方许多消费者不习惯食用贝壳类水产品，因此超级市场应提供调味佐料，提供烹饪食谱，必要时还可以提供烹饪好的食物照片，以增加产品的销售。

## 七、面点类食品的分类和陈列

（一）面点类食品的分类

1. 面包的主要分类

面包是以小麦面粉为主要原料，以酵母、鸡蛋、油脂、果仁等为辅料加水调成面团，经过发酵、整形、成形、焙烤、冷却等过程加工而成的焙烤食品。

面包的分类方式大致有以下几种：按其加入糖和食盐量的不同可分为甜面包和咸面包；

按其配料的不同，可分为普通面包和高级面包；按其成形方法的不同，可分为听形和非听形面包；按其柔软程度的不同。可分为软式面包和硬式面包；按消费习惯可分为主食面包、花色面包和调理面包；按加入的特殊原料可分为果子面包、夹馅面包及强化面包等。

2．糕点的种类

糕点的分类方法很多，归纳起来可分为中式糕点和西式糕点

（1）中式糕点。它以生产工艺和最后熟制工序分类可分为以下几种：①烘烤制品，以烘烤为最后熟制工序的一类糕点，可分为酥类、松酥类、松脆类、酥层类、酥皮类、松酥皮类、糖浆皮类、硬酥类、水油皮类、发酵类、烤蛋糕类、烘糕类。②油炸制品，以油炸为最后熟制工序的一类糕点，可分为酥皮类、水油皮类、松酥类、酥层类、水调类、发酵类、上糖浆类。③蒸煮制品。以蒸制或水煮为最后熟制工序的一类糕点，可分为蒸蛋糕类、印模糕类、韧糕类、发糕类、松糕类、粽子类、糕团类、水油皮类。④熟粉制品，将米粉或面粉预先熟制，然后与其他原辅料混合而制成的一类糕点。它可分为冷调韧糕类、冷调松糕类、热调软糕类、印模糕类、片糕类。

（2）西式糕点简称西点，西点是从外国传入我国的糕点的统称。西点具有西方民族风格和特色，如德式、法式、英式、俄式等。西式糕点主要分小点心、蛋糕、起酥、混酥和气古5类。①小点心类。是以黄油或白油、绵白糖、鸡蛋、富强粉为主料和一些其他辅料（如果料、香料、可可等）而制成的一类形状小、式样多、口味酥脆香甜的西点，如腊耳朵、沙式饼干、杜梅酥、挤花等。②蛋糕类。是西点中块形较大的一类产品。蛋糕类分软蛋糕、硬蛋糕两种。③起酥类。产品的主要原料是面和油，种类很多，如冰花酥、奶卷如意酥、小包袄、糖粉花酥等。④混酥类。是糖、油、面、鸡蛋混合制成的多形样品，绵软酥脆、口味香甜。产品表面可以加上其他辅料以增添各种风味。⑤气古类。其产品很多，形状小，有绵软和艮酥两种。

（二）面点类食品的陈列

面包的陈列要遵循大致的分类原则，如普通咸甜面包、全麦面包、法式面包、配餐夹心花式面包、点心等。面包的陈列遵循先进先出原则，先生产先陈列；陈列商品必须符合质量要求和在保质期范围内。面包的陈列面积应与销售量相匹配。

蛋糕的陈列原则主要有，蛋糕的陈列原则要遵循正确的陈列温度，必须放在冷藏柜中陈列。蛋糕的陈列必须遵循所有商品在保质期内销售的原则，必须遵循先进先出的原则。蛋糕的陈列一般选择单层或少层纵向陈列方式。其陈列区域范围内必须有蛋糕花样手册和蛋糕花样样板，以供顾客选择时有感官的参照。蛋糕的陈列区域内必须有蛋糕制作的说明标识。

同时，面包、蛋糕的销售要严把质量控制，要严格把关面包的生产质量、收货质量，使销售的面包处于良好的质量状态；严格把关保质期的检查，所有商品必须在保质期内销售；严格遵守先进先出的原则，使商品在最佳的质量阶段销售出去；对陈列的商品进行质量检查，凡是发霉、积水、破皮、变形、污染、发硬等的商品要及时收回，不能陈列在货架上。

## 八、熟食的分类和陈列

### （一）熟食的分类

熟食是可以直接入口食用的食品。从严格意义上划分，面食加工不应列入熟食范围。因

为面食加工大类下，商品是半成品，不符合熟食的概念，而由于面点加工的地点、原料属于熟食部分，于是列入熟食范畴。

1．烧烤类熟食的种类

熟食烤制的商品有烤鸡、烤鸡中翅、烤鸡腿、烤鸡翅、烤排骨、烤叉烧等。

2．炸类熟食的种类

炸的商品有炸鸡、炸鸡中翅、炸鸡腿、炸鸡翅、炸香肠等。

3．卤类熟食的种类

卤水商品有卤牛肉、卤鸡腿、卤鸡中翅、卤鸡翅、卤鸡心、卤鸡珍、卤鸭珍、卤凤爪、卤鸭掌、卤鹌鹑、卤口条、肉猪肚、卤猪耳、卤大肠、卤猪心、卤猪肝等。

4．中餐熟食的种类

中餐主要经营快餐品项，以盒饭、炒饭、炒粉、炒面、炒糯米饭、粥类为主，风味熟食则经营中国特色的各个地方风味美食，如广东的盐焗鸡、盐焗鸭、烧鸭、烧鹅、叉烧、白切鸡，河北的烧鸡，蒙古的孜然羊肉，北京的烤鸭等特色商品。

5．凉菜熟食的种类

熟食凉菜的商品主要分为素菜类、荤菜类、香肠类、其他类等，品种繁多，因菜系不同而风味各异，主要有五香牛肉、五香驴肉、夫妻肺片、蒜泥白肉、五香鸭珍；各式腊肉、各式凤爪；凉拌海带丝、土豆丝、榨菜丝、贡菜、藏菜、黄瓜条、竹笋、海茸丝；各式香肠、无骨肘子、猪耳、皮冻等。西式的凉菜主要是各式水果色拉（salad，又称沙拉、沙律等）、蔬菜色拉。

6．面点加工的种类

面点加工的熟食主要有新鲜生饺子、新鲜生馄饨、新鲜生包子、新鲜生面条等。

（二）熟食的陈列

1．按分类区分，遵守先进先出原则

熟食商品陈列原则：首先分为热食、非热食两大类；其次是按小分类陈列，热食（烤类、炸类、卤类、炒类、蒸类），非热食凉菜类，陈列时须按大分类、小分类陈列，同类的单品陈列在一个区域，并标示清楚。补货时注意遵守先进先出原则，把旧货放在排面的前端，新加的商品放在里面，并摆放整齐有序。

2．依销售量决定陈列面积

根据商品的特性、季节的变化，商品的陈列也应发生变化。正常销量好的商品，应给予加大陈列面，提高销售量。对于促销品、快讯商品陈列应加大、有量感、位置明显。特殊性、季节性的商品陈列也要加大，如清明节烤乳猪、端午节粽子、中秋月饼等，其他商品都要依据销售量的大小来决定陈列面积。

3．色彩搭配

陈列要注意色彩搭配，提高顾客的视觉感官，增加其购买欲望。例如，主题式陈列：清明节作一个烤乳猪专区，布置特别明显；端午节作粽子促销区；中秋节作月饼促销区，"月饼"大样品展示等特色。

4．少量多出、勤于补货

对于自制熟食，自制面包而言，制作加工生产出的商品不宜过多，商品积压太久会变得没有新鲜度，应少量生产，增加次数，勤于补货，保持商品的鲜度。

5．干净卫生

商品陈列要丰富饱满，所使用的器具要干净卫生。为了保证卫生，尽量避免使用敞开式的陈列方法。

 **任务三　食品类商品的陈列**

商品陈列有一定的原则，而在这其中，每类商品的陈列原则都有其自身特点。而作为门店中的重头戏——食品商品，更是有着自己的陈列原则。

**一、液体类食品陈列**

**（一）碳酸饮料/果汁/牛奶/豆奶/健康饮料/龟灵膏/水/茶饮料/罐头饮料/保健品**

（1）碳酸饮料：先依据口味再根据品牌陈列。货架上层陈列听装，下层陈列瓶装。货架最高两层陈列听装，中间一层陈列听装六连包，下层陈列瓶装及家庭装。此陈列是依据商品的规格大小陈列，基于安全因素大规格应陈列在货架底层同时方便顾客拿取。

（2）果汁：依据口味再根据品牌陈列。果汁陈列重点突出颜色搭配，同口味商品陈列一起在色调上更协调，更能吸引顾客眼球。汇源纸包果汁系列应单独陈列在一组货架上。

（3）牛奶：在陈列时按小分类陈列（依据纯牛奶、花色奶、果奶、其他牛奶、配置奶陈列）。在此原则上再按品牌陈列。货架的下库存区陈列整件商品，以250ml规格牛奶3件为高度。（果奶、其他牛奶、配置奶无下库存区）。备注：三角包用斜口笼陈列在配置奶货架下层。

（4）豆奶：豆奶陈列在牛奶区域的配置奶后面。

（5）健康饮料：按功能归类纵向陈列。陈列在茶饮料后面。

（6）龟灵膏：建议陈列在日配课冷柜上。

（7）水：按品牌纵向陈列。小规格陈列在货架的上层，500～600ml规格陈列在货架的黄金位置。考虑到方便顾客整件购买，下库存区陈列500～600ml规格的整件商品，以两件水的高度为标准。上库存区陈列250～350ml规格的整件商品。由于目前部分小分类厂家功能单一，暂未达到按小分类陈列的标准。

（8）茶饮料：按口味陈列（依据绿茶、红茶、花茶、凉茶陈列）。货架上两层陈列利乐包，依次下来为350ml瓶装、500ml瓶装、家庭装。

（9）罐头饮料：依据规格大小陈列，上层陈列小规格下层陈列大规格。橘片爽系列应占整体罐头饮料陈列的2/3。

（10）保健品：就目前而言，为突出厂家的品牌性，保健品陈列将依据品牌陈列。

**（二）奶粉/茶叶/方便冲调类/蜂蜜/儿童食品**

（1）奶粉：先按年龄段再按品牌来陈列，依次为婴儿奶粉、儿童奶粉、学生奶粉、成人奶粉、老年奶粉。听装陈列在货架的上三层，下面陈列袋装奶粉。

（2）茶叶：根据包装分礼盒和普通包装陈列。其中普通包装依据功能分类陈列依次为绿茶、花茶、乌龙茶、红茶纵向陈列。依据消费习惯，礼盒茶叶应靠近保健品陈列。

（3）方便冲调类：依据小分类陈列（如燕麦片、麦片、豆奶粉、方便粥类、糊类、核桃粉、咖啡、果珍等陈列次序可依据各门店情况来进行陈列）。礼盒则应根据季节变化调整陈列，旺季与包装分开陈列、淡季陈列在货架的最下层。

（4）蜂蜜：依据方便冲调陈列模式陈列。

（5）儿童食品：应与儿童奶粉相关联陈列，依据品牌陈列。

## 二、休闲类食品陈列

### （一）甜味饼干/咸味饼干/家庭装饼干/点心

（1）甜味饼干：依据小分类、规格、形状来进行陈列。

（2）咸味饼干：依据品牌进行陈列。

（3）家庭装饼干：依据商品包装来陈列。

（4）点心：依据小分类进行纵向陈列，可依次为沙琪玛、派、蛋糕、酥类、蛋卷、煎饼、小糕点等。

### （二）硬糖/软糖/香口胶/巧克力

（1）硬糖：先按包装再依据口味来陈列。陈列道具建议采用挂钩。

（2）软糖：先按包装再依据口味来陈列。陈列道具建议采用挂钩。

（3）香口胶：先按包装再依据品牌来陈列。袋装香口胶建议采用挂钩陈列，瓶装香口胶用层板陈列。

（4）巧克力：按品牌陈列。排块装建议采用专用陈列道具。

### （三）肉干/熟食/蜜饯/核果/果冻布丁/膨化食品

（1）肉干：先按小分类再按厂家陈列，可依次为牛肉干、牛肉粒、卤味肉干、猪肉干、肉松、鱼干类。陈列道具建议采用挂钩。

（2）熟食：依据消费者的消费习惯建议以品牌进行纵向陈列。陈列道具建议采用挂钩。

（3）蜜饯：依据小分类再按包装进行陈列。袋装和瓶装分开陈列。依次为梅子、姜、蜜枣、酸枣糕、地瓜干、山楂、葡萄干、橄榄/芒果等。建议袋装蜜饯采用挂钩陈列，瓶装蜜饯采用层板陈列。

（4）核果：依据小分类再按包装来陈列。袋装和瓶装分开陈列。分类陈列依次为瓜子、花生、开心果、松子、杏仁、豆类、核仁等。袋装核果类商品建议采用网层板陈列，瓶装核果类商品采用层板陈列。

（5）果冻布丁：依据包装再按品牌陈列。最下层陈列大袋装，上面以杯装、软包装（吸吸冻）纵向陈列为主。

（6）膨化食品：依据品牌、包装来陈列。听装与袋装分开陈列。袋装陈列建议采用网层板，瓶装陈列采用普通层板。

## 三、烟酒类食品陈列

### （一）烟

烟一般陈列在服务台烟酒柜里。

陈列香烟一般尽量按品牌、产地、口味分开陈列，畅销特价品应重点陈列。

香烟大致按产地分为进口（美式香烟，如万宝路，英式香烟，如 555）与国产烟，其中国产烟分为几大区域：云南产区（含红塔山、红梅、玉溪、云烟）、湖南产区（芙蓉系列、白沙系列）与深圳本地品牌，特美思、孺子牛系列，另有中华、熊猫等响亮品牌。

香烟的陈列应根据季节，合理给予陈列位置的优劣、大小，一般春节期间重点推荐特价品牌香烟，淡季则宜宣传本地与价廉品牌。

（二）白酒／葡萄酒／保健酒／啤酒／洋酒

（1）白酒：按小分类再依据品牌陈列。小分类为简装白酒、礼盒装白酒。礼盒装白酒依据品牌进行陈列，简装白酒依据规格进行陈列，货架上层陈列小规格白酒，下层陈列桶装白酒。

（2）葡萄酒：根据消费者的消费习惯按品牌进行陈列。

（3）保健酒：按品牌再依据规格陈列。

（4）啤酒：按品牌纵向陈列。货架上层陈列听装，下面陈列瓶装。

（5）洋酒：考虑到洋酒的单价较高与顾客惯有的消费习惯，建议将其陈列在烟柜。

## 四、粮油类食品陈列

（一）米面制品：面粉／面条／面食

（1）面粉：建议采用斜口笼陈列。

（2）面条：依据包装再按品牌陈列。袋装与筒装分开陈列。陈列道具建议采用陈列层板。

（3）面食：依据包装再按品牌陈列。袋装、五包入、容器面分开陈列。袋装和五包入建议采用网层板陈列，容器面采用层板陈列。其他按品牌再按规格陈列。货架上层陈列小规格，下层陈列大规格。

（二）油／米

由于油类的品牌效应较强，建议按品牌区分陈列。货架上层陈列小规格，大规格居中下陈列。

米应与油陈列在一起，米最好陈列在木制的货架上，单品不宜过多，按规格品牌陈列即可。针对高档米建议用货架陈列。

（三）调味品／罐头食品

调味品应与罐头食品类陈列在一起，按包装的形状及小分类区分陈列。袋装与瓶装分开陈列。袋装调味品用斜口铁笼陈列外其余都用层板陈列。

袋装调味品应依据分类、品牌采用纵向陈列。袋装调味粉建议采用专用陈列道具，其他可采用斜口笼陈列。

南北干货应按小分类再按品牌纵向陈列，道具采用层板。

 任务四　百货类商品的陈列

## 一、百货的分类

非食类商品（百货）大致分为家用、洗化、文化用品、休闲用品、家电、非季节性服饰、季节性服饰、鞋品等八大类。

家用包含一次性用品、厨房用品等；洗化包含家居清洁用品、个人清洁用品、卫生保健用品、纸品等；文化用品包含文具、书籍、音像制品等；休闲用品包含五金、玩具、家具、体育用品等；家电包含大小家电、视听设备、计算机、照相器材等；非季节性服饰包含内衣裤、毛巾、袜类、床上用品等；季节性服饰包含童装、男装、女装等；鞋品包含拖鞋、运动鞋、童鞋、男鞋、女鞋等。

## 二、百货陈列的要求与特点

### （一）按照商品的功能和属性纵向陈列

非食商品的功能和属性是分类的基础标准，也是陈列的基本要求。同功能的商品应该按照纵向陈列。

### （二）商品的规格和安全

按照货架从上到下，商品规格从小到大来排列。这既符合审美观念，又符合安全原则（展示商品除外）。

### （三）商品的颜色、尺码与流行性

在非食品陈列中，由于商品具有颜色和尺码的可挑选性，所以，在做服装、针织、皮鞋类商品的陈列时，要更加吸引消费者的眼球：商品的颜色由浅到深，商品的尺码由小到大，商品的流行性由时尚到一般。

### （四）注意商品的价格陈列顺序

大部分非食品由于品牌性不是很强，所以，我们在做非食品商品的陈列过程中不要让顾客一进入销售区域就产生"贵"的感觉。商品陈列要从左到右价格由低到高，从上到下价格由高到低的方式陈列。

### （五）使用合适的商品配件

在商品陈列过程中，由于非食品的产品存在太多的不规则和个性，因此，我们在陈列过程中就需要增加合适的配件来做辅导；要突出商品的主题性，完美地展示商品的美感，点燃顾客的购买欲望。

## 三、服装陈列

### （一）服装陈列的基本形式

卖场陈列的基本形式是组成卖场规划的重要元素。根据品牌定位和风格的不同，卖场的陈列方式也各有不同。但常规的主要有以下几种陈列形式。

1. 人模陈列

人模陈列就是把服装陈列在模特人台上，也称为人模出样。它的优点是将服装用更接近人体穿着的状态进行展示，将服装的细节充分地展示出来。人模出样的位置一般都放在店铺的橱窗里或店堂里的显眼位置上。通常情况下用人模出样的服装，其单款的销售额都要比其他形式出样的服装销售额高。因此店堂里用人模出样的服装，往往是本季重点推荐或能体现品牌风格的服装。

人模出样也有其缺点，一是占用的面积较大，二是服装的穿脱很不方便，遇到有顾客看上模特身上的服装，而店堂货架上又没有这个款式的服装时，营业员从模特身上取衣服就很不方便。使用人模陈列要注意一个问题，就是要恰当地控制门店中人模陈列的比例。人模就好比是舞台中的主角和主要演员，一场戏中主角和主要演员只可能是一小部分，如果数量太多，就没有主次。如果服装的主推款确实比较多的话，可以采用在人模上轮流出样的方式进行陈列。

2．侧挂陈列

侧挂陈列就是将服装呈侧向挂在货架横竿上的一种陈列形式。侧挂陈列的特点如下。

（1）服装的形状保形性较好。由于侧挂陈列服装是用衣架自然挂放的，因此，这种陈列方式非常适合一些对服装平整性要求较高的高档服装，如西装、女装等。而对一些从工厂到商店就采用立体挂装的服装，由于服装在工厂就已整烫好，商品到店铺后可以直接上柜，可以节省劳动力。

（2）侧挂陈列在几种陈列方式中，具有轻松的类比功能，便于顾客的随意挑选。消费者在货架中可以非常轻松地同时取出几件服装进行比较，因此非常适合一些款式较多的服装品牌。

（3）侧挂陈列服装的排列密度较大，对门店面积的利用率也比较高。由于侧挂陈列的这些优点，因此侧挂陈列成为陈列中最主要的陈列方式之一。

侧挂陈列的缺点是不能直接展示服装，只有当顾客从货架中取出衣服后，才能看清服装的整个面貌。因此采用侧挂陈列时一般要和人模出样和正挂陈列结合，同时导购员也要做好对顾客的引导工作。

3．正挂陈列

正挂陈列就是将服装以正面展示的一种形式加以陈列。正挂陈列的特点如下。

（1）可以进行上下装搭配式展示，以强调商品的风格和设计卖点，吸引顾客购买。

（2）弥补侧挂陈列不能充分展示服装，以及人模出样数受场地限制的缺点，并兼顾了人模陈列和侧挂陈列的一些优点，是目前服装店铺重要的陈列方式。

（3）正挂陈列既具有人模陈列的一些特点，并且有些正挂陈列货架的挂钩上还可以同时挂上几件服装，不仅起到展示的作用，也具有储货的作用。另外，正挂陈列在顾客需要试穿服装时取放也比较方便。

4．叠装陈列

叠装陈列就是将服装折叠成统一形状再放在一起的陈列形式。整齐划一的叠装不仅可以充分利用门店的空间，而且还使陈列整体看上去具有丰富性和立体感，形成视觉冲击，同时为挂装陈列作一个间隔，增加视觉趣味。叠装陈列形式常用于休闲装中，主要是因为休闲装的陈列形式追求一种量感，销售量比较大，需要有一定的货品储备，同时也追求店堂面积的最大化利用，给人一种量贩的感觉。此外，休闲装的服装面料也比较适合叠装的陈列方式。叠装陈列整理比较费时，因此，一般同一款叠装都需要有挂装的形式出样，来满足顾客的试样需求。

（二）服装陈列的组合方式

1．理性地规划卖场陈列形式

陈列的组合方式首先要从理性的角度出发，围绕着消费者的购物习惯和人体的尺度进行组合。例如，一般我们会将重点推荐或正挂的服装，挂在货柜的上半部，因为这一部分正好在顾客最容易看到的黄金视野里，并且取放也比较方便。为了考虑顾客的购物习惯，在一组货柜中，除了安排正挂服装外，通常会安排一些侧挂的服装便于顾客试衣。另外，为了满足店铺销售额，还会留出叠装的区域作为服装销售储备。

在考虑叠装、正挂、侧挂的组合时，要根据品牌的定位和价格等因素灵活应用，如低价位的服装，通常叠装中每叠的件数比较多。这是因为，低价位服装的销售额主要靠提高销售件数来达到，而一些高价位的服装对此要求就少些。一些高价位的服装也有叠装陈列形式，虽然也有货品储备的功能，但它更多是为了丰富卖场的陈列形式，制造一种情调和风格。

各种类别的服装品牌应根据自己品牌的产品定位及顾客的购买习惯，选择适合正确的陈列方式。并将各种陈列方式穿插进行，使卖场变得富有生机。

2．使卖场变得有艺术感

在理性地规划卖场以后，怎样使卖场变得和谐、有节奏，又是卖场陈列师一个新的任务。如果说每一组服装在服装设计师手里已经有一种组合方式的话，那么一个出色的陈列师还可以像一个指挥家一样，再一次对服装进行重新演绎。一个卖场就如同一首乐曲，如果只有一种音符、一种节奏就会觉得比较单调。而太多的节奏和音符如果调控不好的话，又会变得杂乱无章。因此，一个好的卖场陈列师就好像一个指挥家一样，可以调整各个乐器声音的轻重、节奏，使卖场变得丰富多彩。

女装品牌由于一般都采用侧挂装，陈列的方式比较单一。因此可以预先在货架的设计上制造一些节奏感，如在侧挂柜之间穿插一些装饰品柜，镜子或叠装的柜。或使货架之间留一些间隔，产生节奏感。当然我们也可以对货架的服装做一些变化，如对一个排面都是侧挂装的货架，可以在一排侧挂的服装之间穿插一些正挂的服装，也可以采用色彩的不同排列来使服装得到一些变化。

（三）制造服装陈列的形式美

服装是一门制造美丽的产业，卖场里的陈列规划同样要给人以一种美感。卖场里的陈列形式在充分考虑功能性和基本组合方式后，接下来要考虑的就是陈列方式的形式美。

从人们的审美情趣来看，人们一般喜欢两种形式的形式美，一种是有秩序的美感，另一种是打破常规的美感。前者给人一种平和、安全、稳定的感觉。后者表现个性、刺激、活泼的感觉。从卖场陈列的形式美角度分析，目前卖场陈列常用的组合形式主要有对称、均衡、重复等几种构成形式。

1．对称法

卖场中的对称法就是以一个中心为对称点，两边采用相同的排列方式。给人的感觉是稳重、和谐。这种陈列形式的特征是具有很强的稳定性，给人一种有规律、秩序、安定、完整、平和的美感。由于对称法的这些特征，因此在卖场陈列中被大量应用。对称法不仅适合比较窄的陈列面，同样也适应一些大的陈列面。当然在卖场中过多的采用对称法，也会使人觉得四平八稳，没有生机。因此，一方面对称法可以和其他陈列形式结合使用，另一方面，我们在采用对称法的陈列面上，还可以进行一些小的变化，以增加陈列面的变化。

2．均衡法

卖场中的均衡法打破了对称的格局，通过对服装、饰品的陈列方式、位置的精心摆放，来重新获得一种新的平衡。均衡法既避免了对称法过于平和、宁静的感觉，同时也在秩序中重新营造出一份动感。另外，卖场中均衡法常常是采用多种陈列方式组合，一组均衡排列的陈列面常常就是一组系列的服装。所以在卖场用好均衡法既可以满足货品排列的合理性，同时也给卖场的陈列带来几分活泼的感觉。

3．重复法

卖场的重复法是指服装或饰品在一组陈列面或一个货柜中，采用两种以上的陈列形式进行多次交替循环的陈列手法。多次的交替循环就会产生节奏，让我们联想到音乐节拍的清晰、高低、强弱、和谐、优美，因此卖场中的重复陈列常常给人一种愉悦的韵律感。

## 四、饰品陈列

饰品陈列是商家在店铺中向顾客展示商品的特殊技术，是最有效的现场广告。大量种类繁多的饰品在店内的摆设陈列需要费一番心思。

（一）饰品陈列的原则

1．关联陈列

将用途相同、相关或类似的商品，集中陈列，以凸显出商品群丰厚的气势。此外，运用整堆不规则的陈列法，既可以节省陈列时间，也可以产生特价优惠的意味，让顾客可能觉得商品比较实惠，产生购买的冲动。例如，同一个价位的挂饰和首饰通常等级距离很近，基本就在同一个展示列上，消费者选到自己喜欢的挂饰的同时，就能够选到价格和审美上自己能够接受的首饰。

2．比较陈列

有人举了个例子：彩钻发夹放在一起，白钻发夹放在一起，远比白钻彩钻混在一起好卖；100元以上的发夹放在一起，50元以下的放在一起，远比混在一起好卖。把相同商品按不同规格、不同数量予以分类，然后陈列在一起，相同或类似的东西放在一起，以产生"量"的概念。商品首先要产生"量"感，然后销售数量才会大增。这样才能保证既达到促销目的又保证店铺的赢利。

3．展示适量

有意拿掉几件商品，既方便顾客取货，又可显示产品的良好销售，且保证每个商品的价格标签准确无误、清楚明白，方便消费者衡量是否购买商品。随着新品的推出或促销方式的改变，饰品的陈列位置应定期调换，以增加顾客的新鲜感并延长其滞留在店面的时间，增加选购的概率。当商品暂缺货时，应采用销售频率高的商品来临时填补空缺商品的位置，但应注意商品的品种和结构之间关联性的配合。当然货架也不可空位过多。货架上的商品必须经常充分地放满陈列，给顾客一个商品丰富的好感觉，从而吸引顾客购买。

（二）饰品陈列的方法

饰品陈列是不说话的销售员，它全天24小时工作，不用休息，也不请假，且毫无怨言。只要精心地设计好模式，它们将一如既往地发挥促销作用。因此，应特别注重饰品陈列的方法。

1．悬空陈列法

饰品店的屋顶是个特殊的展示平台，极有利于别致饰物张扬个性，显示本店的亮点。可以把大件和适于悬挂，又能保证顾客看清其品质的饰物置于其上，兼而起到了装饰店铺的作用。例如，风铃、手工编织的挎包、毛绒玩具等，设计出凌空造型，顾客从店外走过，即会被有趣的情景吸引而走进店中，从而对本店印象深刻。

2．墙面陈列法

把立体摆放视觉效果较好的饰物，如项链、耳坠、手机饰物等装饰在墙面上。这种方法不仅可以有效地突出饰品的真实效果，还方便了顾客的挑选。

3．情景式陈列

某些特定场景饰品可以通过设置真实的场景来展示其效果。例如，家具、室内装饰品，可以用模型布置成活灵活现的室内环境，让顾客体验如临其境的生动感，再加上饰物本身良好的质量，定会让顾客爱不释手。这是一种颇为流行的陈列方式。

4．突出式陈列

突出式陈列即指把某种饰品超出正常的陈列线，迎向顾客的直接视野范围。可以在规则的摆放行列中延伸出支架，起到突出的作用。这种方法尤其适合玩具、家具装饰品等，足够吸引顾客的脚步。需要强调的是一定要保证其质量。

5．专题陈列

专题陈列是指给饰品陈列设计一个主题，主题可依据不同的节日或特殊事件而设定。这种陈列方式能使店铺创造一种独特的气氛，吸引顾客的注意力，达到促销饰品的效果。

这是效果更为显著的一种货品陈列方式。专题的选择有很多种，如情人节、母亲节、父亲节、劳动节等。把节日的文化融入到饰品陈列中，运用艺术的手法、宣传手段，借助灯光色彩突出某一系列或某款饰品，使之达到生动、炫目的真实效果，激发顾客的购买欲望。

6．关联陈列

关联陈列是指把不同种类但恰好互相补充的饰品陈列在一起。运用饰品之间的互补性，促使顾客在购买某一饰品后，也顺便购买旁边的饰品，从而达到促销的目的。这种陈列方式有效地提高了顾客的购买率。

7．定位陈列

定位陈列是指某商品一经确定了陈列位置后，就不再变动。一般把常用品和知名品牌的商品以这种方式陈列，以方便顾客购买。因为顾客购买这些商品的频率高、量大，尤其是老顾客。

## 五、电器陈列

（一）电器的种类

常用的家用电器有以下几种分类方式。

1．按照家用电器的用途分为 11 类

（1）音响设备（电声器具）。包括录音机、收音机、音频功率放大器、电唱机、激光唱机、音响组合机、无线话筒设备等。

（2）影视设备（影像器具）。包括电视机、投影电视机、录像机、监视器、平面显示设备、VCD、DVD 等。

（3）家用制冷电器（冷冻器具）。包括电冰箱、家用冷藏和冷冻箱、冷饮水器具、家用制冰激凌器具等。

（4）家用空气调节器。包括家用空调、家用加湿器、电风扇等。

（5）厨房器具。包括家用电热蒸煮器具、烧烤器具、煎炒器具、电热水瓶和饮料加热器具、电饮水处理器、电灶、食品制备器具、食具清洁器具等。

（6）清洁卫生器具。包括洗衣机、脱水机、干衣机、电热淋浴器、吸尘器、电动清洁机械、熨烫器具等。

（7）整容器具。包括电动剃须刀、电推剪、电卷发器、电吹风器、电热梳、电刷牙器等。

（8）取暖器具。包括电取暖器、电热卧具、电热鞋等。

（9）保健器具。包括家用负离子发生器、超声波洗浴器等。

（10）照明器具。包括吊灯、台灯、壁灯、顶灯、落地灯等。

（11）其他器具。凡不属于上述各类的家用电器均可归于此类，如电话机、台式计算机、计时与计算器具等。也有人将使用其他能源且用途与家用电器类似的家用煤气器具、太阳能器具、燃油器具等也归入家用电器，如家用燃气快速热水器、燃油式加热器、燃气灶、太阳能热水器等。

2. 按照能量转换原理和能量转换方式分为 5 类

（1）电子器具。电子器具是用电子元器件和电子为主装配而成的器具。这些器具是把电能转换成声音或影像，零售企业一般称其为电信产品，包括电声器具（如收音机、录音机、电声机等）、影像器具（如电视机、录像机、VCD、DVD 等）。

（2）电动器具。电动器具是指由电动机驱动的家用电器，这类器具可完成电能向机械能的转换。通常家庭使用的电风扇、洗衣机、吸尘器、电剃须器、电搅拌器等皆属此类。

（3）电热器具。电热器具是利用电热元件将电能转化成热能，根据人们生活的需要而设计制成的各种生活用器具的总称。通常家庭使用的电熨斗、电热锅、电烤炉、电暖风器、电热水器及取暖用具等皆属此类。

（4）制冷器具。制冷器具是通过制冷装置造成适当的低温环境，以调节室温或冷藏、冷冻仪器、药物，用以保鲜和防止腐败变质，制取少量饮用冰块的器具。通常家庭使用的电冰箱、空调、饮水机等皆属此类。

（5）照明器具。照明器具是以各类电光源完成电光转换，在家用电器中更强调照明灯具的造型和使用性能。通常家庭使用的各类吊灯、台灯、壁灯、顶灯等皆属此类。

（二）电器产品陈列原则

1. 按用途将商品分类

顾客购买电器商品的目的是用来满足某一用途、某一需要，能便利顾客购买的有效方式是站在顾客使用的角度对电器商品进行分类。连锁门店可依商品用途把所有提供某一用途、某一需要的商品集中在一起，使顾客充分比较选择，从而对所购商品具有信心，促使顾客做出购买决定。

2. 让顾客体验

电器商品应让顾客直接参与演示、操作、触摸体验，商品与顾客的直接接触可使顾客对电器商品产生亲切感，破除顾客的陌生感，引起顾客的购买兴趣。

3．便于营业员操作

电器商品通常需要营业员向顾客演示使用方法，因此电器商品陈列要便于营业员操作，电源设置要合理且安全。

4．商品要有说明

由于电器商品结构复杂、功能多，顾客注意到某个商品并有意购买时，通常希望进一步了解有关商品的其他信息，如价格、产地、性能、用途、使用方法等。因此在陈列商品时应一律标明价格，并附有必要的说明或简单介绍。

（三）电器产品陈列技巧

1．分类陈列

分类陈列指按照商品功能、用途、品种、价格、品牌、颜色、规格等对家用电器分类陈列，如音响设备可分类为电视机、录像机、监视器、平面显示设备、VCD、DVD等。分类进行陈列还可进一步细分，如洗衣机可细分为智能洗衣机、全自动洗衣机、双缸洗衣机、单缸洗衣机、波轮式洗衣机、滚筒式洗衣机等。分类陈列时不可能把商品的所有品种都摆放出来，可将适合本商店消费层次和消费特点的主要商品品种进行陈列，或者将具有一定代表性的商品陈列出来，其他品种则放在货架上或后仓位置，出售时可根据顾客要求给予推荐。

2．主题陈列

主题陈列又称专题陈列、展示陈列，即在陈列商品时采用各种艺术手段、宣传手段、陈列用具，并利用声音、色彩来突出某一商品。对一些新产品或者某一时期的流行商品，以及由于某种原因要大力推销的商品，可以在陈列时利用特定的展台、平台、陈列道具台、陈列架等进行突出宣传，必要时还可以配合集束照明的灯光，使大多数顾客都能够注意到，从而产生宣传推销的效果。主题陈列的商品可以是一件商品，也可以是一类商品。无论是一件商品还是一类商品，都应尽量少而精地摆放，与其他商品要有明显的陈列区别，以突出推销重点。

3．综合配套陈列

综合配套陈列也称为视觉化的商品展示，即强调销售场所是顾客生活的一部分，使展示的商品内容和氛围符合消费者的某种生活方式，或引导消费者提高生活质量，如家庭影院商品、家庭厨房用品陈列等。目前，视觉化的商品展示在日本、欧美等地区普遍使用。在开展视觉化的商品展示时，首先要确定顾客的某一生活形态，再进行商品的收集和搭配，最终在卖场以视觉的表现塑造商品的魅力。

4．季节性陈列

根据季节变化把应季商品集中进行陈列，以满足顾客应季购买的心理特点，有利于扩大销售。例如，夏天来临，可将空调、电风扇、电冰箱、家用冷藏和冷冻箱、专用饮水器具、家用制冰激凌器具等集中进行陈列。

习题

**一、名词解释**

商品分类、单品、生鲜商品、人模陈列、侧挂陈列、正挂陈列、叠装陈列

## 二、填空

1. 按经营商品的构成划分，商品可分为（　　）、（　　）和（　　），卖场商品根据商品用途可以分为（　　）、（　　）和（　　），所谓多属性分类，是指按多重属性进行（　　）、（　　）、（　　）、（　　）四个层次的分类。

2. 生鲜商品按照加工程度和保存方式的不同，可分为（　　）、（　　）和（　　）三大类。

3. 蔬果的陈列由（　　）、（　　）、（　　）、（　　）、（　　）、（　　）、（　　）七要素组合而成，蔬果的陈列主要有（　　）、（　　）、（　　）、（　　）、（　　）五种基本方式。

4. 超市中的水产品可以分为三大类：（　　）、（　　）及（　　）。

5. 服装陈列的基本形式包括（　　）、（　　）、（　　）、（　　）

6. 目前卖场服装陈列常用的组合形式主要有（　　）、（　　）、（　　）等几种构成形式。

## 三、简答

1. 商品分类的标准是什么？
2. 简述蔬果陈列的要素和基本方式。
3. 服装陈列的基本形式是什么？
4. 电器产品的陈列技巧是什么？

 实训项目

比赛项目：服饰叠装比赛。

比赛目的：通过比赛，提高学生的的服饰叠装水平，展示了学生的风采。

比赛内容：参赛选手在规定的 30 分钟内完成出样、叠装等一系列动作，并在最后五分钟作主题阐述，说明叠装的创意及设想。

奖项设置：一等奖 2 名，二等奖 4 名，三等奖 6 名，单项奖若干名。

比赛成果展示：服饰叠装比赛作品展，包括作者、班级、作品名称、作品解说。

## 【案例分析】

### 家乐福促销陈列分析

春节是一年中最令人兴奋的赚钱的黄金季，也是每个大卖场都必须抓住的黄金收割季。家乐福作为外资零售企业，进入中国已 10 多年之久，早已深悉中华民族传统文化的底蕴，他们又是如何在春节前为自己赢得有利机会，以抓住这一黄金销售时机呢？记者带着这个好奇心理探访了家乐福北京方庄店。

一、因时制宜：民族节日元素烘托节日气氛

在春节促销期间，选择传递单一简单主题的促销信息才能抓住顾客图吉利的心理。新春佳节人人企盼来年顺顺利利，在购物时也希望带着"喜气"，喜庆欢乐的气氛会大大刺激消费者的购物欲望和冲动，因此利用民族元素营造出浓郁的节日氛围才能吸引消费者前往购物。

记者一进入家乐福北京方庄店的大门就感受到了热烈的节日气氛，正对大门的收银台前的防盗报警器上都整齐地围上了印有"恭贺新禧"字样的节日海报，多了几分喜气。在卖场中央有一用儿童的红色马夹纵向组成的壁挂式陈列，让消费者很远就能看见。家乐福方庄店公关部经理齐文学向记者介绍，这个区域虽然标出儿童马夹的价格，但主要作用还是用来烘托春节的节日气氛。

家乐福北京方庄店分为地下一层和地上一层，顾客购物要先进入地下一层的食品卖场，记者看到，在两层之间的滚动扶梯上方悬挂了许多春节红灯笼，使这部分原本"冷清"的空间一下变得春意盎然。

红色是受瞩目和吸引人的颜色，在可视光线中的波长是最长的。红色可以给人很强的视觉刺激，使人热情高涨。黄色给人明朗和希望的感觉，也象征幸福或福气，并且黄色与金色相近，又具有了财气的象征意义。因此，中国人将这两种色彩的组合定义为中国最隆重的春节的主色调。

家乐福方庄店利用红福字、红袜子、红腰带等这些本身具有节日色彩的商品放入大陈滑车，并且穿插摆放于其他商品货架之间，让顾客每走一段就会看到一些红色的节日商品。相对于将节日货品集中于一个大空间的陈列，这种多层次穿插、色彩渗入的陈列方式的优势一方面可以利用不断出现的小面积红色来强调卖场的节日氛围，另一方面红色版块之间的"空白"又不会使顾客产生视觉上的疲劳感，将节日商品有层次地展现给顾客，不断变换顾客的视觉中心点。家乐福对色彩及"空白"的运用可见一斑。

二、因地制宜：合理利用卖场促销空间

大卖场的核心竞争是商品，商品促销活动则是卖场活动的重头戏。挑出客户想买的商品，就是最好的创意。春节期间，人们张贴春联、"福"字、挂一些民族节日饰品等所引发的需求营造出节日用品市场的繁荣。常规商品的陈列只要是在醒目些的地方就可以了，但是对于主题型节日用品的陈列形式、位置的要求就不一样了。

入口处往往是给人第一印象最深，最吸引消费者驻足的促销区域。记者发现，方庄店将春联、"福"字等节日用品放在地下通往地上卖场的扶梯出口处，让消费者从食品卖场一进入百货卖场时，就会首先接触到春节商品。而这些商品的摆放更是错落有致，同等价位的商品放在同一大陈滑车内，并用从1元左右的低价商品向外延伸到几十元的商品，这种摆放方式先满足消费者的低价诉求，吸引消费者观望，进而以高价格的优质美观的商品加强对消费者的吸引，从而促使消费者产生购买欲。

在卖场内直接展现促销信息的POP中，空白海报和各类价格标签是最有效的传递信息的工具。应尽可能减少文字，使消费者在3秒钟之内能看完全文，清楚知道促销内容，使消费者更容易在无意识中察觉促销信息，促成购买。

家乐福方庄店的春节促销POP选择的是最简单的黄底粗红字的样式，很直白地告诉消费者商品的促销价格。在家乐福卖场中，POP除采用悬挂方式外，还有一种支架摆放方式，这种方式在春节商品区中出现是为了便于陈列车上方空间可以展示灯笼等春节用品，另外，还可以对陈列车上的商品进行价格分区，让消费者一目了然。

三、因物制宜：针对节日消费群体科学布局

春节是中国人的团圆节，担负着亲友礼仪往来、同事感情联络、宣泄美好情感等重要社会功能，与走亲访友、问候祝福、合家团聚相应的是年货和礼品市场的兴旺。保健品、洋酒等礼盒这些高利润的商品应该加大陈列，做效果布置。

洋酒类礼盒的采购最主要的还是团购方式，因此，记者发现，将洋酒礼盒商品摆放在地下一层的最里端，这里人员流量相对较小，需要团购的采购人员可以根据打开的样品进行挑选，并可以在相对安静的环境下与售货员洽谈团购事宜。

许多在北京工作的外地人员，在回家过年时都选择带一些北京土特产送给亲朋。家乐福将北京的果脯等土特产品陈列在较大的大陈滑车中，并且放在最宽敞的空间里，这样即可以让大多数消费者尽情挑选，又让消费者感觉到货品充足。

做好因时制宜、因地制宜、因物制宜3个方面的工作，卖场就营造出了喜庆、舒适的购物环境，使春节销售业绩快速提升，获得更高利润，把握住春节促销这一桶金。

思考：

1. 家乐福促销陈列有什么特色？

2. 家乐福促销陈列对本土超市有哪些借鉴？

# 参 考 文 献

[1] 谢致慧. 卖场规划与管理[M]. 台北：五南图书出版股份有限公司，2008.

[2] 黄宪仁. 连锁店操作手册[M]. 台北：宪业企管顾问有限公司，2009.

[3] 陈庆梁. 零售管理-连锁店铺之理论实务与技术[M]. 台北：高立图书有限公司，2009.

[4] 胡政源. 现代零售管理新论[M]. 台北：新文京开发出版股份有限公司，2008.

[5] 李晓辉，弓秀云. 连锁门店开发与选址[M]. 北京：中国发展出版社，2010.

[6] 杨叶飞，王吉方. 连锁门店开发与设计[M]. 北京：机械工业出版社，2008.

[7] 李卫华. 连锁店铺开发与设计[M]. 北京：电子工业出版社，2009.

[8] 曹静. 连锁店开发与设计[M]. 上海：上海立信会计出版社，2012.

[9] 曹富莲，李学荟. 连锁门店开发与设计[M]. 大连：大连理工大学出版社，2010.

[10] 王吉方. 连锁企业门店开发与设计[M]. 北京：科学出版社，2008.

[11] 吕冬梅. 连锁企业网点开发与设计[M]. 北京：化学工业出版社，2009.

[12] 祝文欣. 卖场选址与布局[M]. 北京：中国发展出版社，2008.

[13] 后东升，周伟. 零售店商品陈列技巧[M]. 深圳：海天出版社，2007.

[14] 张永强，等. 零售学精要[M]. 北京：机械工业出版社，2009.

[15] [日]甲田祐三. 卖场设计 151 诀窍[M]. 于广涛译. 北京：科学出版社，2009.

[16] 付玮琼，杨晓磊. 商场超市布局与商品陈列技巧[M]. 北京：化学工业出版社，2009.

[17] 童光森，李想. 超市生鲜食品管理[M]. 上海：复旦大学出版社，2011.

[18] 李响. 零售经营策略：筹划店铺[M]. 北京：民主与建设出版社，2001.

[19] http://www.linkshop.com.cn/web/index.htm